高等职业本科教育机械工程类精品规划教材

机械设计

主　编　柳光利　杨　阳　郑宗慧
副主编　张海秀　李　湘　雷海峰
　　　　李望飞　郑宏伟
主　审　林昌华

西南交通大学出版社
·成　都·

图书在版编目（CIP）数据

机械设计 / 柳光利，杨阳，郑宗慧主编. —成都：西南交通大学出版社，2021.11

ISBN 978-7-5643-8354-1

Ⅰ. ①机… Ⅱ. ①柳… ②杨… ③郑… Ⅲ. ①机械设计－高等职业教育－教材 Ⅳ. ①TH122

中国版本图书馆 CIP 数据核字（2021）第 226188 号

Jixie Sheji

机械设计

主编 柳光利 杨阳 郑宗慧

责任编辑 何明飞
封面设计 原谋书装

出版发行 西南交通大学出版社
（四川省成都市金牛区二环路北一段 111 号
西南交通大学创新大厦 21 楼）
邮政编码 610031
发行部电话 028-87600564 028-87600533
网址 http://www.xnjdcbs.com
印刷 成都中永印务有限责任公司

成品尺寸 185 mm × 260 mm
印张 16.5
字数 352 千
版次 2021 年 11 月第 1 版
印次 2021 年 11 月第 1 次
定价 48.00 元
书号 ISBN 978-7-5643-8354-1

课件咨询电话：028-81435775
图书如有印装质量问题 本社负责退换

前　言

PREFACE

本书是根据职业本科教育的培养目标和教学特点，在参考国内几本重要的机械设计教材的基础上，遵循适用、够用的原则编写而成的。本书的编写指导思想是以培养学生的综合设计能力为目的，以零部件受力分析为主线，以通用机械零部件工作能力设计和结构设计为主要内容，着重培养学生的工程分析能力和创新能力。

本书共分为 11 章，主要内容如下：第 1 章为机械设计总论；第 2 章和第 3 章为常用连接的设计；第 4 ~ 7 章论述了常用机械传动的特性和设计方法；第 8 ~ 11 章为轴系零部件的设计。为了更好地适应职业本科院校学生的特点与需求，编者在编写本书的过程中重点考虑以下几方面问题：

（1）专设了机械设计总论一章，从整机概念出发，详细分析了机器从功能设计到实体实现的全过程，探讨了机械设计中一些共性的内容。

（2）引出公式时，在说明获得途径和思路的前提下，尽可能地减少公式推导过程，而将重点放在分析和解决实际工程问题上。同时，采用最新的标准和资料，以培养学生通过查询手册和标准进行规范设计的习惯。

（3）对各类零部件都给出了详细的计算实例，对较复杂零件给出了工作图作为示例，以增强本书的应用性。

（4）删繁就简。在不破坏课程系统性和完整性的前提下，精简了一些与其他先修课程重复的内容。

本书由重庆机电职业技术大学柳光利、杨阳、郑宗慧担任主编，重庆机电职业技术大学张海秀、李湘、雷海峰和重庆三峡职业学院李望飞、重庆信息技术职业学院郑宏伟任副主编。具体分工如下：绪论、第 3 章、第 6 章和第 7 章由柳光利编写，第 1 章和第 11 章由杨阳编写，第 4 章和第 8 章由郑宗慧编写，第 2 章、第 5 章、第 9 章和第 10 章由张海秀、李湘、雷海峰、李望飞、郑宏伟编写。全书由重庆机电职业技术大学林昌华教授主审并提出宝贵意见，在此表示衷心的感谢。

本书内容深入浅出，实践性强，可以作为高等院校、高等职业技术院校机械专业学生使用。由于编者水平有限，时间仓促，书中难免存在疏漏和不妥之处，敬请不吝指正。

编 者

2021 年 1 月

目　录

CONTENTS

绪 论

0.1 本课程的性质和任务

机械设计课程是培养学生具有机械设计能力的一门技术基础课程，面向以机械学为主干学科的各专业学生。这门课程着重传授机械设计的基本知识、基本理论和基本方法，带领学生综合运用已学过的高等数学、机械制图、理论力学、材料力学、工程材料及热处理、机械原理、机械制造基础以及机械设计精度等多方面的知识来解决一般通用的机械零、部件的设计问题。

本课程的主要任务是通过理论学习、实验和课程设计综合实践培养学生：

（1）树立正确的设计思想并勇于创新探索。

（2）掌握通用机械零部件的设计原理、方法和机械设计的一般规律，具有机械系统的综合设计能力，能进行一般机械传动装部件和简单机械装置的设计。

（3）具有应用标准、规范、手册、图册和查阅有关技术资料的能力。

（4）掌握典型的机械零件的试验方法，获得实验技能的基本训练。

（5）了解机械工程学科及机械设计方向的国内外发展动态。

0.2 本课程的研究对象及主要内容

本课程主要研究一般尺寸和常用工作参数下的通用零部件的设计，包括它们的基本设计理论和方法以及技术资料、标准的应用。通用零件是指在一般机械中经常用到的机械零件，如齿轮、螺栓、滚动轴承等。曲轴、螺旋桨、活塞等在某些机械中专用的零件称为专用零件。专用零件、部件和在特殊工作条件下（如高温、高压、高速等）及有特殊要求（结构、体积等）的通用零部件则在有关专业课中研究，不属于本书讨论的范围。

本书讨论的具体内容包括：

（1）机械设计总论——机械设计的要求及一般过程，机械零部件的设计要求、设计准则及设计方法，材料选择以及机械中的摩擦、磨损、润滑等机械设计中具有基础性、共同性的问题。

（2）常用连接——螺纹连接，键、花键、无键连接，销连接以及其他连接。

（3）机械传动——带传动、链传动、齿轮传动、蜗杆传动。

（4）轴系零、部件——滑动轴承、滚动轴承、联轴器与离合器以及轴。

0.3 如何学习本课程

机械设计是机械类各专业的一门主干技术基础课程，在整个课程体系里面起着承上启下的作用。在学习本课程时，应注意以下几个特点：

（1）系统性。一个好的机械设计需要满足多方面的要求，如使用性要求、结构工艺性要求、经济性要求、可靠性要求，同时还可能需要满足质量小，便于运输、不污染环境等。这些要求有些情况下是难以完全满足的。因此，设计者必须全面考虑，综合平衡，这就要求设计者具有系统工程的观点，要求设计者能正确确定设计要求，合理选择总体设计方案，掌握每个机械零件的特性，综合运用先修课程中所学得的有关知识解决工程实际问题。

（2）工程性。本课程具有鲜明的工程性，在设计每个机械零件时要用到大量的数据、表格、标准、资料等，要求处理方案选择、零件选择、材料选择、参数选择、结构形式选择等问题。另外，由于实际工程问题涉及多方面因素，其求解可采用多种方法，其解一般也不是唯一的。这需要设计者具有分析、判断、决策的能力，坚持科学严谨的工作作风，认真负责的工作态度，讲求实效的工程观点。

（3）典型性。机械零件种类很多，本课程只学习其中的一部分，但设计机械零件的方法和思路是相同的，即通过学习这些基本内容掌握有关的设计规律和技术措施，从而具有设计其他通用零部件和某些专用零部件的能力。

第 1 章 机械设计总论

本章主要介绍机器的基本构成、各部分的主要作用以及与机械设计相关的共性知识，包括机械零件设计的基本要求和准则、材料的选择、各种失效形式，以及它们与受力类型和相对运动之间的对应关系。

机械零件是机器最基本的组成单元，机械零件设计的主要内容包括材料和热处理方式的选择、结构形状和结构参数的确定，以及零件加工精度的确定，如尺寸精度、表面粗糙度、形状位置精度等。

1.1 机器的组成

机器是人们根据某种使用要求而设计和制造的一种执行机械运动的装置，可用来变换或传递能量、物料和信息。一台完整的机器就其各部分功能而言，包括以下几个部分（见图 1.1）。

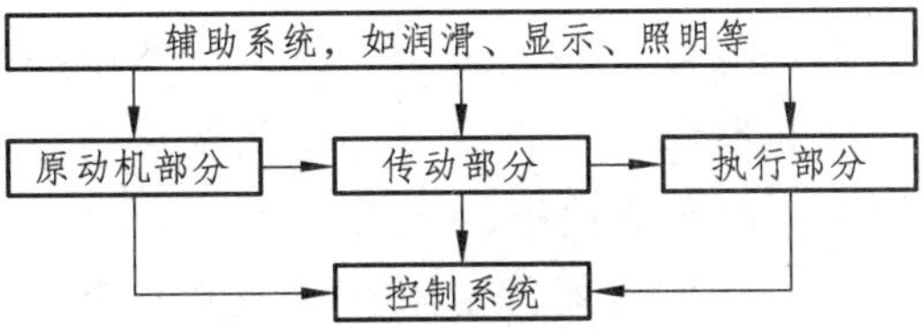

图 1.1

原动机部分是驱动整部机器完成预定功能的动力源。常用的原动机有电动机、内燃机、水轮机、蒸汽轮机、液动机和气动机，其中电动机应用最为广泛。

执行部分包括执行机构（工作机）和执行构件，通常处于机械系统的末端，用来完成机器的预定功能。

传动部分是把原动机的运动和动力传递给工作机的中间装置，实现运动和力的传递和变换，以适应工作机的需要。

控制系统是使原动机部分、传动部分、执行部分彼此协调工作，控制或操纵上述各部分的启动、离合、制动、变速、换向或各部件运动的先后次序、运动轨迹及行程等，并准确可靠地完成整个机械系统功能的装置，包括机械控制、电气控制和液压控制等。

此外，根据机器的功能要求，还有一些辅助系统，如润滑，冷却、显示、照明等以及框架支撑系统（如支架、床身、底座等）。

随着科学技术的不断进步和计算机技术的广泛应用，现代机械正朝着自动化、精密化、高速化和智能化的方向发展。现代机器是由计算机信息网络协调与控制的、用于完成包括机械力、运动和能量转化动力学任务的机械和（或）机电部件相互联系的系统。工业机器人是现代机器的典型。

1.2 机械设计的基本要求和一般程序

1.2.1 机械设计的基本要求

（1）实现预期功能要求。预期功能是指用户或设计者与用户协商确定下来的机械产品需要满足的特性和能力。例如，机器工作部分的运动形式、速度、运动精度和平稳性、需传递的功率等，以及某些使用上的特定要求（如自锁、防潮、防爆等）。这需要设计者正确分析机器的工作原理、正确设计或选用能够全面实现功能要求的执行机构、传动机构、原动机以及合理配置必要的辅助系统来实现。

（2）经济性要求。经济性体现在机械设计、制造和使用的全过程中。设计制造的经济性表现为机器的成本低，使用经济性表现为高生产率，高效率，能源材料消耗少，维护管理费用低等。

（3）劳动保护和环境的要求。设计时要按照人机工程学的观点，使机器的使用简便可靠，减轻使用者的劳动强度。同时，设置完善的安全防护及保安装置、报警装置等，使所设计的机器符合劳动保护法规的要求。改善机器及操作者周围的环境条件，如降低机器运转的噪声，防止有毒、有害介质的渗漏及对废水、废气进行有效的治理等，以满足环境保护法规对生产环境提出的要求。

（4）寿命和可靠性要求。任何机器都要求在一定的寿命下可靠地工作。人们对机器除了有习惯上的工作寿命的要求外，对可靠性也提出了明确的要求。机器的可靠性通过可靠度来衡量。机器的可靠度是指，在规定的使用时间（寿命）内和预定的环境条件下，机器能够正常工作的概率。已有越来越多的机器设计和生产部门，特别是那些因机器失效将造成巨大损失的部门，如航空、航天部门，相继规定了在设计时必须对其产品，包括零部件进行可靠性分析与评估的要求。

（5）其他特殊要求。对不同的机器，还有一些为该机器所特有的要求。例如，对机床有长期保持精度的要求；对流动使用的机器（如钻探机械）有便于安装和拆卸的要求；对大型机器有便于运输的要求等。设计机器时，在满足前述共同的基本要求的前提下，还应着重地满足这些特殊要求，以提高机器的使用性能。

1.2.2 机械设计的一般程序

（1）规划设计阶段。规划设计是机器设计整个过程中的准备阶段。在这个阶段，应对所设计机器的需求情况做充分的市场调查研究和分析，确定所设计机器需要实现的功能以及所有的设计要求和期望，并根据现有的技术、资料及研究成果，分析其实现的可能性，明确设计中的关键问题，拟定设计任务书。设计任务书的内容主要包括：机器的功能、主要参考资料、制造要求、经济性及环保性评估、特殊材料、必要的试验项目、完成设计任务的预期期限以及其他特殊要求等。正确分析和规划、确定设计任务是合理设计机械的前提。

（2）方案设计阶段。根据设计任务书提出的要求进行机器功能设计研究，确定执行部分的运动和阻力，选择原动机和传动机构，拟定原动机到执行部分的传动系统，绘制整机的运动简图，并进行初步的运动和动力计算，确定功能参数。根据功能参数，提出可能采用的方案。通常需做出多个方案加以分析比较，择优选定。

（3）技术设计阶段。根据方案设计阶段提出的最佳方案，进行技术设计，包括：机器运动学设计、机器动力学计算、零件工作能力设计、部件装配草图和总装配图的设计以及主要零件的校核，最后绘制零件的工作图、部件装配图和总装图，编制技术文件和说明书。

（4）试制定型阶段。通过鉴定评价，对设计进行必要的修改后进行小批量的试制和试验，必要时还应在实际使用条件下试用，对机器进行各种考核和测试。通过几次小批量生产，在进一步考察和验证的基础上将原设计进行改进之后，即可进行适用于成批生产的机器定型设计。

需要指出的是，机械设计的各个阶段是相互紧密关联的，某一阶段中发现问题和不当之处，必须返回到前面的有关阶段去修改。因此，机械设计过程是一个不断返回、不断修改，以逐渐接近最优结果的过程。

1.3　机械零部件设计

1.3.1　机械零件设计的基本要求

（1）功能性要求。应保证零件有足够的强度、刚度、寿命及振动稳定性等。

（2）结构工艺性要求。设计的结构应便于加工和装配。

（3）经济型要求。设计时正确选择零件的材料、尺寸，零件应有合理的生产加工和使用维护的成本。

（4）安全可靠，操作方便。

1.3.2　机械零件的主要失效形式

机械零件由于某种原因不能正常工作称为失效，主要失效形式有以下几种：

1. 断　裂

当零件在外载荷作用下，由于某一危险截面的应力超过零件的强度极限而导致的断裂，或在变应力作用下，危险截面发生的疲劳断裂（见图 1.2）。

（a）齿轮轮齿断裂

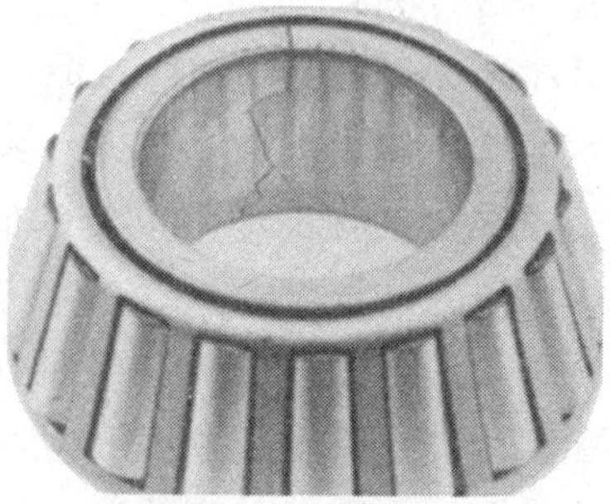

（b）轴承内圈断裂

图 1.2　零件的疲劳断裂

2. 过量变形

机械零件受载工作时，必然会发生弹性变形。在允许范围内的微小弹性变形对机器工作影响不大，但过量的弹性变形会使零件不能正常工作，有时还会造成较大振动，造成零件损坏。

当作用于零件上的应力超过了材料的屈服极限，零件将产生塑性变形，造成零件的尺寸和形状改变（见图 1.3），破坏零件和零件间的相互位置和配合关系，使零件或机器不能正常工作。

（a）齿轮齿面塑性变形

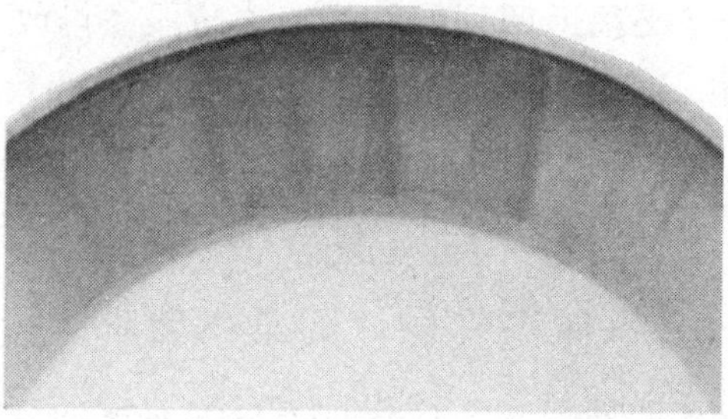

（b）轴承内圈塑性变形

图 1.3　零件的塑形变形

3. 零件的表面损伤

零件的表面损伤主要是接触疲劳（点蚀）、磨损和腐蚀（见图 1.4）。零件表面损伤后，通常都会增大摩擦，增加能量损耗，破坏零件的工作表面，致使零件尺寸发生变化，最终造成零件报废。零件的使用寿命在很大程度上受到表面损伤的限制。

4. 破坏正常工作条件引起的失效

有些零件只有在一定的工作条件下才能正常工作，若破坏了这些必备条件将发生不同类型的失效。例如，带传动当传递的有效圆周力大于摩擦力的极限值时将发生打滑失效；高速转动的零件当其转速与转动系统的固有频率相一致时会发生共振，引起断裂；液体润滑的滑动轴承当润滑油膜破裂时将发生过热、胶合、磨损等。

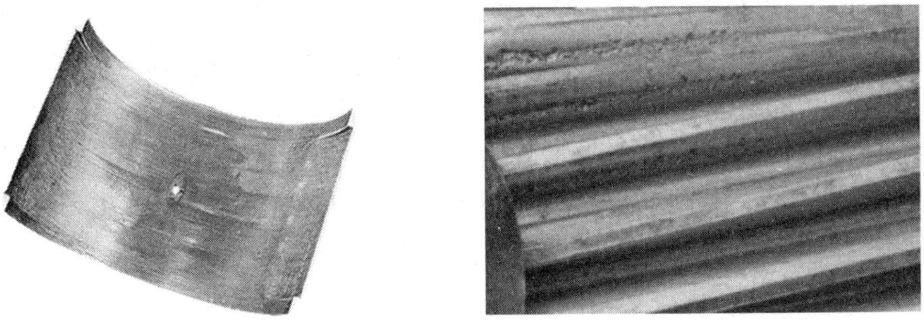

（a）轴承轴瓦的磨损　　（b）齿轮齿面点蚀

图 1.4　零件的表面损伤

零件在工作时发生哪一种失效，与零件的工作环境、载荷性质等很多因素有关。有统计结果表明，正常工作情况下，机械零件的失效主要由疲劳、磨损、腐蚀等因素引起。

1.3.3　机械零件的设计准则

零件不发生失效时的安全工作限度称为零件的工作能力，为保证零件安全、可靠地工作，应确定相应的设计准则来保证设计的机械零件具有足够的工作能力。一般来讲，大体有以下设计准则：

1. 强度准则

强度准则是机械零件设计计算最基本的准则。强度是指零件在载荷作用下抵抗断裂、塑性变形及表面损伤的能力。为保证零件有足够的强度，计算时应保证危险截面工作应力 σ 或 τ 不能超过许用应力 $[\sigma]$ 或 $[\tau]$，即

$$\sigma \leqslant [\sigma] \quad 或 \quad \tau \leqslant [\tau] \tag{1.1}$$

满足强度要求的另一表达式是使零件工作时的实际安全系数 S 不小于零件的许用安全系数 $[S]$，即

$$S \geqslant [S] \tag{1.2}$$

2. 刚度准则

刚度是零件受载后抵抗弹性变形的能力。为保证零件有足够的刚度，设计时应使零件在载荷作用下产生的弹性变形量 y 不得大于许用变形量 $[y]$，即

$$y \leqslant [y] \tag{1.3}$$

弹性变形量 y 可按各种变形量的理论或实验方法来确定，而许用变形量 $[y]$ 则应随不同的使用场合，根据理论或经验来确定其合理的数值。

3. 寿命准则

影响零件寿命的主要因素是腐蚀、磨损和疲劳，它们的产生机理、发展规律及对零件寿命的影响是完全不同的。迄今为止，还未能提出有效而实用的腐蚀寿命计算方法，所以尚不能列出腐蚀的计算准则。对磨损，人们已充分认识到它的严重危害性，进行了大量的研究，但由于摩擦、磨损的影响因素十分复杂，产生的机理还未完全明晰，所以至今还未形成供工程实际使用的定量计算方法。对疲劳寿命计算，通常是求出零件使用寿命期内的疲劳极限或额定载荷来作为计算的依据。

4. 振动稳定性准则

机器中存在着许多周期性变化的激振源，如齿轮的啮合、轴的偏心转动、滚动轴承中的振动等。当零件（或部件）的固有频率 f 与上述激振源的频率 f_p 重合或成整数倍关系时，零件就会发生共振，导致零件在短期内被破坏甚至整个系统毁坏。因此，应使受激零件的固有频率与激振源的频率相互错开，避免共振。相应的振动稳定性的计算准则为

$$0.85f > f_p \quad 或 \quad 1.15f < f_p \tag{1.4}$$

若不满足振动稳定性条件，可改变零件或系统的刚度或采取隔振、减振措施来改善零件的振动稳定性。

5. 散热性准则

机械零部件由于过度发热，会引起润滑失效，零部件胶合、硬度降低、热变形等问题。因此，对于发热较大的机械零部件必须限制其工作温度，满足散热性准则，如蜗杆传动、滑动轴承需进行热平衡计算。

6. 可靠性准则

对于重要的机械零件要求计算其可靠度，作为可靠性的性能指标。可靠度是指，一批零件，共有 N_0 个，在一定的工作条件下进行试验，如在时间 t 后仍有 N_S 个能正常工作，则这批零件在该工作条件下，达到工作时间 t 的可靠度 R 为

$$R = \frac{N_S}{N_0} = \frac{N_0 - N_f}{N_0} = 1 - \frac{N_f}{N_0} \tag{1.5}$$

式中　N_f——在时间 t 内失效的零件数，$N_0=N_S+N_f$。

1.3.4　机械零件的设计方法

机械零件的常规设计方法有以下三种。

1. 理论设计

理论设计是根据现有的设计理论和实验数据所进行的设计。按照设计顺序的不同，零件的理论设计可分为设计计算和校核计算。

1）设计计算

根据零件的工作情况和要求进行失效分析，确定零件的设计计算准则，按其理论设计公式确定零件的形状和尺寸。

2）校核计算

参照已有实物、图样和经验数据初步拟定零件的结构和尺寸，然后根据设计计算准则的理论校核公式进行校核计算。

2. 经验设计

经验设计是指根据对某类零件已有的设计与使用实践而归纳出的经验公式，或根据设计者的经验用类比法所进行的设计。经验设计简单方便，适用于那些使用要求变动不大而结构形状已典型化的零件，如箱体、机架、传动零件。

3. 模型实验设计

对于尺寸特大、结构复杂且难以进行理论计算的重要零件可采用模型实验设计。即把初步设计的零、部件或机器做成小模型或小尺寸样机，通过实验的手段对其各方面的特性进行检验，根据实验的结果进行逐步的修改，从而达到完善。这种方法费时、昂贵，适用于特别重要的设计。

1.3.5 机械零件设计的一般步骤

机械零件的设计大体要经过以下几个步骤：

（1）根据零件功能要求、工作环境等选定零件的类型。为此，必须对各种常用机械零件的类型、特点及适用范围有明确的了解，进行综合对比并正确选用。

（2）根据机器的工作要求，计算作用在零件上的载荷。

（3）分析零件在工作时可能出现的失效形式，确定其设计计算准则。

（4）根据零件的工作条件和对零件的特殊要求，选择合适的材料，并确定必要的热处理或其他处理方式。

（5）根据设计准则计算并确定零件的基本尺寸和主要参数。

（6）根据工艺性要求及标准化等原则进行零件的结构设计，确定其结构尺寸。

（7）结构设计完成后，必要时还应进行详细的校核计算，判断结构的合理性并适当修改结构设计。

（8）绘制零件的工作图，并写出计算说明书。

1.4 机械零件的材料及其选用

1.4.1 机械零件常用的材料

机械零件的常用材料可以分为金属材料、非金属材料和复合材料三大类。

1. 金属材料

在各类工程材料中，金属材料（尤其是钢铁）使用最广。据统计机械产品中金属材料的使用占到了90%以上。钢铁之所以被大量采用，除了由于其具有较好的力学性能（如强度、塑性、韧性等）外，还因价格相对便宜和容易获得，而且能满足多种性能和用途的要求。在各类钢铁材料中，由于合金钢的性能优良，常用于制造重要的零件。

除钢铁以外的金属材料均称为有色金属及其合金。有色金属合金具有某些特殊性能，如良好的减摩性、耐磨性、抗腐蚀性、抗磁性、导电性等。在机械制造中主要应用的是铜合金、轴承合金和轻合金。

2. 非金属材料

非金属材料，可大致分为高分子材料和陶瓷材料。高分子材料主要有塑料、橡胶和合成纤维三大类。高分子材料的主要优点在于其有极强的化学稳定性，不易被氧化。以聚四氟乙烯为例，它具有很强的耐腐蚀性，化学稳定性极强，低温下不易变脆，沸水中不会变软，因此常被用于化工设备。但是由于高分子材料是有机材料，所以不少高分子材料不具备阻燃性，且易老化。以Si_3N_4和SiC为代表的工程结构陶瓷和以AL_2O_3为代表的刀具陶瓷以其极高的硬度、高耐磨性、高耐腐蚀性、高熔点、大刚度等特点被广泛地应用在密封件、滚动轴承和切削刀具等结构中。但陶瓷材料的缺点是价格昂贵、加工工艺性差、断裂韧度低，这使得它的使用受到了极大的限制。

3. 复合材料

复合材料是由两种或两种以上具有不同的物理和力学性能的材料复合制成的，可以获得单一材料难以达到的优良性能。复合材料的主要优点是有较高的强度和弹性模量，而质量又特别小，但它也有耐热性差、导热和导电性差的缺点。此外，复合材料的价格比较高，目前主要应用于航空、航天等高科技领域。

机械零件的常用材料绝大多数已标准化，可查阅有关的国家标准、设计手册等资料了解它们的性能特点和使用场合，以备选用。在后面的有关章节中也将对具体零件的适用材料分别加以介绍。

1.4.2 机械零件材料选择的一般原则

机械零件材料的选择是一个比较复杂的技术经济问题，通常应考虑下述三方面要求。

1. 使用要求

（1）机械所受载荷的大小、性质及其应力状况。如承受拉伸为主的机械零件宜选钢材；受压的机械零件宜选铸铁；承受冲击载荷的机械零件宜选韧性好的材料。

（2）机械零件的工作条件。如高温下工作的应选耐热钢；在腐蚀介质中工作的应选耐蚀材料；表面处于摩擦状态下工作的应选耐磨性较好的材料。

（3）机械零件尺寸和重量的限制。如受力大的零件，因尺寸取决于强度，一般而言，尺寸也相应增大，但如果在零件尺寸和重量又有限制的条件下，就应选用高强度的材料；载荷一般但要求质量轻的机械零件，设计时可采用轻合金或塑料。

2. 工艺要求

为使零件便于加工制造，选择材料时应考虑零件结构的复杂程度、尺寸大小和毛坯类型。结构复杂的零件宜选用铸造毛坯，或用板材冲压出结构件后再经焊接而成。结构简单的零件可用锻造法制取毛坯。

对材料工艺性的了解，在判断加工可能性方面起着重要的作用。铸造材料的工艺性是指材料的液态流动性、收缩率、偏析程度及产生缩孔的倾向性等。锻造材料的工艺性是指材料的延展性、热脆性及冷态和热态下塑性变形的能力等。焊接材料的工艺性是指材料的焊接性及焊缝产生裂纹的倾向性等。材料的热处理工艺性是指材料的可淬性、淬火变形倾向性及热处理介质对它的渗透能力等。冷加工工艺性是指材料的硬度、易切削性、冷作硬化程度及切削后可能达到的表面粗糙度等。

3. 经济要求

经济性要求材料的经济性不仅指材料本身的价格，还包括加工制造费用、使用维护费用等。提高材料经济性可从以下几方面加以考虑：

（1）材料本身的价格。在满足使用要求和工艺要求的条件下，应尽可能选择价格低廉的材料，特别是对生产批量大的零件，更为重要。

（2）材料的加工费用。如制造某些箱体类零件，虽然铸铁比钢板廉价，但在批量小时，选用钢板焊接反而更有利，因其可以省掉铸模的生产费用。

（3）采用热处理或表面强化（如喷丸、碾压等）、表面喷镀等工艺，充分发挥和利用材料潜在的力学性能，减少和延缓腐蚀或磨损的速度，延长零件的使用寿命。

（4）改善工艺方法，提高材料利用率，降低制造费用。如采用无切削、少切削工艺（如冷墩、碾压、精铸、模锻、冷拉工艺等），可减少材料的浪费，减少加工工时，还可使零件内部金属流线连续、强度提高。

（5）节约稀有材料。如采用我国资源较丰富的锰硼系合金钢代替资源较少的铬镍系合金钢，采用铝青铜代替锡青铜等。

（6）采用组合式结构，节约价格较高的材料。如组合式结构的蜗轮齿圈用减摩性较好但价贵的锡青铜，轮芯采用价廉的铸铁。

（7）材料的供应情况。应选本地现有且便于供应的材料，以降低采购、运输、储存的费用。此外，应尽可能减少材料的品种和规格，以简化供应和管理。

1.5 机械设计中的标准化、系列化和通用化

机械零件的标准化是指通过对零件的尺寸、结构要素、材料性能、检验方法、设计方法及制图要求等，制订出被大家共同遵守的标准。在机械设计中，应该尽可能采

用有关标准。常用的标准包括：

（1）各种零部件标准，如螺栓、螺母、垫圈、键、花键和滚动轴承标准。

（2）零件参数标准，如标准直径、齿轮模数、螺纹形状和各种机械零件的公差等。

（3）零件设计方法标准，如渐开线圆柱齿轮承载能力计算方法、普通 V 带传动设计等。

（4）材料标准，如各种材料的牌号、型钢的形状和尺寸等。

目前，已发布的与机械零件设计有关的标准，从运用范围上来讲，可分为国家标准（GB）、行业标准（如 JB、QB、YB 等）和企业标准，从使用的强制性来说，可分为必须执行的（有关度、量、衡及涉及人身安全等标准）和推荐使用的（如标准直径等）。

对于同一产品，为了符合不同的使用条件，在同一基本结构或基本尺寸条件下，规定出若干个辅助尺寸不同的产品，成为不同的系列，称为产品的系列化。例如，对于同一结构、同一内径的滚动轴承，制出不同外径及宽度的产品，称为滚动轴承系列。不同种类的产品或不同规格的同类产品中可采用同一结构和尺寸的零部件，称为产品的通用化。例如，不同的汽车可采用相同的内燃机。

标准化、通用化、系列化简称机械产品的“三化”。贯彻“三化”可以实现：减轻设计工作量，提高设计质量并缩短生产周期；减少刀具和量具的规格，便于设计与制造，从而降低成本；便于组织标准件的规模化、专门化生产，易于保证产品质量，节约材料，降低成本；提高互换性，便于维修；便于国家的宏观管理与调控以及内外贸易；便于评价产品质量，解决经济纠纷。

1.6 现代机械设计方法

现代机械设计方法是相对于传统设计方法而言的。由于现代设计方法尚处于不断发展之中，尚无明确的定义域界，但其一般性发展规律却是有据可循的。从整体上来说，现代设计方法是一个综合运用现代应用数学、应用力学、电子信息科技等方面的最新的研究成果与技术手段来辅助完成设计，使设计更加趋近精确、可靠、高效、节能。几种在机械设计中应用较广的现代设计方法如下。

1.6.1 模块化设计

相比于传统的串行设计，模块化设计可以实现并行设计，使得设计周期可以大大缩短。同时，模块化设计也方便产品的功能更新以及产品功能的多样性。同时，依据一个好的设计平台，模块化设计可以增强不同功能的机器间的零件的通用化，进而大幅度降低产品成本，提高产品质量。

1.6.2 优化设计

优化设计，是将设计中的物理模型转化为数学模型，然后采用数学最优化理论，利用计算机等辅助工具求解出最优解。通过对最优解的分析评价结论来指导确定最优的设计方案。优化设计可以实现多个变量目标综合，达到系统整体的最优化最精确设计。

1.6.3 计算机辅助设计

计算机辅助设计，通常是利用 CAD 等强大的计算机软件的快速精确，逻辑判断等功能进行设计信息处理。CAD 与计算机辅助制造（CAM）结合形成 CAD/CAM 系统，再与计算机辅助检测（CAT）、计算机管理自动化结合形成计算机集成制造系统（CIMS），综合进行市场预测、产品设计、生产计划、制造和销售等一系列工作，实现人力、物力和时间等各种资源的有效利用，有效地促进了现代企业生产组织、管理和实施的自动化、无人化，使企业总效益提高。

1.6.4 人机工程学设计

人机学设计是从人机工程学的角度考虑机械设计，处理机械与人的关系，使设计满足人的需要。该方法用系统论的观点来研究人、机器和环境所组成的系统，研究组成三要素及其相互关系。人机学设计研究的重点是人，从研究人的生理和心理特征出发，使系统中的三要素相互协调，以便促进人的身心健康，提高人的工作效能，最大限度地发挥机器的优势。

1.6.5 机械动态设计

机械动态设计是根据机械产品的动载工况，以及对该产品提出的动态性能要求与设计准则，按动力学方法进行分析与计算、优化与试验并反复进行的一种设计方法。该方法的基本思路是，把机械产品（系统或设备）看成是一个内部情况不明的黑箱，根据对产品的功能要求，通过外部观察，对黑箱与周围不同的信息联系进行分析，求出机械产品的动态特性参数，然后进一步寻求它们的机理和结构。

1.6.6 机械系统设计

机械系统设计是应用系统的观点进行机械产品设计的一种设计方法。传统设计只注重机械内部系统设计，且以改善零部件的特性为重点，对各零部件之间、内部与外部系统之间的相互作用和影响考虑较少。机械系统设计则遵循系统的观点，研究内外系统和各子系统之间的相互关系，通过各子系统的协调工作、取长补短来实现整个系统最佳的总功能。

综上，现代机械设计方法是一个动态取代静态，定量取代定性，优化设计取代可行性设计，模块化设计取代串行设计，系统工程取代部分处理，自动化取代人工，综合运用已有的资源不断向前发展的一种设计方法。其本质是追求更高的效益，更恰当的设计，不断开拓设计人员的视野，集中精力创新发展并开发出更多的高新技术产品以满足社会、经济、国防等诸多方面的发展需要。

思考与习题

1. 以普通车床为例，说明设计机器时应满足的基本要求。
2. 对机械零部件有哪些要求？
3. 什么是机械零件失效？试举出几种常见的机械零件失效形式。
4. 什么是机械零件的设计准则？常用的机械零件设计准则有哪些？

第2章 螺纹连接和螺旋传动

螺纹连接是利用螺纹零件构成的连接，其结构简单、拆装方便，工作可靠，应用广泛。本章主要讨论螺纹连接的类型、结构、强度和选用等问题。

2.1 螺纹的基本类型和参数

2.1.1 螺纹的基本类型和特点

常用的螺纹可分为三角形（普通螺纹和管螺纹）、矩形、梯形、锯齿形等。

常用螺纹的类型、特点和应用见表 2.1。

表 2.1 螺纹的种类、特点和应用

<table>
<tr><th colspan="2">种类</th><th>牙型图</th><th>特点</th><th>应用</th></tr>
<tr><td colspan="2">普通螺纹</td><td>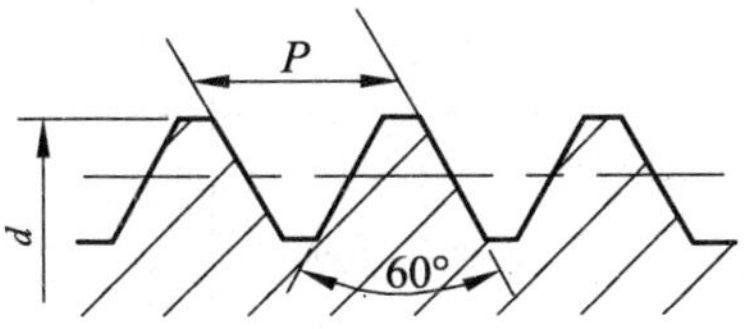
</td><td>牙型角α=60°，螺纹副的内径处有间隙，外螺纹牙根允许有较大的圆角，以减小应力集中。
同一直径，按螺距大小分为粗牙和细牙。细牙的自锁性能较好，螺纹零件的强度削弱少，但易滑扣</td><td>应用最广。一般连接多用粗牙，细牙用于薄壁或用粗牙对强度有较大影响的零件，也常用于受冲击、振动或变载的连接，还可用于微调机构的调整</td></tr>
<tr><td rowspan="2">管螺纹</td><td>圆柱管螺纹</td><td>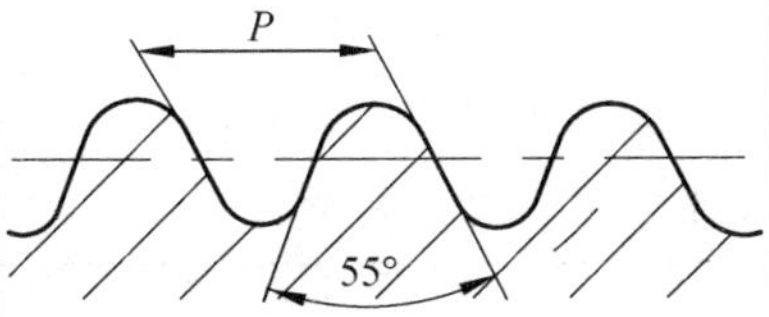
</td><td>牙型角α=55°，公称直径为管子外螺纹的大径。内、外螺纹旋合后无径向间隙，密封简单</td><td>多用于压力为 1.568 MPa（16 kgf/cm²）以下的水、煤气管路，润滑和电线管路系统</td></tr>
<tr><td>圆锥管螺纹</td><td>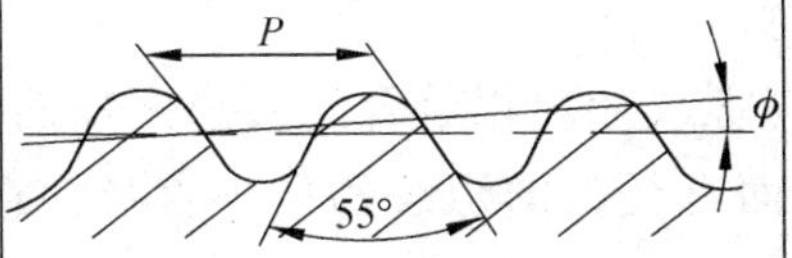
</td><td>牙型角α=55°，螺纹分布在 1∶16 的圆锥管壁上。内、外螺纹旋合后无径向间隙，不用填料而依靠螺纹牙的变形就可以保证连接的紧密性</td><td>用于高温、高压系统和润滑系统</td></tr>
</table>

续表

种类	牙型图	特点	应用
管螺纹 圆锥螺纹	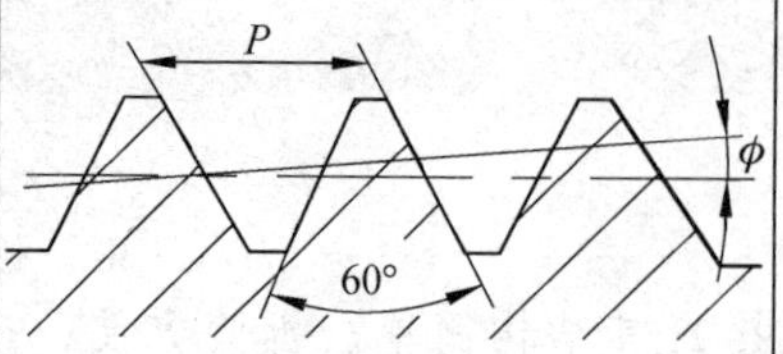	与55°圆锥管螺纹相似，但牙型角α=60°	用于汽车、拖拉机、航空机械、机床的燃料、油、水、气输送系统的管连接
矩形螺纹	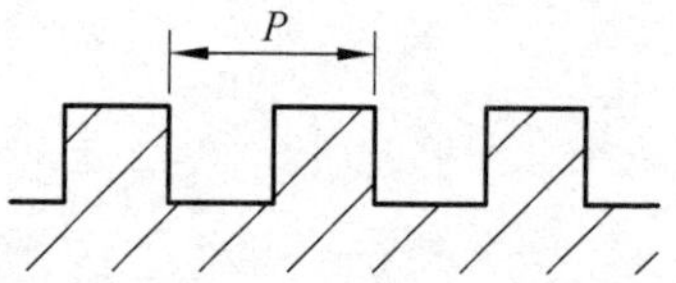	牙型为正方形，牙型角α=0°效率高，精确制造困难，为便于加工，可制成10°的牙型角。螺纹副磨损后的间隙难以补偿或修复，对中精度低，牙根强度弱	用于传力或传动螺旋
梯形螺纹	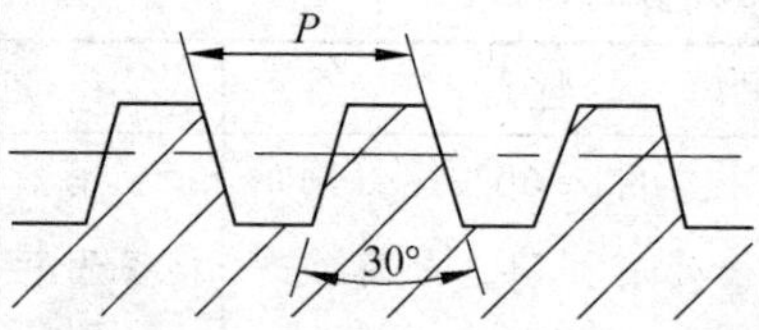	牙型角α=30°，内外螺纹旋合后大径处有间隙。与矩形螺纹相比，效率略低，但工艺性好，牙根强度高，螺纹副对中性好，用剖分螺母时，可以调整间隙	用于传力或传动螺旋
锯齿形螺纹	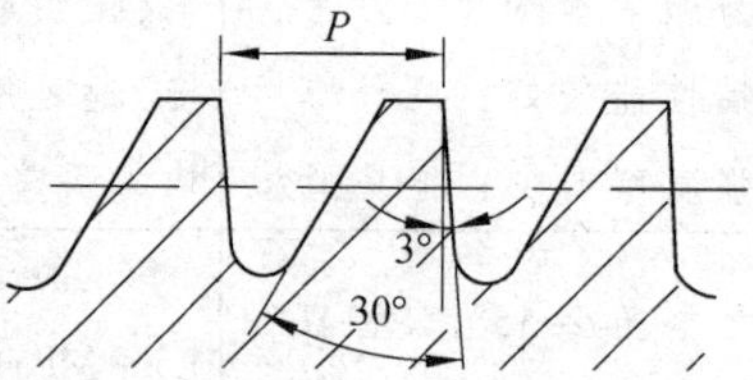	工作面的牙型斜角为3°，非工作面的牙型斜角为30°，综合了矩形螺纹效率高和梯形螺纹牙根强度高的特点。外螺纹的牙根有相当大的圆角，以减小应力集中。螺纹副的大径处无间隙，便于对中	用于单向受力的传力螺旋

2.1.2 螺纹的主要参数

圆柱普通外螺纹的主要参数如图 2.1 所示。

大径 d：是螺纹的公称直径，其尺寸为与螺纹牙顶相重合的假想圆柱面的直径。

小径 d_1：与螺纹牙底相重合的假想圆柱面直径，即螺纹的最小直径，在强度计算中常以小径作为计算直径。

中径 d_2：是一个假想圆柱的直径，该圆柱的母线通过牙型上沟槽和凸起宽度相等的地方。

线数 n：表示形成螺纹的螺旋线数目。要求自锁的连接螺纹采用单线螺纹。

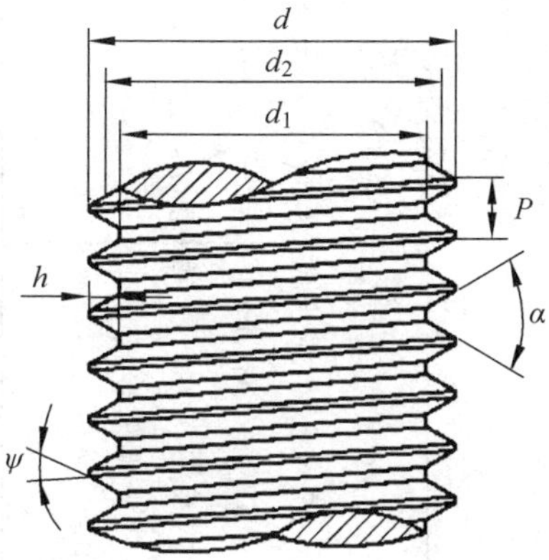

图 2.1　螺纹的主要几何参数

螺距 P：螺纹相邻两牙在中径线上对应两点间的轴向距离。

导程 S：是螺纹上任一点沿同一螺旋线转一周所移动的轴向距离。

螺纹升角 ψ：是中径圆柱上螺旋线的切线与垂直于螺纹轴线的平面间的夹角，其计算式为

$$\psi = \arctan\frac{S}{\pi d_2} = \arctan\frac{nP}{\pi d_2} \tag{2.1}$$

牙型角 α：螺纹轴向截面内，螺纹牙型两侧边的夹角。

牙型高度 h：在螺纹牙型上，牙顶到牙底在垂直于螺纹轴线方向上的距离。

2.2　螺纹连接的种类和标准连接件

2.2.1　螺纹连接的基本种类和结构设计要点

机械中常用的螺纹连接类型有螺栓连接、双头螺柱连接、螺钉连接和紧定螺钉连接（表 2.2）。

2.2.2　标准螺纹连接件

机械制造中常见的螺纹连接件有螺栓、双头螺柱、螺钉、螺母和垫圈等。此类零件的结构形式和尺寸都已标准化，设计时可根据有关标准选用。常用的螺纹连接件见表 2.3。

表 2.2　螺纹连接的主要类型

类型	图例	特点和应用	结构尺寸
螺栓连接	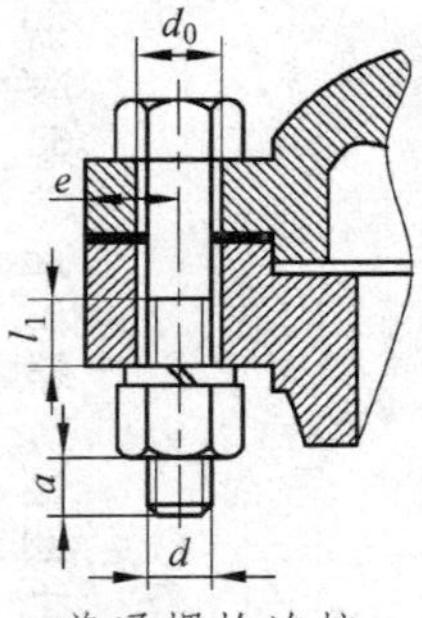 普通螺栓连接	被连接件上有通孔，孔的加工精度要求低，螺杆穿过通孔与螺母配合使用。装配后孔与杆间有间隙，结构简单，装拆方便，使用时不受被连接件的材料限制，可多次装拆，应用较广	螺纹余留长度 l_1： 对于受拉螺栓，静载荷时 $l_1 \geq (0.3 \sim 0.5)d$；变载荷时 $l_1 > 0.75d$；冲击或弯曲载荷时 $l_1 \geq d$；铰制孔光制螺栓连接时 $l_1 \approx d$。螺纹伸出长度 $a \approx (0.2 \sim 0.3)d$；螺栓的轴线到被连接件边缘的距离 $e = d + (3 \sim 6)$ mm；通孔直径 $d_0 \approx 1.1d$
	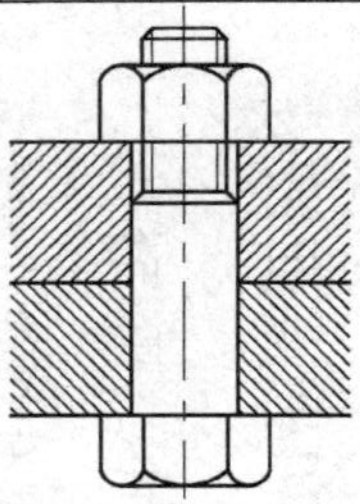 铰制孔用螺栓连接	被连接件上有通孔，孔的加工精度要求高，需钻孔后铰孔。螺栓杆和螺栓孔采用基孔制过渡配合（H7/m6，H7/n6），能精确固定被连接件的相对位置，并能承受横向载荷，用于精密螺栓连接，也可作定位用	
双头螺柱连接	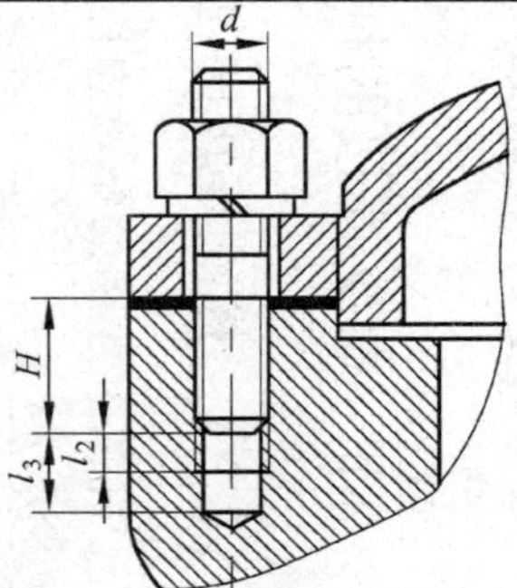	螺杆两端无钉头，但均有螺纹，装配时一端旋入被连接件，另一端配以螺母。拆装时只需拆螺母，而不将双头螺柱从被连接件中拧出，避免了被连接件螺纹孔磨损失效，适用于被连接件之一太厚不宜制成通孔，经常拆卸的场合	拧入深度 H： 螺孔为钢或青铜时，取 $H \approx d$； 螺孔为铸铁时，取 $H \approx (1.25 \sim 1.5)d$； 螺孔为铝合金时，取 $H \approx (1.5 \sim 2.5)d$

续表

类型	图 例	特点和应用	结构尺寸
螺钉连接	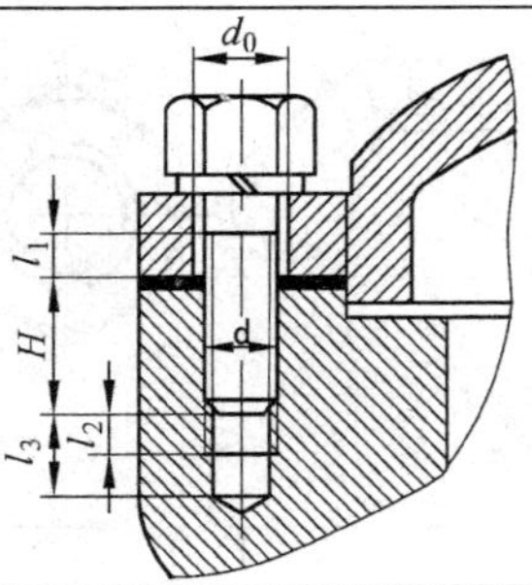	直接将螺钉拧入被连接件的螺纹孔内。但是，由于经常拆卸容易使被连接件螺纹孔损坏，所以用于被连接件之一太厚不宜制成通孔，不需经常装拆的地方或受载较小的情况	
紧定螺钉连接	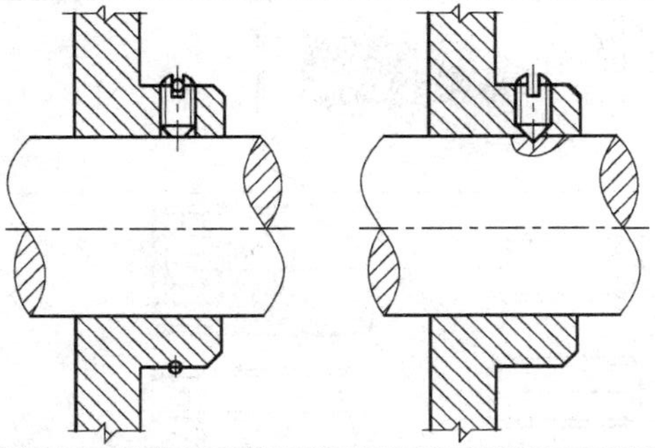	螺钉拧入后，利用螺钉末端顶住另一零件表面，或旋入零件相应的锪窝中以固定零件的相对位置。可传递不大的轴向力或转矩，多用于轴上零件的固定。螺钉除连接和紧定作用外，还可用于调整零件位置	

表 2.3 常用的螺纹连接件

	类型	结构特点与应用
螺栓	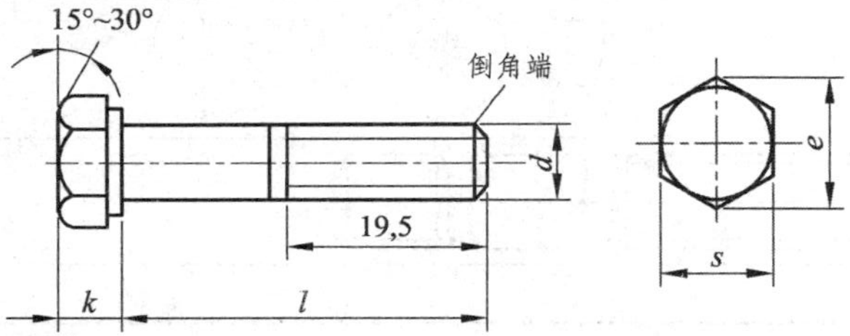	螺栓头部的形状很多，最常用的是六角头和内六角头螺栓。精度分为 A、B、C 三种。其中 A 级精度最高，常用于要求配合精确、能防止振动等重要零件的连接；B 级精度多用于受载较大且经常拆卸、调整或承受变载荷的连接；常用的连接一般选用 C 级精度。螺栓头部可只制出一段螺纹或制成全螺纹，螺纹可用粗牙或细牙

续表

	类型	结构特点与应用
双头螺柱	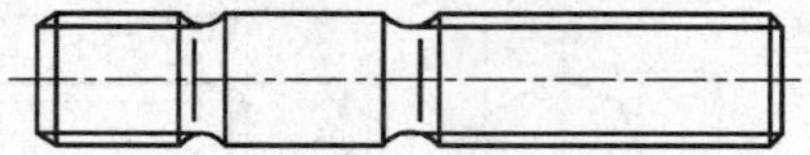	双头螺柱两端均制有螺纹，一端拧入基体，另一端与螺母旋合
螺钉、紧定螺钉	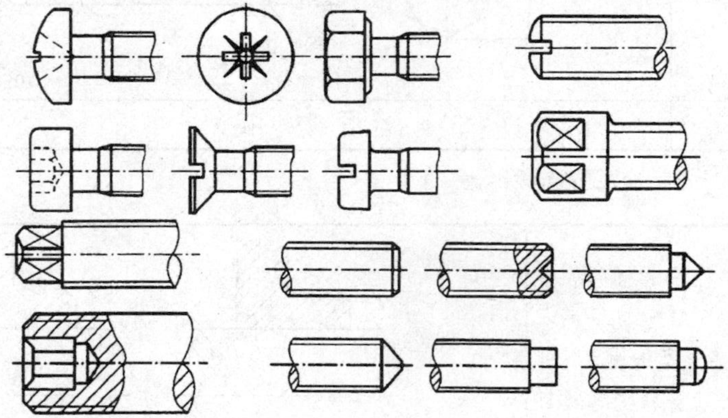	螺钉、紧定螺钉的头部有内六角头、十字槽头等多种形式。以适应不同的拧紧程度。紧定螺钉末端要顶住被连接件之一的表面或相应的凹坑，其末端具有平端、锥端、圆尖端等各种形状
自攻螺钉	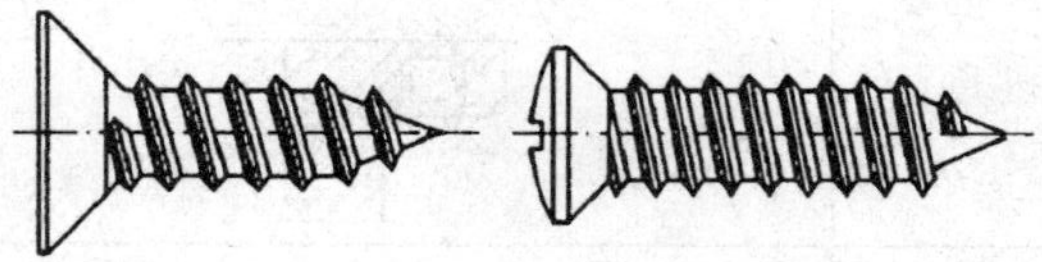	自攻螺钉多用于薄的金属板（如钢板、锯板等）之间的连接。在连接件上可不预先制出螺纹，在连接时利用螺钉直接攻出螺纹。螺钉头部形状有圆头、平头、半沉头及沉头等
螺母	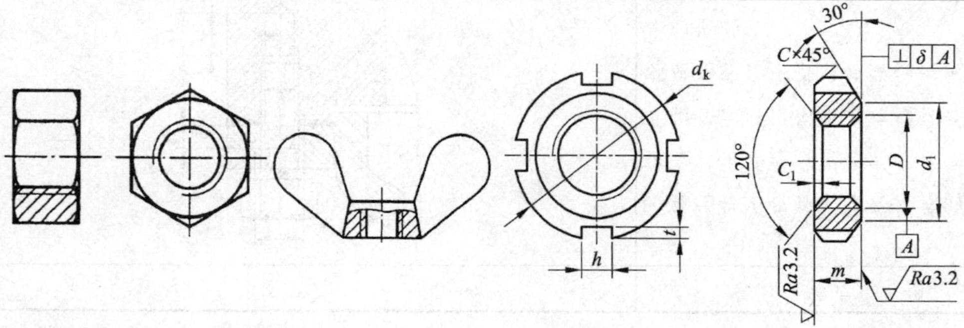	螺母的形状有六角形、圆形、蝶形等。六角螺母有三种不同厚度，薄螺母用于尺寸受到限制的地方，厚螺母用于经常装拆易于磨损之处。与螺栓相同.螺母制造精度等级也分为 A、B、C 三级，分别与不同级别的螺栓配用。圆螺母常用于轴上零件的轴向固定，通常与止动垫圈配合使用

续表

	类型	结构特点与应用
垫圈	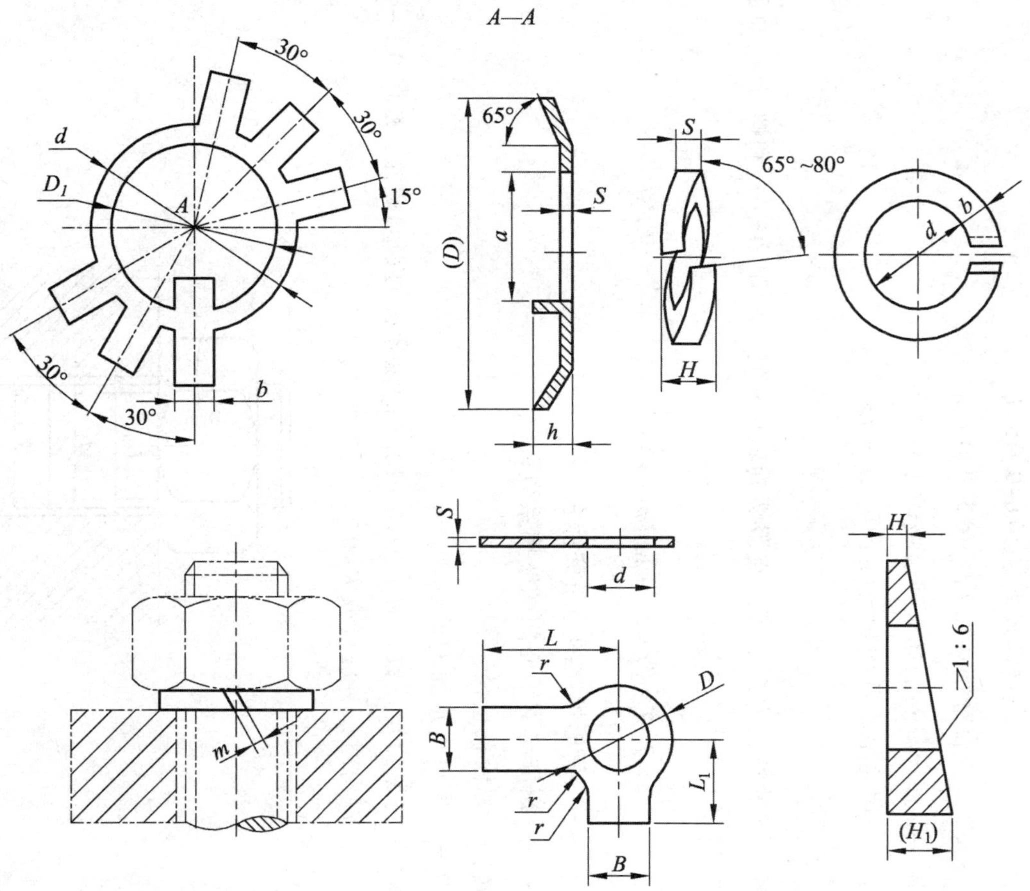	垫圈的作用是增加被连接件的支承面积以减小接触处的压强（尤其当被连接件材料强度较差时），以及避免拧紧螺母时擦伤被连接件的表面。弹簧垫圈和止动垫圈还有防松的作用。斜垫圈用于基面存在斜度的场合

2.3 螺纹连接的预紧与防松

2.3.1 螺纹连接的预紧

1. 预紧力

绝大多数螺纹连接在装配时都必须拧紧，使连接在承受工作载荷之前，预先受到力的作用，这个预加的作用力称为预紧力 F_0。预紧的目的在于增强连接的可靠性和紧密性，防止受载后被连接件间出现缝隙或发生相对滑移。

通常规定，拧紧后螺纹连接件在预紧力的作用下产生的预紧应力不得超过其材料屈服强度 σ_s 的 80%。对于一般钢制螺栓，可采用下面的推荐值：

$$\text{碳素钢螺栓 } F_0 \leqslant (0.6\sim0.7)\sigma_s A_1 \tag{2.2}$$

$$\text{合金钢螺栓 } F_0 \leqslant (0.5\sim0.6)\sigma_s A_1 \tag{2.3}$$

式中 σ_s——螺栓材料的屈服强度极限（MPa）；

A_1——螺栓最小截面积（mm^2），$A_1 = \pi d_1^2 / 4$。

2. 拧紧力矩

螺纹连接的拧紧力矩 T 等于克服螺旋副相对转动的阻力矩 T_1 和螺母支撑面上的摩擦阻力矩 T_2 之和（图 2.2），即

$$T=T_1+T_2=F_0\frac{d_2}{2}\tan(\varphi+\rho_v)+\frac{1}{3}f_c F_0\frac{D_0^3-d_0^3}{D_0^2-d_0^2}=KF_0 d \tag{2.4}$$

式中 ρ_v——三角形螺纹的当量摩擦角；

f_c——螺母与支承面间的摩擦系数；

d_0——螺栓孔直径；

D_0——螺母支承面的外径；

K——拧紧力矩系数，对于 M10 ~ M68 的粗牙普通钢制螺栓，K 在 0.1 ~ 0.3，无润滑时，一般可取 K=0.2。

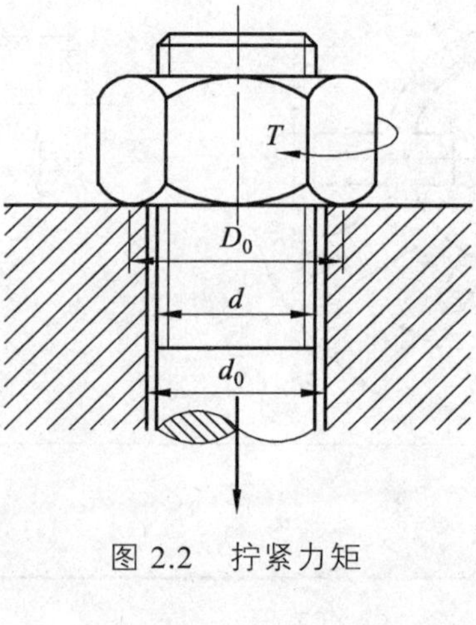

图 2.2 拧紧力矩

对于一定公称直径 d 的螺栓，当所要求的预紧力 F_0 已知时，可按式（2.4）确定扳手的拧紧力矩 T，即利用控制拧紧力矩的方法来控制预紧力的大小。通常可采用测力矩扳手（图 2.3）或定力矩扳手（图 2.4）。

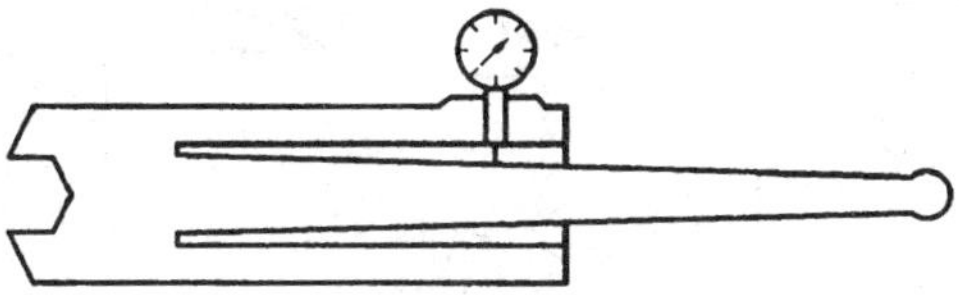

图 2.3　测力矩扳手

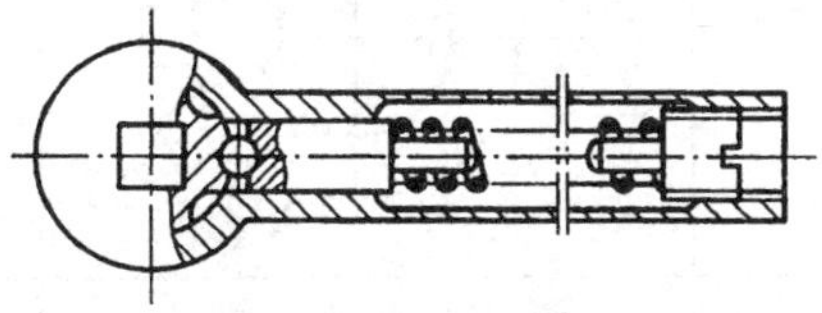

图 2.4　定力矩扳手

2.3.2　螺纹连接的防松

连接螺纹一般都能满足自锁条件，而螺母环形端面与被连接件（或垫圈）支承面间的摩擦力也可起到防松作用。在冲击、振动或变载荷作用下，在高温或温度变化较大的情况下，螺旋副间的摩擦力可能减小或瞬间消失，多次重复后就会使连接松动。为保证连接安全可靠，必须采取有效措施进行螺纹防松。

防松的根本问题是防止螺纹连接受载时发生螺旋副相对转动。螺纹的防松方法按工作原理可分为摩擦防松、机械防松和永久性防松（破坏螺纹副防松）。各种具体的防松方法见表 2.4。

表 2.4　常用的螺纹防松方法

利用摩擦力防松	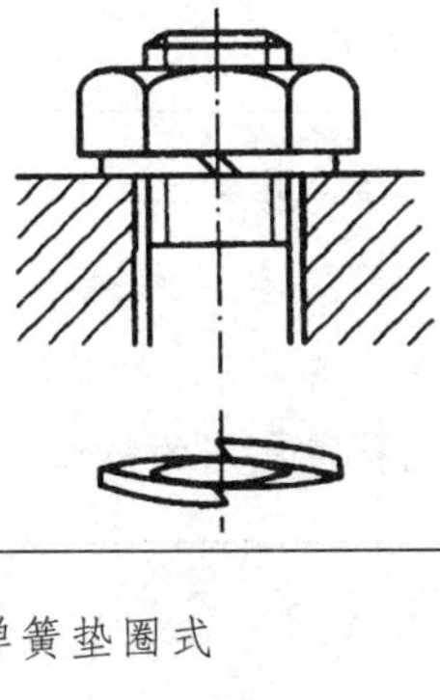	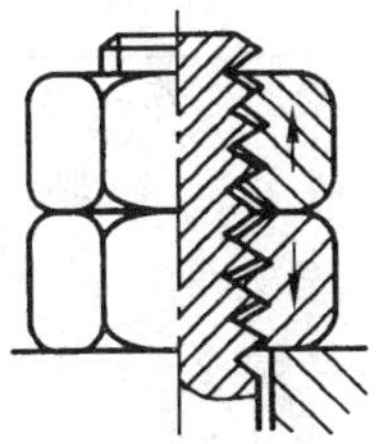	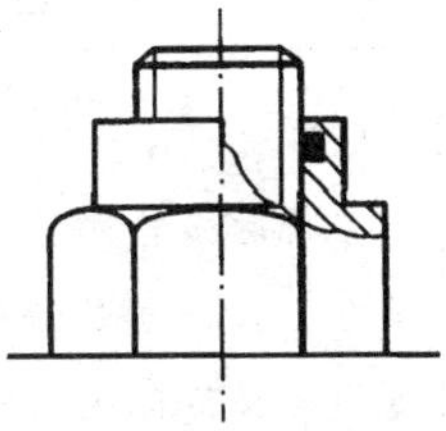
	弹簧垫圈式 材料为弹簧钢，装配后垫圈被压平，靠错开的刃口分别切入螺母和被连接件，以弹力保持螺纹副轴向压紧	对顶螺母 利用两螺母对顶预紧使螺纹旋合部分（此处在工作中几乎不变形）始终受到附加的预拉力及摩擦力而防松	自锁螺母 螺母尾部开槽或镶弹性材料，且螺纹中径比螺杆稍小。旋合后，螺母末端因发生弹性变形而裹紧螺栓，横向压紧螺纹而达到防松效果

续表

机械防松	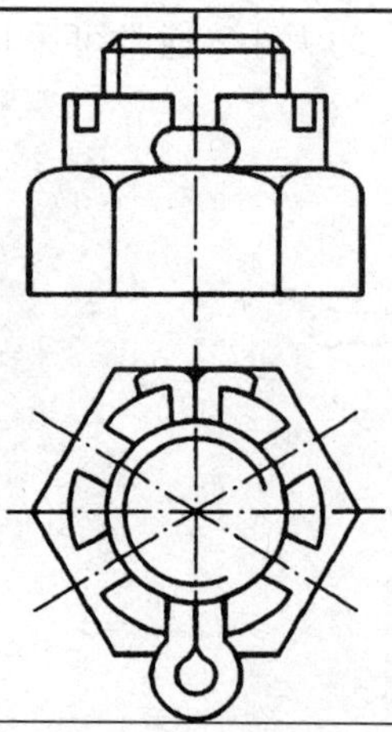	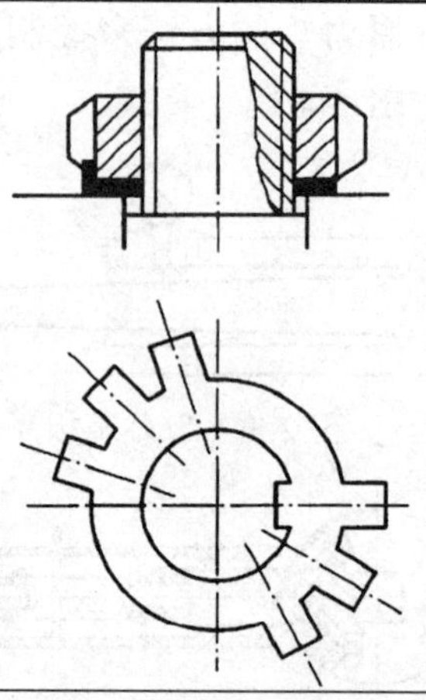	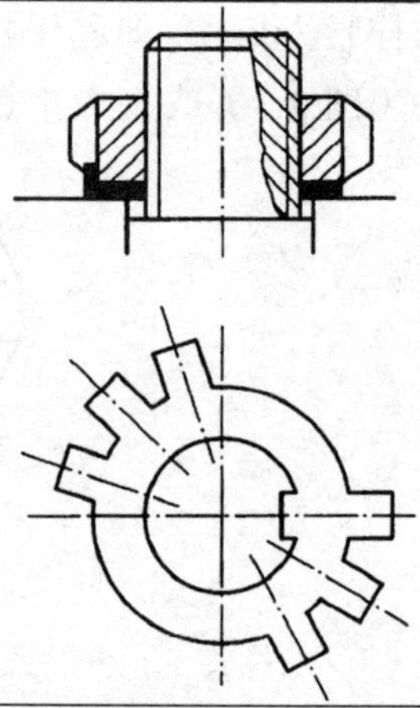
	槽型螺母与开口销 螺母尾部开槽，拧紧后用开口销穿过螺母槽和螺栓的径向孔，使其互相约束而可靠防松	圆螺母与止动垫圈 垫圈内舌嵌入螺栓的轴向槽内，拧紧螺母后将垫圈外舌之一折嵌入螺母的一个槽内，使两者受力互相约束而达到防松目的	单耳止动垫圈 在螺母拧紧后将垫圈一端折起扣压到螺母的侧平面上，另一端折下扣紧被连接件而可靠防松
其他方法防松	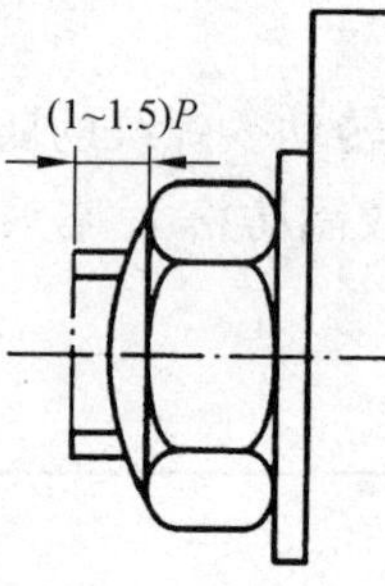	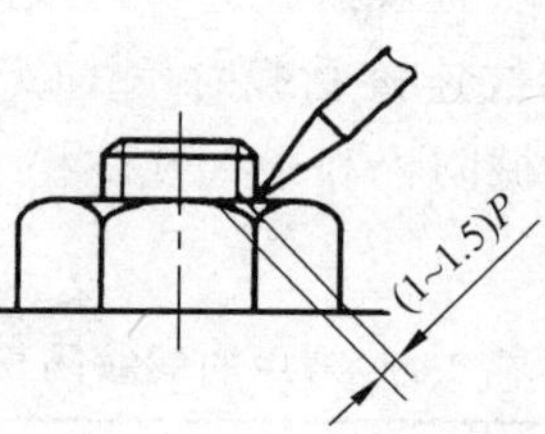	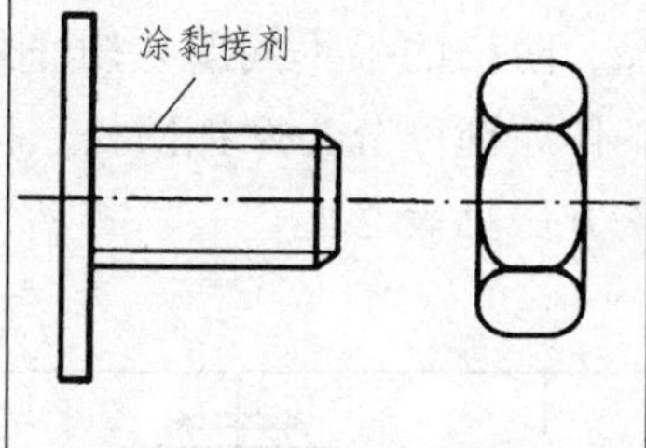
	端铆 拧紧后螺栓露出 1~1.5 个螺距，打压这部分使与螺栓头一道铆死而永久性防松	冲点、焊点 拧紧后在螺栓和螺母的骑缝处用冲头冲打或用焊具点焊 2~3 点而永久性防松	涂黏接剂 用厌氧性黏接剂涂于螺纹旋合表面，拧紧螺母后自行固化获得良好的防松效果

2.4 螺栓连接的强度计算

螺栓连接的强度计算主要是根据连接的类型、装配情况（预紧或不预紧）、载荷状态等条件，确定螺栓的受力，然后按相应的强度设计准则计算螺栓危险截面的直径或校核其强度。

就单个螺栓而言，所受的载荷分为轴向载荷或横向载荷。普通螺栓连接在工作中，主要承受轴向拉力，故称为受拉螺栓。铰制孔螺栓连接在工作中只承受横向载荷，螺栓杆受剪，故称为受剪螺栓。

受拉螺栓的主要失效形式是螺栓杆螺纹部分发生断裂，设计准则是保证螺栓的静力或疲劳拉伸强度。受剪螺栓的主要失效形式是螺栓杆和孔壁的贴合面上出现压溃或螺栓杆被剪断，设计准则是保证连接的挤压强度和螺栓的剪切强度，其中连接的挤压强度对连接的可靠性起决定性作用。

本节以螺栓为例讨论强度计算方法，其结论对双头螺柱连接和螺钉连接均适用。

2.4.1 受拉螺栓的强度计算

1. 松螺栓连接

松螺栓连接装配时不需拧紧，在承受工作载荷之前，连接并不受力。以图 2.5 所示的滑轮架连接为例，当螺栓承受轴向工作载荷 F（单位 N）时，其强度条件为

$$\sigma = \frac{F}{\pi d_1^2 / 4} \leqslant [\sigma] \quad (\mathrm{MPa}) \tag{2.5}$$

式中 d_1——螺纹小径；

$[\sigma]$——松螺栓连接的许用拉应力。

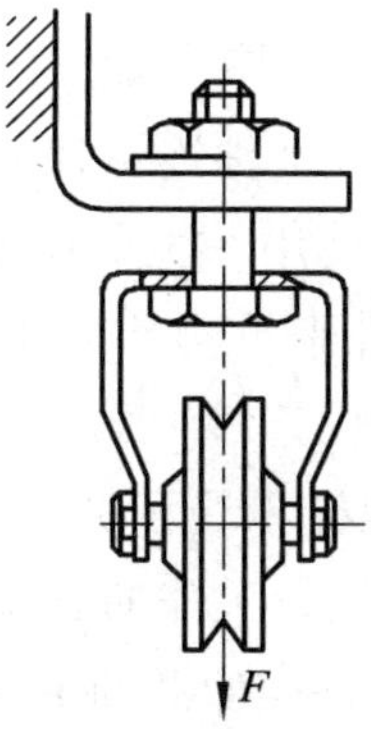

图 2.5 松螺栓连接

2. 紧螺栓连接

1）仅受预紧力的紧螺栓连接

紧螺栓连接装配时，螺母需要拧紧。螺栓除受预紧力 F_0 产生的拉力外，还受到螺纹摩擦力矩 T_1 的作用，使螺栓处于拉伸和扭转的复合应力状态下。因此，对只受预紧力作用的螺栓连接进项强度计算时，应综合考虑拉应力和切应力的作用。

螺栓危险截面的拉应力

$$\sigma=\frac{F}{\frac{\pi}{4}d_1^2}$$

螺栓危险截面的扭转切应力

$$\tau=\frac{F_0\tan(\psi+\rho_v)\dfrac{d_2}{2}}{\dfrac{\pi}{16}d_1^3}$$

对于 M10 ~ M64 的钢制普通螺栓，取 $\tan\psi\approx0.05$ 、$d_2\approx1.1d_1$ 、$\tan\rho_v\approx0.17$ ，由此可得

$$\tau\approx0.5\sigma$$

根据塑性材料的第四强度理论，有

$$\sigma_{ca}=\sqrt{\sigma^2+3\tau^2}=\sqrt{\sigma^2+3(0.5\sigma)^2}\approx1.3\sigma$$

故螺栓的强度条件为

$$\sigma=\frac{1.3F_0}{\pi d_1^2/4}\leqslant[\sigma]\,(\text{MPa})，\ d_1\geqslant\sqrt{\frac{4\times1.3F_0}{\pi[\sigma]}}\,(\text{mm}) \tag{2.6}$$

由此可见，对于只承受预紧力的普通螺栓，虽同时受拉伸和剪切的作用，但在强度计算时可按拉伸进行，同时将预紧力增加 30%以考虑扭转的影响。

如图 2.6 所示的螺栓连接，螺栓仅承受预紧力，靠预紧后在接合面间产生摩擦力来抵抗横向工作载荷 F。如表面间的摩擦系数 $f=0.2$ ，为保证有足够的摩擦力，由 $F_0>F/f$ 可知，$F_0>5F$ 。由此可见，这种连接通常需要较大的预紧力 F_0，螺栓的结构尺寸较大。另外，因摩擦系数 f 会随使用环境的改变而变化，从而导致连接的可靠性降低。对此通常可考虑用各种减载零件来承担横向工作载荷（图 2.7）。

2）受预紧力和工作拉力的紧螺栓连接

图 2.8 所示为压力容器的连接螺栓承受预紧力和轴向工作载荷的典型实例。这种连接在装配拧紧后螺栓受预紧力 F_0 作用，工作时还受工作载荷 F 的作用。由于螺栓和被连接件的弹性变形，导致螺栓所受的总拉伸载荷 F_2 不等于工作载荷 F 与预紧力 F_0 之和。以图 2.9 所示压力容器连接螺栓中单个螺栓在承受轴向工作载荷前后的受力及变形情况分析，找出螺栓总拉伸载荷 F_2 的大小。

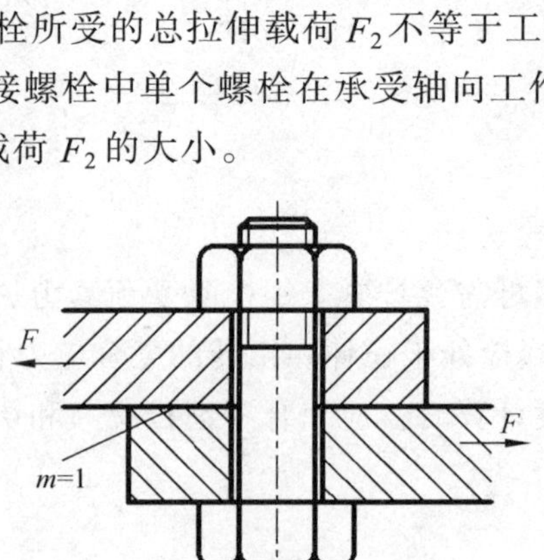

图 2.6　普通螺栓连接承受横向载荷

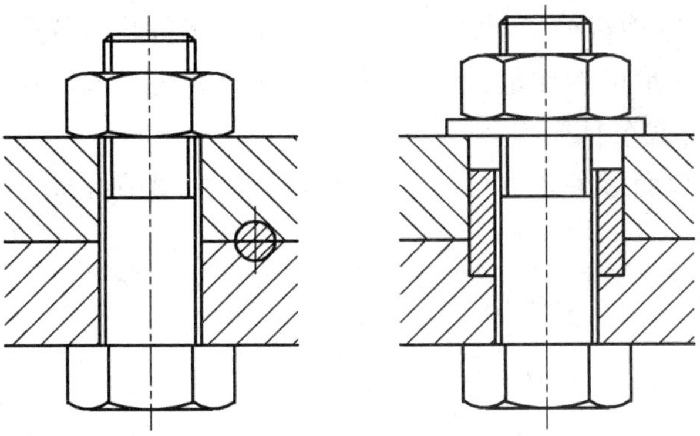

（a）　　　　（b）　　　　（c）

图 2.7　减载措施

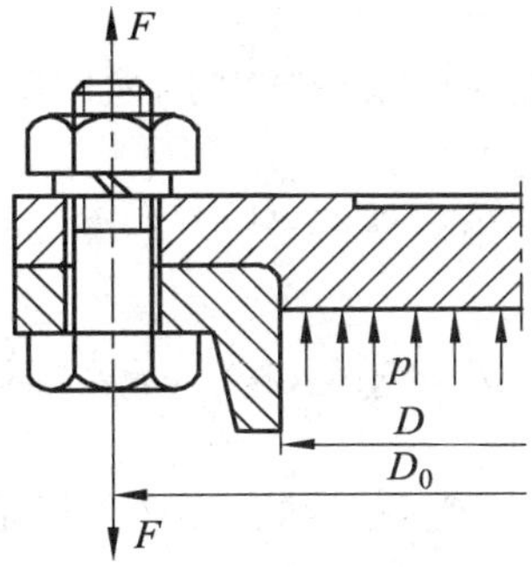

图 2.8　气缸盖螺栓受力

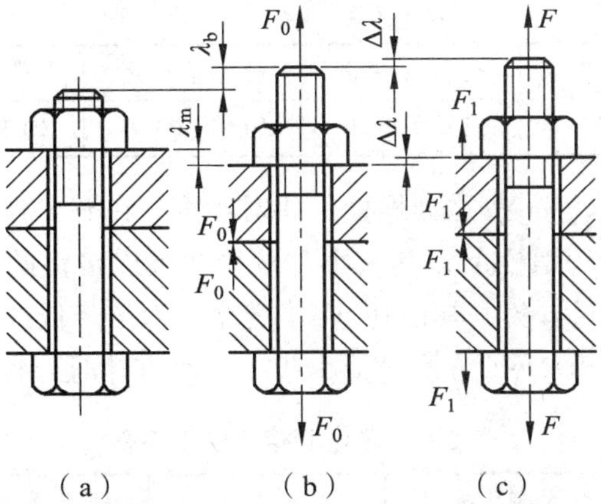

（a）　　　　（b）　　　　（c）

图 2.9　单个紧螺栓受轴向力变形示意

如图 2.9（a）所示，螺母刚好拧到与被连接件接触，但尚未拧紧，连接件与被连接件均不受力。

如图 2.9（b）所示，螺母拧紧后未受到工作载荷。此时，螺栓受预紧力 F_0 的拉伸作用，其伸长量为 λ_b，而被连接件在预紧力 F_0 的作用下被压缩 λ_m。

如图 2.9（c）所示，螺栓承受工作载荷，此时，螺栓和被连接件是在弹性变形范围内，则两者的受力及变形关系符合胡克定律。当螺栓承受工作载荷 F 后，其伸长量

增加 $\Delta\lambda$，总伸长量为 $\lambda+\Delta\lambda$。根据连接的变形协调条件，则被连接件将会放松，其压缩变形的减小量应等于螺栓拉伸变形的增加量 $\Delta\lambda$，因此总压缩量为 $\lambda_m-\Delta\lambda$。而被连接件的压缩力由 F_0 减至 F_1，F_1 称为残余预紧力。

上述螺栓和被连接件的受力和变形关系也可由图 2.10 表示，由图中可得出

$$\text{螺栓的刚度 } C_{\mathrm{b}}=\tan\theta_{\mathrm{b}}=\frac{F_0}{\lambda_{\mathrm{b}}}$$

$$\text{被连接件的刚度 } C_{\mathrm{m}}=\tan\theta_{\mathrm{m}}=\frac{F_0}{\lambda_{\mathrm{m}}}$$

螺栓的总拉力 F_2 等于残余预紧力 F_1 与工作拉力之和，即

$$F_2=F_1+F \tag{2.7}$$

螺栓的总拉力 F_2、预紧力 F_0 及残余预紧力 F_1 之间的关系，可由图中几何关系推出：

$$F_2=F_0+\Delta\lambda\tan\theta_{\mathrm{b}}=F_0+\Delta\lambda C_{\mathrm{b}}=F_0+\frac{C_{\mathrm{b}}}{C_{\mathrm{b}}+C_{\mathrm{m}}}F \tag{2.8}$$

$$F_1=F_0-\Delta\lambda\tan\theta_{\mathrm{m}}=F_0-\Delta\lambda C_{\mathrm{m}}=F_0-\frac{C_{\mathrm{m}}}{C_{\mathrm{b}}+C_{\mathrm{m}}}F \tag{2.9}$$

为保证连接的紧密性，以防止受载后结合面产生缝隙，应使 $F_1>0$。残余预紧力 F_1 的推荐值可参考表 2.5。

表 2.5　残余预紧力 F' 推荐值

残余预紧力	有紧密性要求	载荷有冲击	载荷不稳定	载荷稳定	地脚螺栓
F_1	（1.5~1.8）F	（1.0~1.5）F	（0.6~1.0）F	（0.2~0.6）F	$\geqslant F$

式（2.8）中，$C_{\mathrm{b}}/(C_{\mathrm{b}}+C_{\mathrm{m}})$ 称为螺栓的相对刚度，在有工作载荷作用时，工作载荷只是部分地加在被预紧的螺栓上，其大小与螺栓和被连接件的机构尺寸、材料以及垫片、工作载荷的作用位置有关，其值在 0 ~ 1 变化，为了降低螺栓的受力，提高螺栓连接的承载能力，应使 $C_{\mathrm{b}}/(C_{\mathrm{b}}+C_{\mathrm{m}})$ 值尽量小些。一般设计时可按表 2.6 推荐数据选取。

表 2.6　螺栓的相对刚度系数

垫片类别	金属垫片或无垫片	皮革垫片	铜皮石棉垫片	橡胶垫片
$C_{\mathrm{b}}/(C_{\mathrm{b}}+C_{\mathrm{m}})$	0.2 ~ 0.3	0.7	0.8	0.9

求得螺栓的总拉力 F_2 后即可进行螺栓的强度计算，考虑到在特殊情况可能需在工作载荷下补充拧紧，仿照前面推导，可将总拉力增加 30%以考虑扭转切应力的影响，可得

$$\sigma=\frac{1.3F_2}{\pi d_1^2/4}\leqslant[\sigma]\quad\text{(MPa)} \tag{2.10}$$

或 $$d_1 \geqslant \sqrt{\frac{4\times1.3F_0}{\pi[\sigma]}} \quad (\text{mm}) \tag{2.11}$$

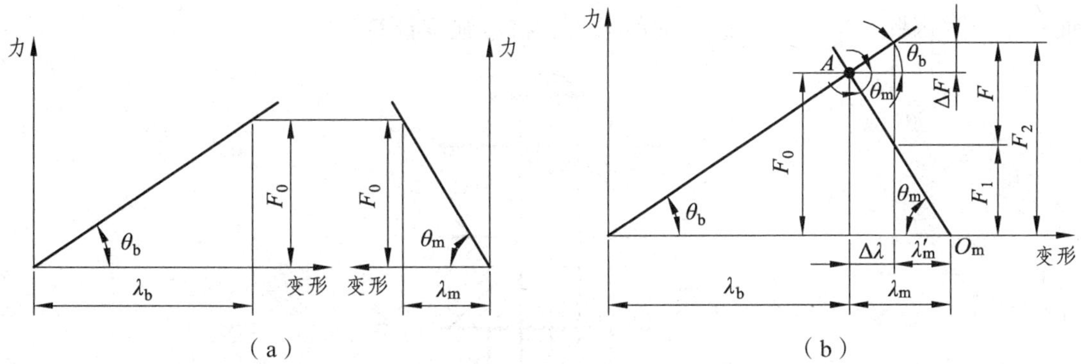

图 2.10　螺栓受力与变形关系图

3. 受轴向工作拉力紧螺栓连接的疲劳强度

当螺栓的工作载荷在 $0\sim F$ 变化时，螺栓所受的总拉力将在 $F_0\sim F_2$ 变化，在危险截面上，螺栓受到最大拉应力 $\sigma_{max}=\dfrac{F_2}{\pi d_1^2/4}$，最小拉应力 $\sigma_{min}=\dfrac{F_0}{\pi d_1^2/4}$。普通紧螺栓连接受轴向变载荷作用时的应力变化规律为最小应力 σ_{min} 为常数，螺栓的应力幅为

$$\sigma_a=\frac{\sigma_{max}-\sigma_{min}}{2}\frac{C_b}{C_b+C_m}\frac{2F}{\pi d_1^2} \tag{2.12}$$

螺栓的最大应力计算安全系数为

$$S_{ca}=\frac{2\sigma_{-1tc}+(K_\sigma-\psi_\sigma)\sigma_{min}}{(K_\sigma+\psi_\sigma)(2\sigma_a+\sigma_{min})}\geqslant S \tag{2.13}$$

式中　σ_{-1tc}——螺栓材料的对称循环拉压疲劳极限（表 2.7）；

ψ_σ——试件的材料系数，即循环应力中平均应力的折算系数，对于碳素钢，$\psi_\sigma=0.1\sim0.2$，对于合金钢，$\psi_\sigma=0.2\sim0.3$；

K_σ——拉压疲劳综合影响系数，如忽略加工方法的影响，则 $K_\sigma=k_\sigma/\varepsilon_\sigma$，此处 k_σ 为有效应力集中系数；

ε_σ——尺寸系数；

S——安全系数。

表 2.7　螺纹连接件常用材料的疲劳极限

材料	疲劳极限/MPa		材料	疲劳极限/MPa	
	σ_{-1}	σ_{-1tc}		σ_{-1}	σ_{-1tc}
10	160 ~ 220	120 ~ 150	45	250 ~ 340	190 ~ 250
Q215	170 ~ 220	120 ~ 160	40Cr	320 ~ 440	240 ~ 340
35	220 ~ 300	170 ~ 220			

2.4.2 受剪紧螺栓连接的强度计算

图 2.11 所示为受剪螺栓连接，主要失效形式为螺栓杆被剪断、螺栓杆和孔壁接触面被压溃。因此，应对连接进行抗剪强度和挤压强度计算。

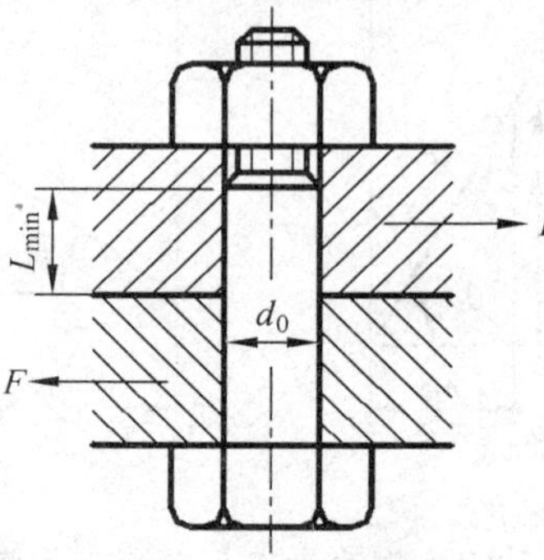

图 2.11 受剪螺栓连接

设螺栓所受的剪力为 F，则螺栓杆的抗剪切强度条件为

$$\tau = \frac{F}{\pi d_0^2 m/4} \leqslant [\tau] \tag{2.14}$$

螺栓杆与被连接件孔壁的抗挤压强度条件为

$$\sigma_p = \frac{F}{d_0 L_{min}} \leqslant [\sigma_p] \tag{2.15}$$

式中 d_0——螺栓抗剪面直径（mm）；

m——螺栓抗剪面数目，图 2.11 中的 $m=1$；

L_{min}——栓杆与孔壁挤压面最小高度；

$[\tau]$——螺栓的许用切应力（MPa）；

$[\sigma_p]$——栓杆或孔壁材料中强度较弱者的许用挤压应力（MPa）。

2.4.3 螺纹连接件的材料及许用应力

1. 螺纹连接件的材料

常用的螺栓材料有 Q215、10、Q235、35 和 45 钢，对承受冲击、振动、变载荷的重要的螺纹连接件可采用 15Cr、40Cr、30CrMnSi 等力学性能较高的合金钢。国家标准规定螺纹连接件按其力学性能进行分级（见表 2.8 和表 2.9）。在设计时应根据具体需要选择合适的螺纹连接件的性能等级，以有效提高螺纹连接的强度。

表 2.8 螺栓、螺钉和螺柱的性能等级

性能等级（标记）	4.6	4.8	5.6	5.8	6.8	8.8	9.8	10.9	12.9
抗拉强度 σ_b /MPa	400		500		600	800	900	1 000	1 200
屈服强度 σ_s /MPa	240	320	300	400	480	640	720	900	1 080
最小硬度 HBS	114	124	147	152	181	238	276	304	366

注：性能等级用数字表示，小数点前数字为 $\sigma_b/100$，小数点后的数字为 $10\times(\sigma_s/\sigma_b)$。

表 2.9　螺母的性能等级

性能等级（标记）	4	5	6	8	9	10	12
螺母保证最小应力 $\sigma_{\min}$ / MPa	510 ($d \geqslant 16$~39)	520 $d \geqslant 3$ ~ 4 右同	600	800	900	1 040	1 150
相配螺栓的性能等级	3.6、4.6、4.8 ($d > 16$)	3.6、4.6、4.8、 ($d > 16$)；5.6、5.8	6.8	8.8	8.8（$d > 16$ ~ 39）； 9.8（$d \leqslant 16$）	10.9	12.9

注：均指粗牙螺纹螺母，性能等级用数字表示表示为 $\sigma_b/100$。

2. 螺纹连接件的许用应力

螺纹连接件的许用应力与载荷性质（静、变载荷）、装配情况（松连接或紧连接）以及螺纹连接件的材料及热处理工艺、结构尺寸等因素有关。

螺纹连接件的许用拉应力：

$$[\sigma] = \frac{\sigma_s}{S} \tag{2.16}$$

螺纹连接件的许用切应力：

$$[\tau] = \frac{\sigma_s}{S_\tau} \tag{2.17}$$

对于不同材料，许用挤压应力 $[\sigma_p]$ 分别为

钢：
$$[\sigma_p] = \frac{\sigma_s}{S_p} \tag{2.18}$$

铸铁：
$$[\sigma_p] = \frac{\sigma_b}{S_p} \tag{2.19}$$

式中　σ_s，σ_b——螺纹连接件材料的屈服极限和强度极限，见表 2.8；

S，S_τ，S_p——安全系数，见表 2.10。

表 2.10　螺纹连接的安全系数 S

<table>
<tr><td colspan="3">螺栓及受载类型</td><td colspan="4">静载荷</td><td colspan="4">变载荷</td></tr>
<tr><td rowspan="5">普通螺栓</td><td colspan="2">松螺栓连接</td><td colspan="8">1.2 ~ 1.7</td></tr>
<tr><td rowspan="4">紧螺栓连接</td><td rowspan="3">不控制预紧力的计算</td><td></td><td>M6 ~ M16</td><td>M16 ~ M30</td><td>M30 ~ M60</td><td></td><td>M6 ~ M16</td><td>M16 ~ M30</td><td>M30 ~ M60</td></tr>
<tr><td>碳钢</td><td>5 ~ 4</td><td>4 ~ 2.5</td><td>2.5 ~ 2</td><td>碳钢</td><td>12.8 ~ 8.5</td><td>8.5</td><td>8.5 ~ 12.5</td></tr>
<tr><td>合金钢</td><td>5.7 ~ 5</td><td>5 ~ 3.4</td><td>3.4 ~ 3</td><td>合金钢</td><td>10 ~ 6.8</td><td>6.8</td><td>6.8 ~ 10</td></tr>
<tr><td>控制预紧力的计算</td><td colspan="4">1.2 ~ 1.5</td><td colspan="4">1.2 ~ 1.5</td></tr>
<tr><td colspan="3">铰制孔用螺栓连接</td><td colspan="4">钢：$S_\tau = 2.5$，$S_p = 1.25$
铸铁：$S_p = 2.0$~2.5</td><td colspan="4">钢：$S_\tau = 3.5$~5，$S_p = 1.5$
铸铁：$S_p = 2.5$~3.0</td></tr>
</table>

2.5　螺栓组设计

绝大多数螺栓都是成组使用的。设计螺栓组连接时，首先应根据连接用途、被连接件结构和受载情况，确定螺栓数目和布置形式。对于一般螺栓连接，其螺栓尺寸可用类比法确定，对于重要的连接，应分析螺栓组的受载情况，找出受载最大的螺栓，并求出工作载荷，进行强度分析。

2.5.1　螺栓组连接的结构设计

螺栓组结构设计的目的主要是选定螺栓数目，合理地确定连接结合面的几何形状和螺栓的布置形式，力求各螺栓和连接接合面受力均匀，便于加工和装配，具体应考虑以下几方面问题。

（1）连接接合面的几何形状通常都设计成轴对称的简单几何形状，如圆形、环形、矩形、框形、三角形等。

（2）螺栓排列应有合理间距、边距，以便扳手转动，图 2.12 给出了几种常见的扳手空间示例，设计时应查阅相关设计手册。

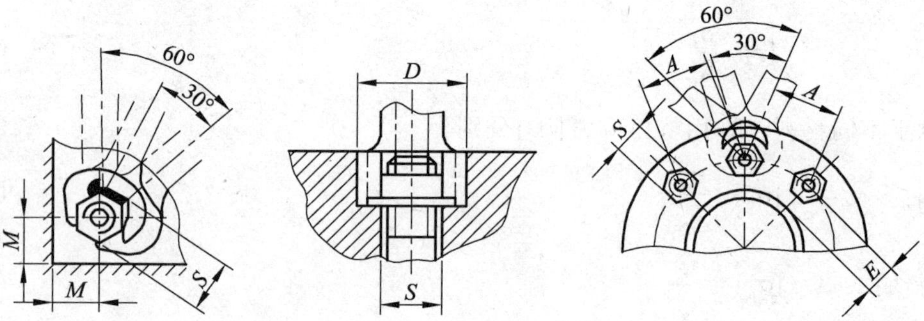

图 2.12　扳手空间

（3）分布在同一圆周上的螺栓数目，应取成 4、6、8 等偶数，以便分度画线和加工，同一组螺栓中螺栓的材料、直径和长度均应相同。

（4）当连接受转矩或倾覆力矩作用时，螺栓的布置应靠近边缘，以减小螺栓的受力，如图 2.13 所示。工件受横向载荷采用铰制孔螺栓时，在载荷方向上螺栓的排数不应大于 8，以免各个螺栓受力严重不均匀。

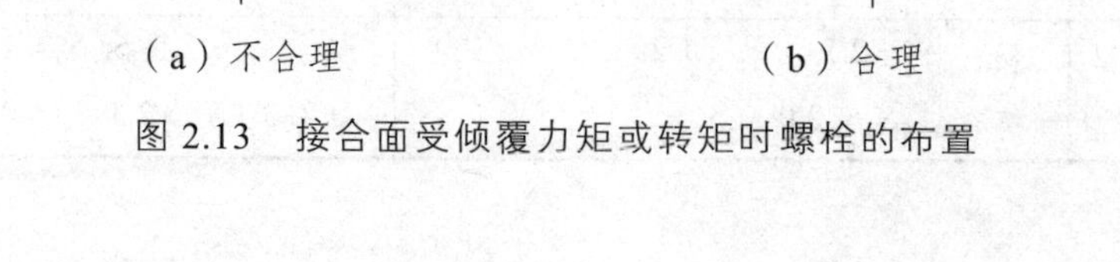

（a）不合理　　（b）合理

图 2.13　接合面受倾覆力矩或转矩时螺栓的布置

2.5.2　螺栓组连接受力分析

螺栓组连接受力分析的目的是找出受力最大的螺栓及所受载荷的大小，进行强度分析。下面对几种典型螺栓组的受载情况，分别进行受力分析。

1. 受轴向力的螺栓组连接

如图 2.7 所示的压力容器螺栓组连接，z 个螺栓均布，载荷 F_Z 与螺栓轴线平行，并通过螺栓组的对称中心，则每个螺栓承受的工作载荷为

$$F = \frac{F_z}{z} = \frac{p \times \pi D^2 / 4}{z} \tag{2.20}$$

在确定工作载荷后可按 2.4 节对螺栓进行强度分析。

2. 受横向载荷的螺栓组连接

图 2.14 所示为受横向载荷 F_Σ 的螺栓组连接，F_Σ 的作用线与螺栓轴线垂直，并通过螺栓组的对称中心，可采用两种形式的螺栓组连接，即普通螺栓连接和铰制孔用螺栓连接。

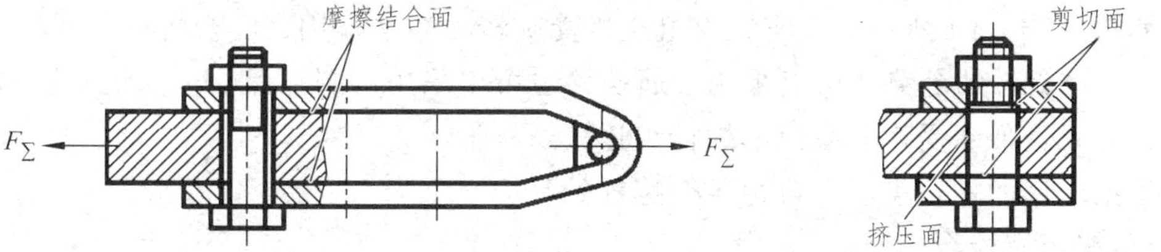

（a）普通螺栓连接　　（b）铰制孔用螺栓连接

图 2.14　受横向载荷的螺栓组连接

1）普通螺栓连接

因为螺栓杆和孔壁之间有间隙，为保证连接可靠不产生滑移，通过连接预紧后在结合面间产生的摩擦力来抵抗横向载荷 F_Σ 有

$$fF_0mz \geqslant K_sF_\Sigma \quad 或 \quad F_0 \geqslant \frac{K_sF_\Sigma}{fmz} \tag{2.21}$$

式中　f——接合面摩擦系数（见表 2.11）；

m——接合面数目；

z——螺栓数目；

K_s——防滑系数，$K_s = 1.1 \sim 1.3$。

表 2.11　连接接合面的摩擦系数 f

被连接件	接合面的表面状态	摩擦系数
钢或铸铁零件	干燥的加工表面	0.10 ~ 0.16
	有油的加工表面	0.06 ~ 0.10

续表

被连接件	接合面的表面状态	摩擦系数
钢结构件	轧制表面、钢丝刷清理浮锈	0.30～0.35
	涂富锌漆	0.35～0.40
	喷砂处理	0.45～0.55
铸铁对砖料、混凝土或木材	干燥表面	0.40～0.45

2）铰制孔用螺栓连接

横向载荷 F_Σ 靠螺栓受剪和螺栓与被连接件相互挤压来传递。连接中的预紧力和摩擦力一般忽略不计。设螺栓的数目为 z，则每个螺栓受到的横向工作剪力为

$$F=\frac{F_\Sigma}{z} \tag{2.22}$$

在计算时必须注意实际的剪切面数和挤压面积，如图 2.14（b）所示的受剪螺栓就有两个剪切面。

3. 受转矩 T 时的螺栓组连接

如图 2.15（a）所示，底座螺栓组连接受旋转力矩 T 作用，底板将有绕螺栓组形心轴线 $O—O$ 旋转的趋势，可以采用普通螺栓也可以采用铰制孔螺栓以承受旋转力矩 T，其传力方式类似于受横向载荷的螺栓组连接。

根据所用的螺栓类型，可得单个螺栓的受力。

1）普通螺栓组连接

螺栓只承受预紧力 F_0 的作用，旋转力矩 T 靠连接预紧后作用在结合面上的摩擦力矩传递。假设各螺栓的预紧力相同，且在各螺栓连接处产生的摩擦力 fF_0 集中作用在螺栓中心，方向垂直于螺栓中心与螺栓组对称中心 O 的连线。底板受力平衡条件：

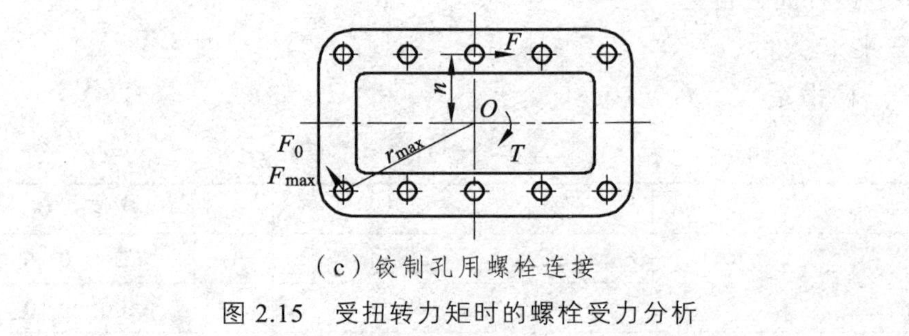

（a）受力示意　（b）普通螺栓连接

（c）铰制孔用螺栓连接

图 2.15　受扭转力矩时的螺栓受力分析

$$F_0 f r_1 + F_0 f r_2 + \cdots + F_0 f r_z \geqslant K_s T$$

则每个螺栓需要的预紧力为

$$F_0 \geqslant \frac{K_s T}{f(r_1 + r_2 + \cdots + r_z)} = \frac{K_s T}{f\sum_{i=1}^{z} r_i} \tag{2.23}$$

式中　r_i——各螺栓轴线到螺栓组对称中心 O 的距离。

2）铰制孔用螺栓组连接

如图 2.13（c）所示，各螺栓的工作剪力与其轴线和螺栓组对称中心的连线垂直。根据底板的受力平衡条件：

$$F_1 r_1 + F_2 r_2 + \cdots + F_z r_z = T \tag{2.24}$$

根据螺栓变形协调条件，各螺栓的剪切变形量与其轴线与螺栓组对称中心的距离成正比。因螺栓剪切刚度相同，故各螺栓的承受的剪力也与这个距离成正比，即

$$\frac{F_1}{r_1} = \frac{F_2}{r_2} = \cdots = \frac{F_z}{r_z} = \frac{F_{max}}{r_{max}} \tag{2.25}$$

式中　F_i——各螺栓的工作剪力，F_{max} 为最大值；

r_i——各螺栓轴线到螺栓组对称中心的距离，r_{max} 为最大值。

联立式（2.17），（2.18），得到受力最大的螺栓所受的工作剪力为

$$F_{max} = \frac{T r_{max}}{\sum_{i=1}^{z} r_i^2} \tag{2.26}$$

4. 受翻转力矩 M 的螺栓组连接

图 2.16 所示为受翻转力矩 M 的底座螺栓组连接，假设底座是刚体，其接合面始终保持为一平面，采用普通螺栓连接。在 M 的作用下，底座有绕对称轴线翻转的趋势。对称轴线左侧，螺栓被进一步拉伸，地基被放松；轴线右侧，螺栓被放松，地基被进一步压缩。

按底板静力平衡条件可得

$$M = \sum_{i=1}^{z} F_i L_i \tag{2.27}$$

根据螺栓变形协调条件，各螺栓的拉伸变形量与螺栓中心至底板翻转轴线的距离 L_i 成正比。因各螺栓刚度相同，所以螺栓所受的工作拉力 F_i 与距离 L_i 成正比，即

$$\frac{F_{max}}{L_{max}} = \frac{F_i}{L_i} \tag{2.28}$$

联立式（2.20）、（2.21），可得受力最大的螺栓（图 2.14 中 1、10 螺栓）所受的工作拉力为

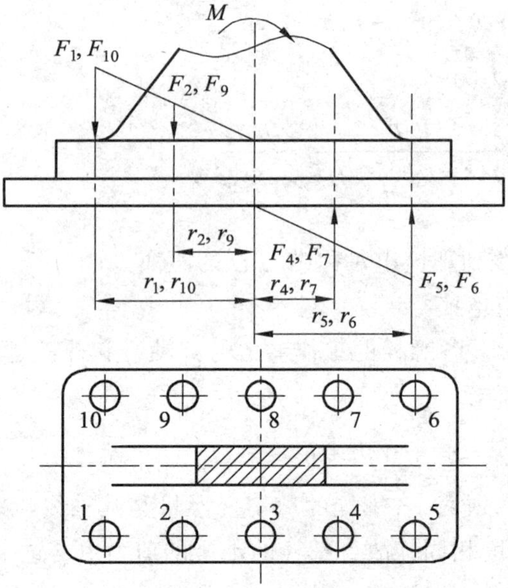

图 2.16　受翻转力矩的螺栓组连接

$$F_{\max} = \frac{ML_{\max}}{\sum_{i=1}^{z} L_i^2} \tag{2.29}$$

式中　z——螺栓个数；

L_i——各螺栓轴线到底板轴线的距离（mm）；

$L_{\max}$——L_i 中的最大值（mm）。

需要指出，受翻转力矩的螺栓组连接，不仅要对单个螺栓进行强度计算，还应保证接合面不因挤压应力过大而压溃，并保证接合面的最小挤压应力大于零以免接合面出现缝隙。可得不压溃条件

$$\sigma_{\text{pmax}} = \sigma_{\text{p}} + \Delta\sigma_{\text{pmax}} \leqslant [\sigma_{\text{p}}] \tag{2.30}$$

无缝隙条件

$$\sigma_{\text{pmin}} = \sigma_{\text{p}} - \Delta\sigma_{\text{pmax}} \geqslant 0 \tag{2.31}$$

式中　σ_{p}——受载前由预紧力而产生挤压应力（MPa），$\sigma_{\text{p}} = zF_0 / A$，$A$ 为接合面的面积；

$\Delta\sigma_{\text{pmax}}$——由 M 在地基接合面处产生的附加压力最大值，$\Delta\sigma_{\text{pmax}} \approx M / W$。对于刚性大的地基，其中 M 为翻转力矩，W 为接合面的有效抗弯截面系数。连接接合面的许用挤压应力$[\sigma_{\text{p}}]$可查表 2.12。

表 2.12　连接接合面材料的许用挤压应力

材料	钢	铸铁	混凝土	砖（水泥浆缝）	木材
$[\sigma_{\text{p}}]$ / MPa	$0.8\sigma_{\text{s}}$	$(0.4 \sim 0.5)\sigma_{\text{b}}$	2.0 ~ 3.0	1.5 ~ 2.0	2.0 ~ 4.0

在工程实际中，螺栓组连接所受的载荷是以上 4 种简单受力状态的不同组合。在

螺栓组连接中不论受力状况如何复杂，都可以简化成上述 4 种简单的受力状态，在按力的叠加原理求出螺栓的受力。通过螺栓组连接的受力分析找出受力最大的螺栓及所受的力，再按照 2.4 节单个螺栓的强度计算方法进行强度分析。

例题 2.1 图 2.17 所示为铸铁托架。用一组螺栓固定在砖墙上，托架轴孔中心受一斜向力 $F_p = 15\,000$ N，力 F_P 与铅垂线夹角 $\alpha = 55°$，砖墙的许用挤压应力 $[\sigma_P] = 2$ MPa，接合面摩擦系数 $f = 0.3$，相对刚度系数 $C_b/(C_b + C_m) = 0.3$，$L_1 = 200$ mm，$L_2 = 400$ mm，$L_3 = 150$ mm，$L = 320$ mm，$h = 250$ mm，试求螺栓的最小直径，并校核螺栓组接合面的工作能力。

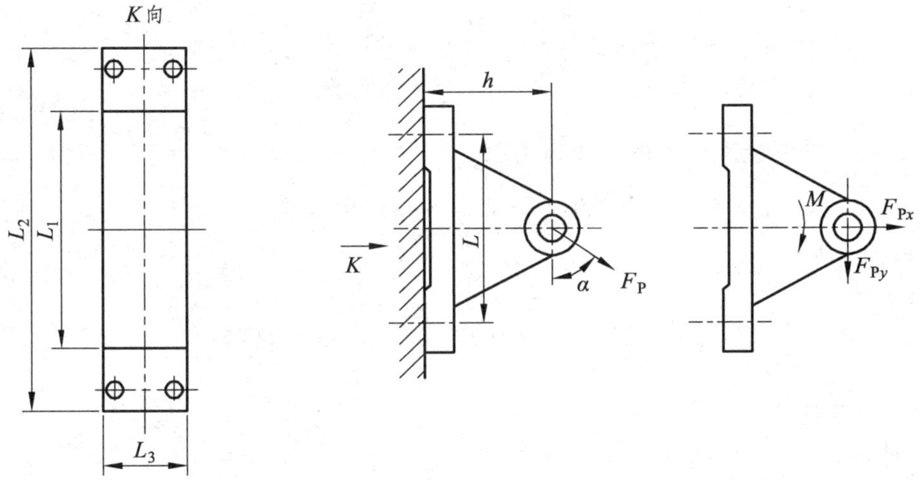

图 2.17 铸铁托架

解：（1）螺栓组受力分析。

将斜向力 F_P 分解为水平和铅垂分力，并移至接合面上，可得翻转力矩 M、横向力 F_{Py}，与轴向力 F_{Px}。

① 轴向力 F_{Px}（作用于螺栓组形心，水平向右）为

$$F_{px} = F_p \sin\alpha = 15\,000 \times \sin 55° = 12\,287\text{（N）}$$

② 横向力 F_{Py}（作用于接合面，垂直向下）为

$$F_{py} = F_p \cos\alpha = 15\,000 \times \cos 55° = 8\,604\text{（N）}$$

③ 翻转力矩 M（绕 O 轴，顺时针方向）为

$$M = F_{py} \times h = 8\,604 \times 250 = 2\,151\,000\text{（N·mm）}$$

（2）确定单个螺栓的工作载荷。

① 在横向力 F_{py} 作用下，底板在连接接合面处可能产生滑移。为保证板接合面不发生滑移，残余预紧力产生的摩擦力满足

$$f\left(zF_0 - \frac{C_m}{C_b + C_m}F_{px}\right) \geqslant K_s F_{py}$$

取 $K_s = 1.1$，$f = 0.3$（铸铁对砖墙）由相对刚度系数 $C_b/(C_b + C_m) = 0.3$，可得

$$F_0 \geqslant \frac{1}{z}\left(\frac{K_s F_{py}}{f} + \frac{C_m}{C_b + C_m} F_{px}\right) = \frac{1}{4} \times \left(\frac{1.1 \times 8\,604}{0.3} + 0.7 \times 12\,287\right) = 10\,037\text{(N)}$$

② 计算螺栓的工作拉力在水平分力 F_{Px} 作用下，螺栓所受到的工作拉力为

$$F_1 = \frac{F_{px}}{z} = \frac{12\,287}{4} = 3\,072\text{(N)}$$

在翻转力矩 M 作用下，螺栓所受到的工作拉力为

$$F_{max} = \frac{ML_{px}}{\sum_{i=1}^{4} L_i^2} = \frac{2\,151\,000 \times 160}{4 \times 160^2} = 3\,361\text{(N)}$$

受力最大的螺栓上作用的工作拉力为

$$F = F_1 + F_{max} = 3\,072 + 3\,361 = 6\,433\text{(N)}$$

③ 计算螺栓的总拉力。

$$F_2 = F_0 + \frac{C_b}{C_b + C_m} F = 10\,037 + 0.3 \times 6\,433 = 11\,967\text{(N)}$$

（3）强度计算。

① 计算许用拉应力 $[\sigma]$。

选 4.8 级碳钢螺栓，查表 2.8 知 $\sigma_s = 320\ \text{MPa}$，考虑不需严格控制预紧力，初估直径为 $16 \sim 30\ \text{mm}$，查表 2.10，取 $S = 3$，则 $[\sigma] = \sigma_s / S = 106.67\ \text{MPa}$。

② 计算螺栓直径。

$$d_1 \geqslant \sqrt{\frac{4 \times 1.3 \times F_2}{\pi[\sigma]}} = \sqrt{\frac{4 \times 1.3 \times 11\,967}{\pi \times 106.67}} = 13.63\text{(mm)}$$

查 GB/T 196—2003 知，M16 的 d_1 为 13.835 mm，所以，选 M16 的螺栓满足强度要求。

（4）校核接合面上的挤压应力，保证下端接合面不被压溃。

$$\sigma_{pmax} = \sigma_p + \Delta\sigma_{pmax} = \frac{zF_0}{A} + \frac{M}{W} \leqslant [\sigma_p]$$

$$A = L_3(L_2 - L_1) = 150(400 - 200) = 30\,000\text{(mm}^2\text{)}$$

$$W = \frac{L_3}{6L_2} \times (L_2^3 - L_1^3) = \frac{150}{6 \times 400} \times (400^3 - 200^3) = 3.5 \times 10^6\text{(mm}^3\text{)}$$

代入公式得

$$\sigma_{pmax} = \frac{zF_0}{A} + \frac{M}{W} = \frac{4 \times 10\,037}{30\,000} + \frac{2\,151\,000}{3.5 \times 10^6} = 1.95\text{(MPa)} \leqslant [\sigma_p] = 2\text{(MPa)}$$

故连接接合面下端不会压溃。

（5）保证上端接合面不出现缝隙，即残余的最小压力大于零。

$$\sigma_{\text{pmin}} = \frac{zF_0}{A} - \frac{M}{W} = \frac{4\times 10\,037}{30\,000} - \frac{2\,151\,000}{3.5\times 10^6} = 0.72\text{（MPa）} \geqslant 0$$

故上端接合面不会出现缝隙。

（6）校核螺栓所需的预紧力是否合适。

对于碳钢螺栓，要求：$F_0 \leqslant (0.6 \sim 0.7)\sigma_s A_1$

已知 $\sigma_s = 320\ \text{MPa}$，$A_1 = \dfrac{\pi d_1^2}{4} = \dfrac{\pi \times 13.835^2}{4} = 150.33\text{（mm}^2\text{）}$

$$F_0 \leqslant (0.6 \sim 0.7)\sigma_s A_1 = (0.6\sim 0.7)\times 320\times 150.33 = 28\,863.4\sim 33\,673.9\text{（N）}$$

该螺栓连接所要求的预紧力为 $F_0 = 10\,037$（N），满足要求。

说明：确定出螺栓的公称直径后，螺栓的类型、长度、精度以及相应的螺母、垫圈等结构尺寸，可根据底板厚度、螺栓的固定方法及防松装置等全面考虑后定出，此处从略。

2.6 提高螺纹连接强度的措施

以螺栓连接为例，螺栓连接强度主要取决于螺栓强度。影响螺栓强度的因素较多，主要涉及螺纹牙载荷分配、应力幅、应力集中、附加应力、材料的力学性能和制造工艺等几个方面。下面分析各因素对螺栓强度的影响以及提高强度的相应措施。

2.6.1 改善螺纹牙的载荷分配

螺纹连接受载时，螺栓受拉伸而螺距增大，螺母受压缩而螺距减小，螺栓和螺母将因变形方向不同而存在螺距差。

分析引起各圈螺纹牙受力不均匀的原因，可得解决载荷分配不均匀的方法如下：

（1）尽可能地减少变形后的螺距差。

（2）使变形较大的螺纹牙更易于变形（同样变形时的受载较小）。

（3）两种方法结合使用。

2.6.2 降低应力幅

螺栓最大应力一定时，应力幅越小，零件的疲劳强度越高。在工作载荷和残余预紧力不变得情况下，减小螺栓刚度或增大被连接件刚度都能达到较小应力的目的，但为了保证连接的紧密性，预紧力应相应增大。

（1）减小螺栓刚度的措施有适当增加螺栓的长度，采用腰状杆螺栓或空心螺栓（图 2.18）或在螺母下面安装弹性元件（图 2.19）。柔性螺纹连接件还具有良好的缓冲吸振作用，可以在振动、冲击场合下的使用。

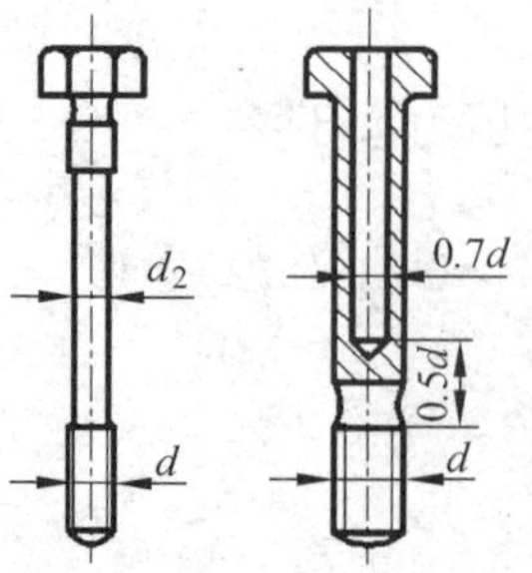

图 2.18　腰杆状螺栓与空心螺栓

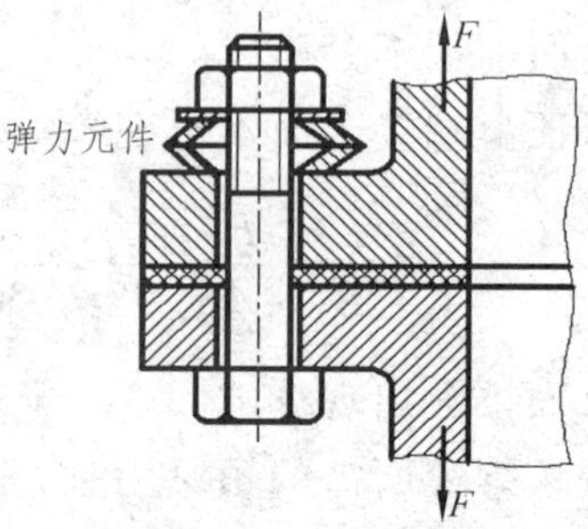

图 2.19　弹性元件

（2）为了增大被连接件刚度，可以不用垫片或采用刚度较大的垫片。对于有紧密性要求的连接，从增大被连接件刚度角度来看，应尽量避免采用较软的气缸垫片，可采用刚度较大的金属垫片或密封环实现密封功能。图 2.20 所示为气缸密封的示意。

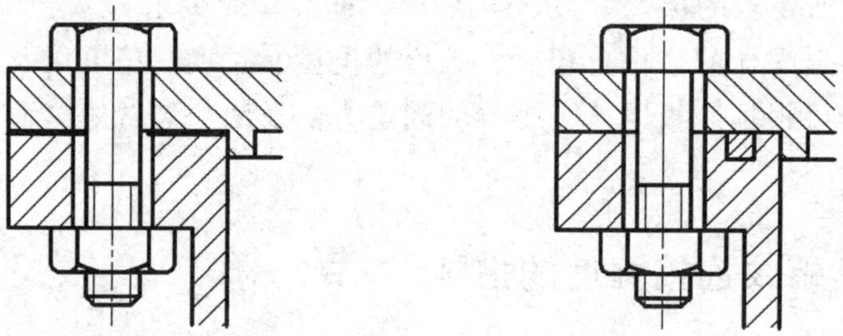

（a）金属垫片密封　　（b）密封环

图 2.20　气缸密封

2.6.3　避免或减小附加应力

由于设计、制造或安装上的疏忽，有可能使螺栓受到附加弯曲应力。常用的解决方法如在铸件或锻件等未加工表面上安装螺栓时，采用凸台或沉头座等结构[图 2.21（c）、（d）]，经切削加工后可获得平整支承面，或采用斜垫圈、球面垫圈[见图 2.21（a）、（b）]，并尽量避免使用钩头螺栓。

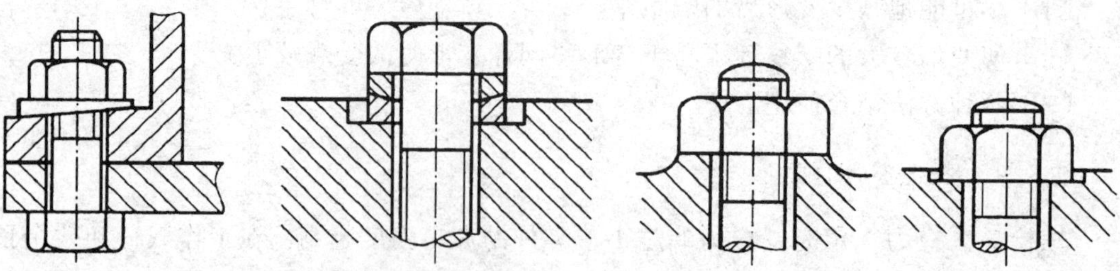

（a）斜垫圈　　（b）球面垫圈　　（c）凸台　　（d）沉头座

图 2.21　减小螺栓附加应力措施

2.6.4　减小应力集中

螺纹的牙根和收尾、螺栓头部与螺栓杆交接处都要产生应力集中。为了减小应力集中，可以采用较大的圆角和卸载结构，或将螺纹收尾改为退刀槽。但需注意，采用一些特殊结构会使制造成本增加。

2.6.5 采用合理的制造工艺

制造工艺的合理选择也对螺栓的强度有很大影响，对采取冷镦头部和碾压螺纹的螺栓，由于螺栓的金属流线是连续的，因而其疲劳强度比车制螺栓约高 30%，热处理后再进行滚压螺纹，效果更佳，强度能提高 70%～100%。滚压螺纹加工属于无屑加工，具有优质、高产、低消耗等优点。此外，液体碳氮共渗、渗氮等表面硬化处理也能提高螺栓的疲劳强度。

2.7 螺旋传动

2.7.1 螺纹传动的基本类型和特点

1. 螺旋传动的工作原理和特点

螺旋传动是由螺母和螺杆组成实现将回转运动转变为直线运动，同时传递运动和动力。图 2.22 所示为一种典型的螺旋传动机构。

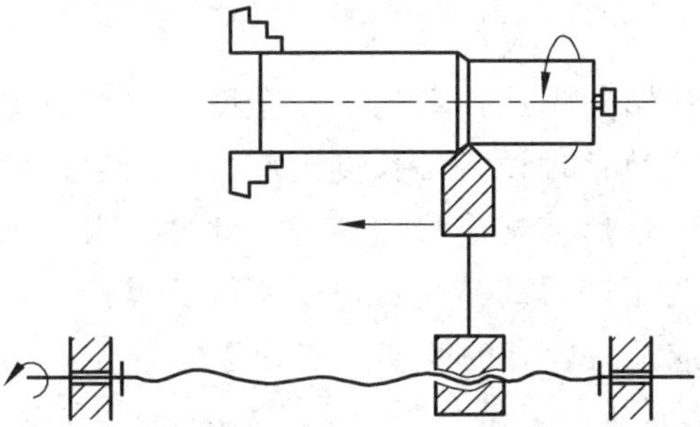

图 2.22 螺旋传动机构

2. 螺旋纹传动的基本类型

1）按摩擦形式分类

按摩擦形式不同，螺旋传动可分为滑动螺旋传动和滚动螺旋传动。而滑动螺旋传动又可分为普通滑动螺旋传动和静压滑动螺旋传动。

2）按用途分类

螺旋传动按用途可分为传力螺旋、传导螺旋和调整螺旋三类。

（1）传力螺旋：通常以传递动力为主，其主要目的是能用较小的转矩获得较大的轴向推力，其基本特点是在工作中常承受很大的轴向力，一般为间歇性工作，工作速度较低，而且通常需要有自锁能力，如虎钳、举重器、千斤顶、螺旋升降机等。

（2）传导螺旋：以传递运动为主要目的，要求其具有较高的传动精度，并能以较高的速度在长时间内连续工作，有时也要求承受较大的轴向力。如机床上的进给丝杠螺母传动机构（见图 2.20）。

（3）调整螺旋：主要用于调整和固定零件的相对位置，一般以螺杆为主动件做回转运动，螺母为从动件做轴向移动，常作为机床、仪器及测试装置中的微调机构。其特点是受力较小且不经常转动，如螺旋千分尺等。调整螺旋常以滑动螺旋为主。

2.7.2 滑动螺旋传动的结构设计

滑动螺旋传动的结构设计包括螺纹副的支承方式选择和螺杆和螺母结构的设计。

1. 螺纹副的支承结构

在设计螺纹副的支承结构时，可将螺杆视为轴、螺母视为支承，参考本书轴系零件设计方法进行。

（1）当螺杆短而粗且垂直布置时，如起重和加压装置的传力螺旋，可以利用螺母本身作为支承。

（2）当螺杆细长且水平布置时，如机床的传导螺旋（丝杠）等，应在螺杆两端或中间附加支承，以提高螺杆工作刚度。

螺杆的支承可采用滚动轴承或滑动轴承，在支承类型选择时必须考虑螺旋传动中存在的轴向力。

2. 螺杆的结构

螺杆的加工精度直接影响螺旋传动的工作精度。一般情况下螺杆为整体式，但在实际生产中，因受加工或热处理设备的长度限制，以及考虑加工过程中搬运的方便，可将螺杆分成几段制造，最后装配成接长螺杆。此外，由于较短的螺杆在加工时易达到较高的精度，故有时为了获得高精度，也采用接长螺杆。在采用接长螺杆时，必须注意接头处的配合部位应具有较高的精度，如图 2.23 所示。

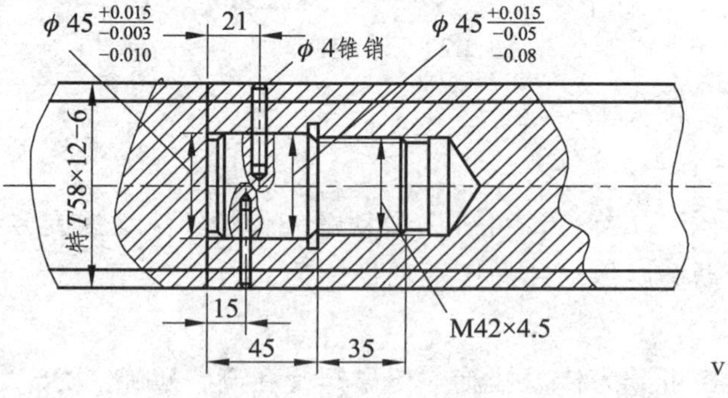

图 2.23 接长螺杆实例

3. 螺母的结构

螺母结构有整体、组合和剖分之分。整体螺母结构简单，但由于不能补偿因磨损而产生的轴向间隙，只适合在精度要求较低时使用。对于双向传动的传导螺旋，为消除反向误差，常采用组合螺母或剖分螺母结构。如图 2.24 所示的组合螺母通过调整楔块使两侧螺母挤紧，以减小螺纹副的间隙，保证在正、反转时都有较高的运动精度。

图 2.25 所示为一种剖分螺母的调隙机构，通过腰形槽收紧两半螺母以实现消隙的功能。

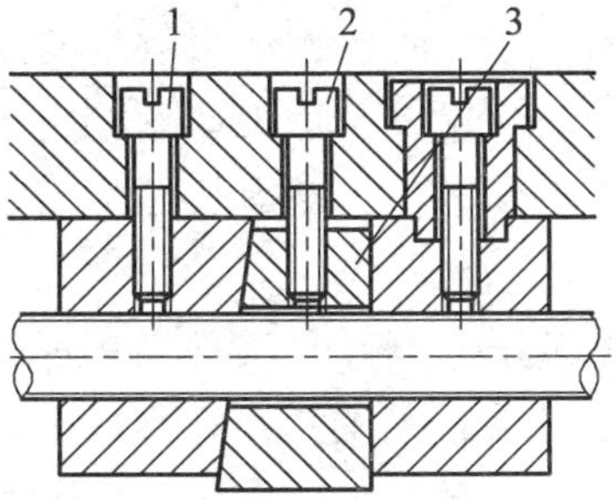

1—固定螺钉；2—调节螺钉；3—调整楔块。

图 2.24　组合螺母

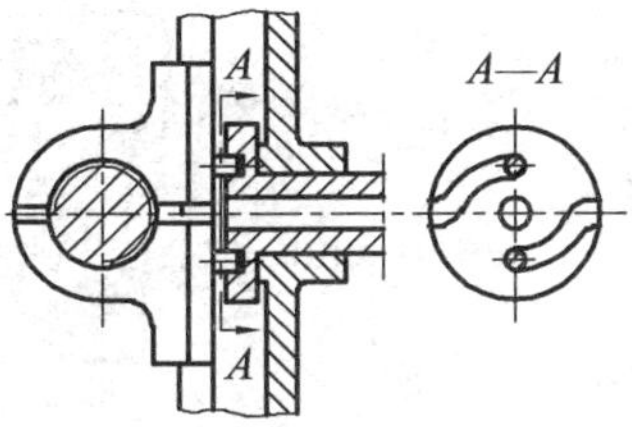

图 2.25　剖分螺母

2.7.3　静压滑动螺旋传动

静压滑动螺旋传动是在工作中使螺纹工作面间形成液体静压油膜润滑（和液体静压轴承相同）的螺旋传动。这种螺旋常采用梯形螺纹（图 2.26）。在螺母每圈螺纹中径处开有 3 ~ 6 个间隔均匀的油腔。同一母线上同一侧的油腔连通，用一个节流阀控制。油泵将精滤后的高压油注入油腔，油经过摩擦面间缝隙后再由牙根处回油孔流回油箱。当螺杆未受载荷时，牙两侧的间隙和油压相同。当螺杆受向左的轴向力作用时，螺杆略向左移，当螺杆受径向力作用时，螺杆略向下移。当螺杆受弯矩作用时，螺杆略微偏转。由于节流阀的作用，在微量移动后各油腔中油压发生变化，螺杆平衡于某一位置，使油膜厚度维持在某一水平。

静压螺旋传动摩擦系数小，传动效率可达 99%，无磨损和爬行现象，无反向空程，轴向刚度很高，不自锁，具有传动的可逆性，但螺母结构复杂，而且需要有一套压力稳定、温度恒定和过滤要求高的供油系统。

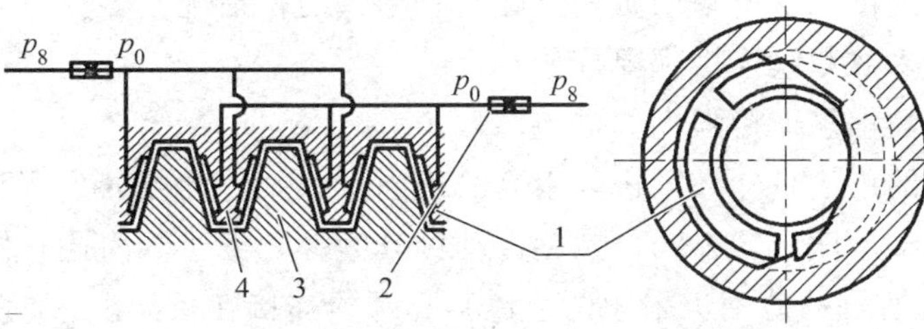

1—油腔；2—节流器；3—螺杆；4—螺母。

图 2.26　静压螺旋传动原理

2.7.4 滚动螺旋传动

滚动螺旋传动是在螺杆和螺母之间放入适当数量的滚珠，使螺杆和螺母之间的滑动摩擦变为滚动摩擦的一种传动装置，又称滚珠丝杠副。滚动螺旋传动具有传动效率高、起动力矩小、运转灵活、工作平稳、寿命长等优点。缺点是结构复杂、刚性和抗振性较差、不能自锁。

滚动螺旋由 4 个主要组成部分：螺杆 1、滚珠循环返回装置 2、滚珠 3 及螺母 4（图 2.27）。工作时，滚珠沿螺杆螺旋滚道面滚动，在螺杆上滚动数圈后，滚珠从滚道的一端滚出并沿返回装置返回另一端，重新进入滚道，从而构成一闭合回路。

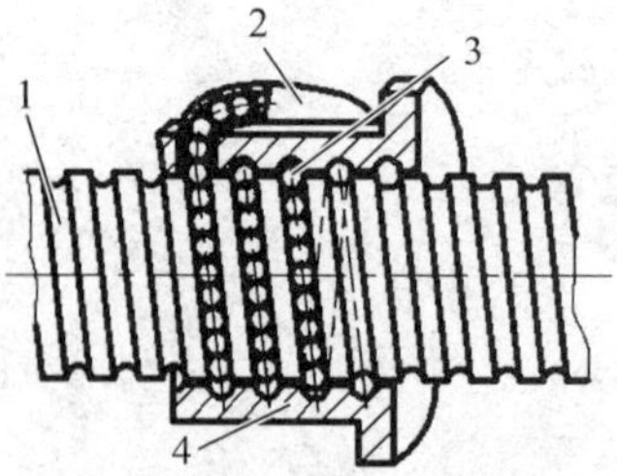

（a）滚珠的外循环结构

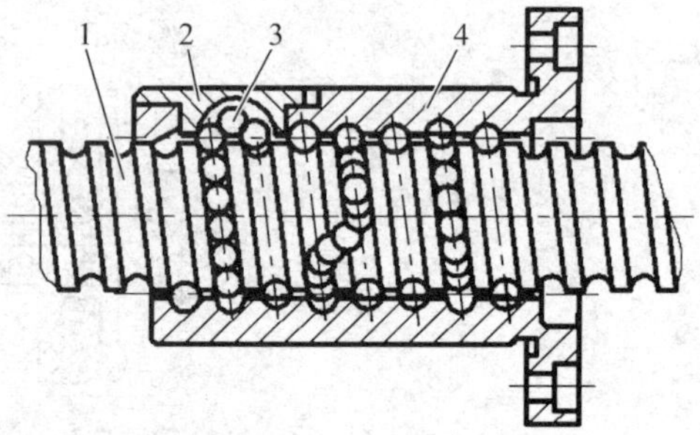

（b）滚珠的内循环结构

1—螺杆；2—返回装置；3—滚珠；4—螺母。

图 2.27 滚动螺纹

按滚珠不同的循环方式，可将滚动螺旋分为外循环式[图 2.25（a）]和内循环式[图 2.25（b）]两种。在外循环方式下，滚珠返回时离开丝杠螺纹滚道，在螺母的体内或体外循环滚动。外循环式滚动螺旋又分为螺旋槽式、插管式、端盖式的三种。内循环方式的滚珠在整个循环过程中始终与丝杠表面接触。

滚动螺旋传动适于传动精度和灵敏度要求高的场合，如数控机床的进给机构，各种精密机械与仪器等。目前，滚珠丝杠已标准化、系列化，使用时可以查阅相应的产品目录。

思考与习题

1. 常用螺纹按牙型不同可分为哪几种？各有何特点？各适用于什么场合？
2. 为何螺纹连接通常要采用防松措施？有哪些防松措施？
3. 为什么大多数螺纹连接都要拧紧？
4. 有哪些提高螺栓连接强度的措施？
5. 螺旋传动的用途是什么？按其用途的不同，螺旋传动可分为哪几类？
6. 按螺旋副摩擦性质的不同，螺旋传动可分为哪几类？试简述它们的优缺点。
7. 如图 2.28 所示的薄钢板采用两个铰制孔螺栓连接在机架上，板受力 $F=10\ \text{kN}$，螺栓的许用拉应力 $[\sigma]=80\ \text{MPa}$，许用剪应力 $[\tau]=96\ \text{MPa}$，板间摩擦系数 $f=0.3$，防滑

系数 $K_s = 1.2$，试确定：

（1）此螺栓连接可能出现的失效形式。

（2）螺栓所受的力。

（3）设计螺栓的最小直径。

（4）若改用两个普通螺栓连接，直径需要取多大？

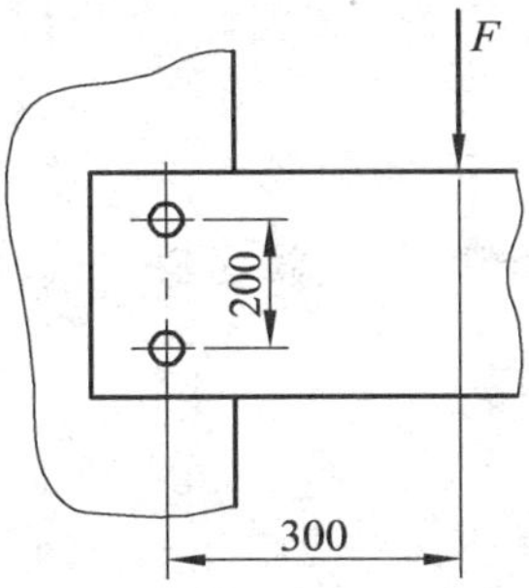

图 2.28

8. 如图 2.29 所示为普通螺栓连接，采用两个 M10 的螺栓，螺栓的许用应力 $[\sigma] = 160$ MPa，被连接件接合面间的摩擦系数 $f = 0.4$，若取防滑系数 $K_s = 1.1$，试计算该连接允许的最大静载荷 F_Σ。

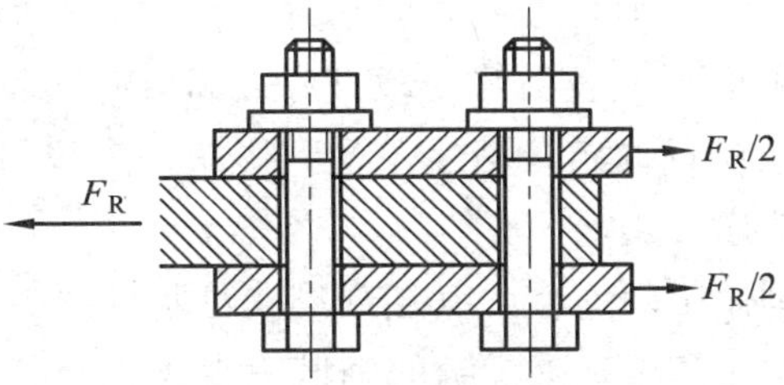

图 2.29

9. 如图 2.30 所示，气缸的压强 $p = 2$ MPa，气缸内径 $D = 200$ mm，气缸与气缸盖的螺栓分布圆直径 $D_0 = 300$ mm，为保证紧密性要求，螺栓间距不得大于 60 mm，试选择螺栓材料，确定螺栓的数目及最小直径（气缸与气缸盖间按无垫片设计）。

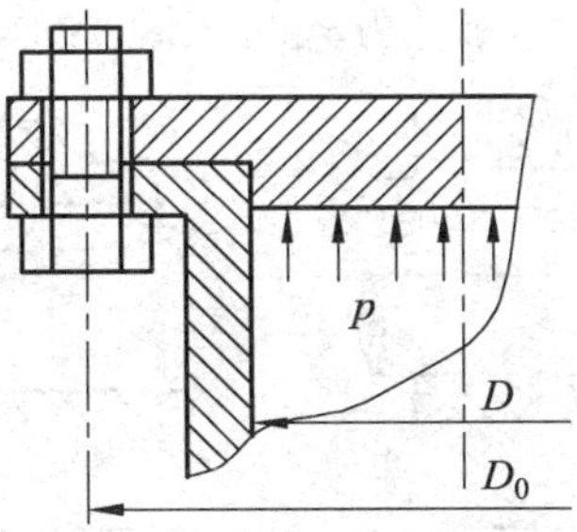

图 2.30

10. 设计简单千斤顶的螺杆和螺母的主要尺寸。已知起重量为 40 000 N，起重高度为 200 mm，材料自选。

第3章 轴毂连接

轴与轴上零件（如齿轮、带轮、链轮等）的连接称为轴毂连接，其作用是实现周向固定以传递转矩。常用的轴毂连接有键连接、花键连接、无键连接、销连接、螺钉连接等。本章着重介绍键连接、花键连接、无键连接和销连接。

3.1 键连接

键是标准件，键连接的主要类型有平键连接、半圆键连接、楔键连接和切向键连接。

3.1.1 键连接的种类、特点和应用

1. 平 键

平键可分为普通平键、薄形平键、导向平键和滑键，其中普通平键是应用最广的键。平键的工作面为两侧面，上表面与轮毂槽底之间留有间隙，在连接时不会出现径向力，可以保证轴与轮毂的径向定位精度不受到影响，定位精度较高。工作时，靠键与键槽侧面的互相挤压传递转矩。

普通平键与薄型平键用于静连接，其端部形状可制成圆头（A 型）、方头（B 型）或单圆头（C 型），如图 3.1 所示。圆头键的轴槽用指状铣刀加工，键在槽中固定良好，但轴槽端部应力集中较大；方头键轴槽用盘形铣刀加工，键卧于槽中（必要时用螺钉紧固）；单圆头键常用于轴端。薄型平键与普通平键的区别在于前者的厚度是后者的 60% ~ 70%。所以，薄型平键传递扭矩的能力较弱，常用于薄壁结构、空心轴及一些径向尺寸受限制的场合。实际应用中，常为了增加传力能力，可以采用多个平键。在用多个平键进行连接时，平键的通常布置方式为双键 180°对称布置、三键 120°均匀布置。

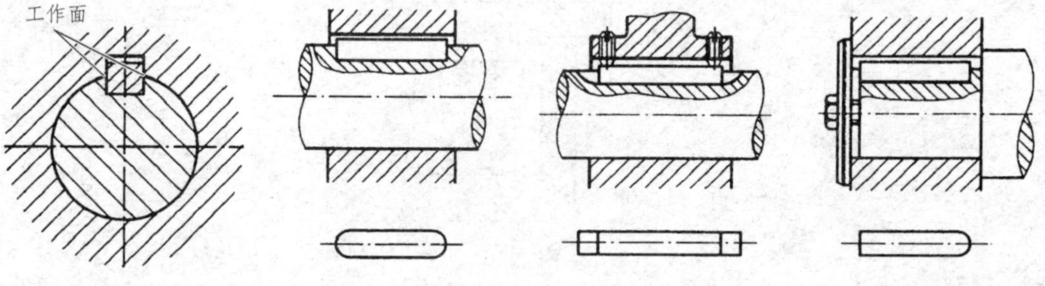

（a）平键工作面　（b）A 型键　（c）B 型键　（d）C 型键

图 3.1　平键类型及工作面

导向平键和滑键都用于动连接。按端部形状，导向平键分为圆头（A 型）和方头（B 型）两种。导向平键一般用螺钉固定在轴槽中（图 3.2），与轮毂的键槽采用间隙配合，轮毂可沿导向平键轴向移动。为了装拆方便，在导向平键的中间设有起键螺孔。导向平键适用于轮毂移动距离不大的场合。当轮毂轴向移动距离较大时，如仍采用导向平键则不但因键长度增大使得加工困难而且耗材也较多，此时可采用滑键。滑键固定在轮毂上，在轴上铣出长键槽，滑键随轮毂一起沿轴上的键槽移动（图 3.3）。

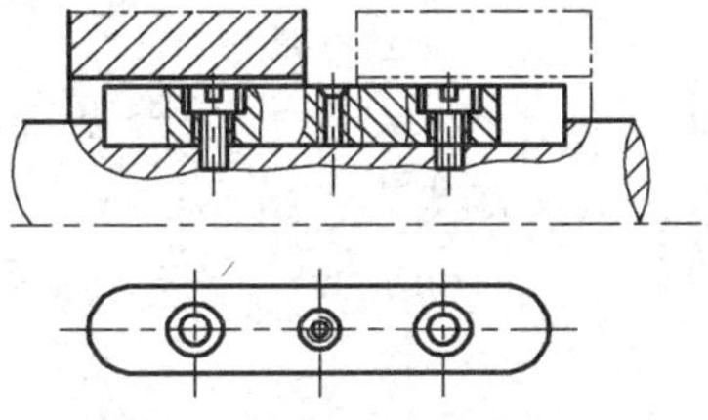

图 3.2　导向平键连接

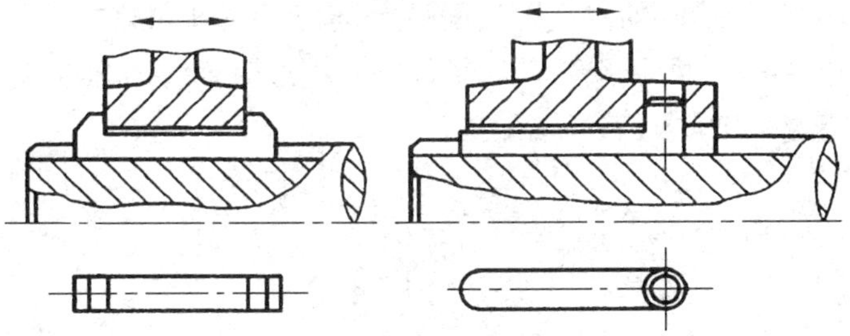

图 3.3　滑键连接

平键的标记方法为：键“头部类型”“键宽 *b*”×“键长 *L*”“国标号”。如宽为 8 mm、长为 100 mm 的方头普通平键标注为键 B 8×100 GB/T 1096—2003（A 型头部可不标出，不同类型平键的国标号不同）。

2. 半圆键

半圆键（图 3.4）的工作原理与平键相同：两侧面为工作面，工作时靠键与键槽侧面的挤压传递转矩。轴上键槽用尺寸与半圆键相同的半圆键槽铣刀铣出。与平键相比，半圆键制造简单，由于键可以在槽中绕键的几何中心摆动，能适应轮毂槽底面，装拆方便，其缺点是轴上键槽较深，对轴的强度削弱较大。故常用于轻载或锥形轴端与轮毂的连接（图 3.5）。为了减少键槽对轴的削弱，在需要采用多个半圆键以获得较大承载力时，这些半圆键应该分布在同一母线上。

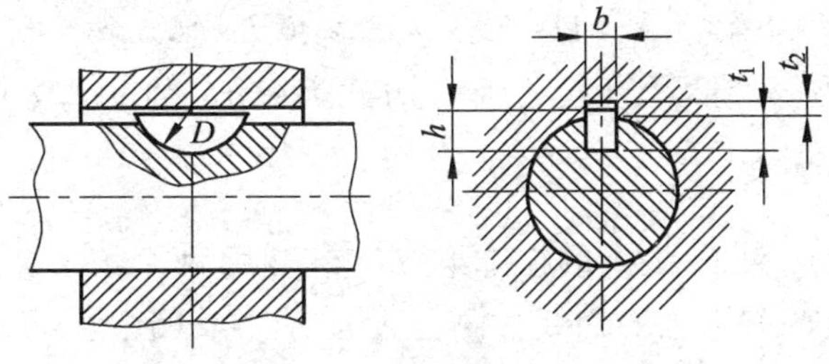

图 3.4　半圆键连接

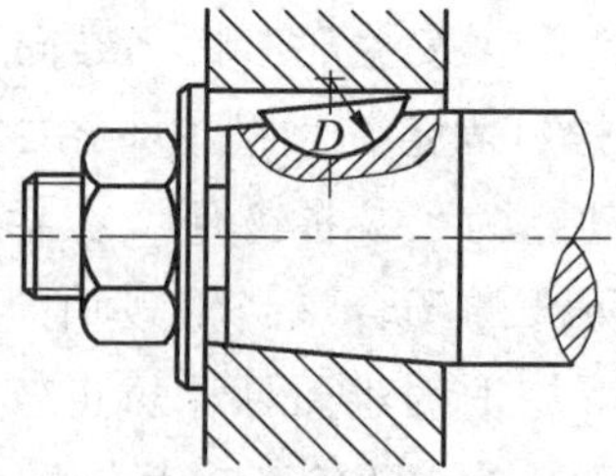

图 3.5　半圆键连接示例

半圆键的公称尺寸为键的宽度、高度和半径，根据轴的直径确定。例如，宽度 b=6 mm、高度 h=10 mm、半径 D=25 mm 的半圆键的标记方式为键 6×25 GB/T 1099—2003。

3. 楔　键

楔键用于静连接，工作面为楔键的上下表面（图 3.6）。楔键的上表面与其相配合的轮毂键槽底部均有 1∶100 的斜度。装配后，键楔紧在轴和毂的键槽里，工作时，靠键的楔紧作用传递转矩，并能承受单向轴向力。当过载而导致轴与轮毂发生相对转动时，楔键两侧面能像平键侧面那样参加工作。

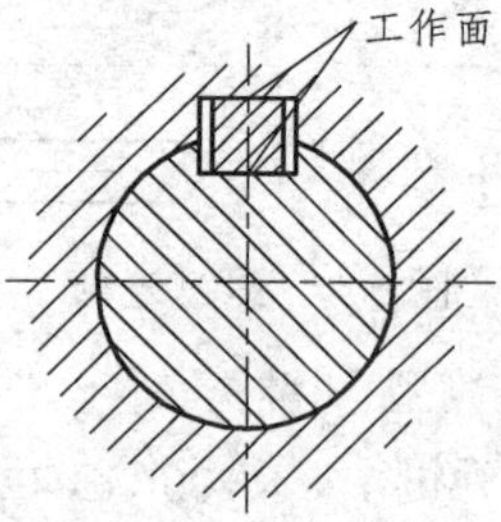

图 3.6　楔键工作面

楔键连接在传递有冲击、振动和较大转矩时，仍能保证连接的可靠性，并具有单向轴向定位功能。但在楔紧时，径向力的存在会破坏轴与轮毂的对中性，使轴产生偏心，所以不宜用于对中要求严格或高速、精密的配合，而只适用于对中性要求不高和低速的场合。

楔键分为普通楔键和钩头楔键两种[图 3.7（c）]。普通楔键有圆头[A 型，图 3.7（a）]、方头[B 型，图 3.7（b）]或单圆头（C 型）三种。钩头楔键便于拆卸，如安装在轴端时应注意加装防护罩。在采用两个楔键时，一般成 90° ~ 120°分布。

楔键的公称尺寸为宽度 b 和高度 h，如宽度 b = 16 mm，高度 h = 10 mm，长度 L = 100 mm 的圆头普通楔键（A 型）的标记方式为键 16×100 GB/T 1564—2003。

4. 切向键

切向键由一对斜度为 1∶100 的楔键组成。装配时，两个楔键分别从轴的两端打入，沿斜面拼合，楔紧后两键沿轴的切线方向合成为切向键（图 3.8）。切向键的工作面是拼合后相互平行的窄面，其中一个面必须在通过轴心线的平面内。切向键能传递很大的单向转矩，当传递双向转矩时，应使用两对切向键（成 120°～130°角分布）。由于切向键对轴的削弱较大，因此常用在直径大于 100 mm 的轴上，以及对中要求不高而载荷较大的重型机械中。

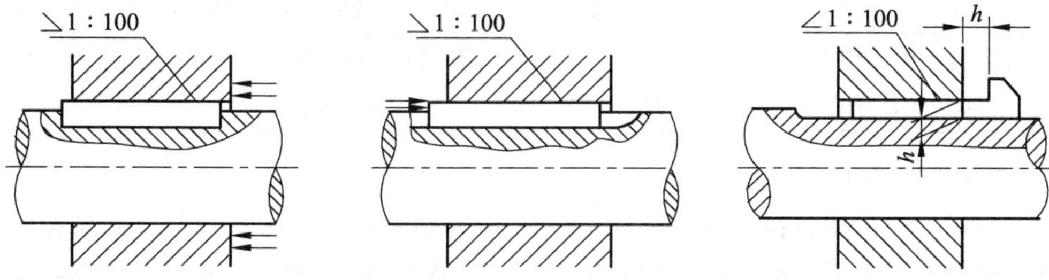

（a）圆头普通楔键连接　　（b）方头普通楔键连接　　（c）钩头楔键连接

图 3.7　楔键连接

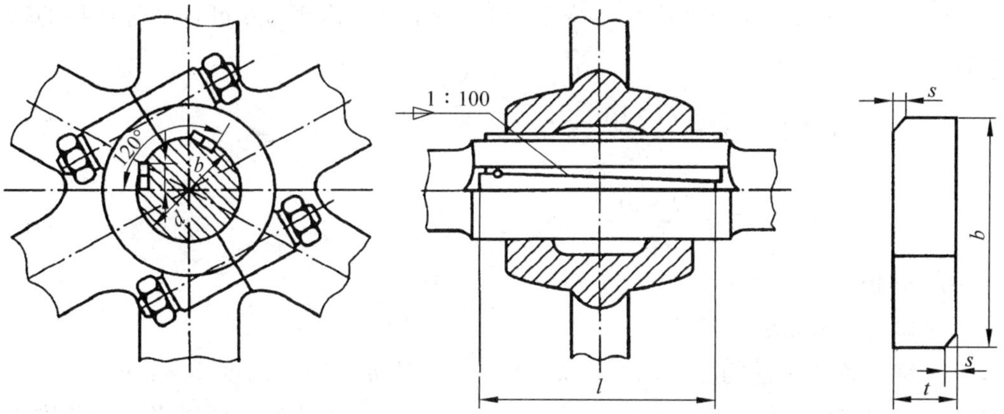

（a）切向键布置　　（b）两楔键组成切向键

图 3.8　切向键连接

切向键标记实例：计算厚度 $t=8$ mm，计算宽度 $b=24$ mm，长度 $L=100$ mm 的普通切向键标记为切向键 8×24×100 GB/T 1974—2003。

3.1.2　键连接的类型选择和强度校核

1. 键的选择

键的类型可根据连接的结构特点、使用要求和工作条件选定。键的截面尺寸（键宽 b 和键高 h）按轴的直径 d 在标准中选定。键的长度可根据轮毂长度确定，轮毂长度一般可取 $(1.5\sim2)d$，键长等于或略短于轮毂的长度；而导向平键按轮毂长度及其滑动距离而定。键的长度还必须符合标准规定的长度系列。表 3.1 给出了普通平键的主要尺寸及长度系列。

表 3.1　普通平键的主要尺寸（摘自 GB/T 1096—2003）

轴的直径	>6～8	>8～10	>10～12	>12～17	>17～22	>22～30	>30～38	>38～44
$b \times h$	2×2	3×3	4×4	5×5	6×6	8×7	10×8	12×8
轴的直径	>44～50	>50～58	>58～65	>65～75	>75～85	>85～95	>95～110	>110～130
$b \times h$	14×9	16×10	18×11	20×12	22×14	25×14	28×16	32×18
键的长度系列	6、8、10、12、14、16、18、20、22、25、28、32、36、40、45、50、56、63、70、80、90、100、110、125、140、180、200、220……							

2. 平键连接强度计算

键的材料一般采用抗拉强度不低于 600 MPa 的碳素钢（常用 45 钢），如果轮毂材料用非金属材料，则键可以采用 20 或 Q235 钢。平键连接的主要失效形式是较弱零件（通常为轮毂）的工作面压溃和磨损（动连接），除非严重过载，一般不出现键沿图 3.9 中的 a—a 截面的剪断，所以在一般情况下平键连接只进行挤压强度或耐磨性的校核。

设工作压力在键的接触长度内均匀分布，取 $y \approx d/2$，由图 3.9 可得平键连接的挤压和耐磨性的条件计算公式：

$$\text{静连接：}\sigma_{\mathrm{p}} = \frac{2T \times 10^3}{kld} \leqslant [\sigma]_{\mathrm{p}} \tag{3.1}$$

$$\text{动连接：}p = \frac{2T \times 10^3}{kld} \leqslant [p] \tag{3.2}$$

式中　T——转矩（N·m）；

d——轴径（mm）；

k——键与轮毂键槽的接触高度，$k = 0.5h$，此处 h 为键的高度（mm）；

l——键的实际接触长度（mm），由于圆头部分不参与接触，所以当键的长度 L 相同时，l 值并不相同，对于 A 型平键 $l = L - b$，对于 B 型平键 $l = L$，对于 C 型平键 $l = L - b/2$，b 为键的宽度（mm）；

$[\sigma_{\mathrm{p}}]$——键、轴、轮毂三者中最弱材料的许用挤压应力（MPa），见表 3.2；

$[p]$——键、轴、轮毂三者中最弱材料的许用压力（MPa），见表 3.2。

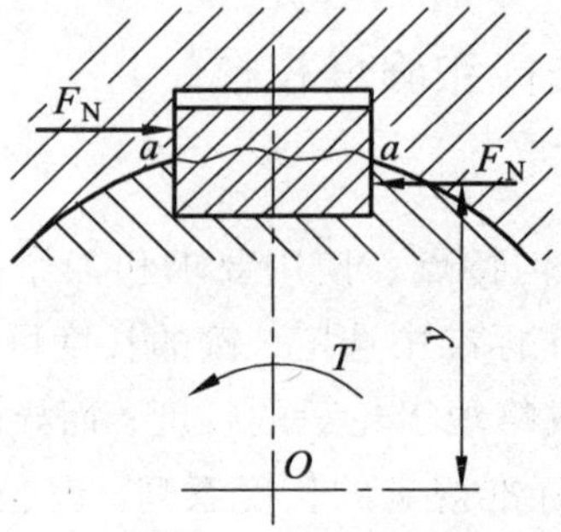

图 3.9　平键受力

表 3.2　键连接的许用挤压应力和许用压力　　单位：MPa

许用值	轮毂材料	载荷性质		
		静载荷	轻微冲击	冲击
$[\sigma]_p$	钢	120 ~ 150	100 ~ 120	60 ~ 90
	铸铁	70 ~ 80	50 ~ 60	30 ~ 45
$[p]$	钢	50	40	30

计算后若发现键的余量很大，可减小键长或选较小尺寸的键。若发现强度不足，可适当增加键和轮毂的长度，或采用多键布置。由于多键布置时，各键的受力不均，所以每键按承载能力的 75%计算，如两个平键按 1.5 个键计算。对于多键布置的半圆键和楔键，计算时也可按此例进行。

例 3.1　减速器的低速轴与凸缘联轴器采用平键连接，已知轴传递的转矩 $T = 1\,000\ \text{N}\cdot\text{m}$，凸缘联轴器材料为 HT200，工作时有轻微冲击，连接处轴径 $d = 70\ \text{mm}$，轮毂长度 $L_1 = 125\ \text{mm}$，试选择键的类型和尺寸。

解： 采用 A 型普通平键连接。其计算过程见表 3.3。

表 3.3　计算过程

计算项目	计算内容	计算结果
键的截面尺寸 $h \times b$	查表 3.1	20 mm × 12 mm
键长 L	小于轮毂长度，标准长度系列	取 $L = 110\ \text{mm}$
许用挤压应力	查表 3.2	取 $[\sigma_p] = 55\ \text{MPa}$
强度条件	$\sigma_p = \dfrac{2T}{kld} = \dfrac{2 \times 1\,000 \times 10^3}{6 \times (110 - 20) \times 70} = 52.9\text{（MPa）}$	满足要求
选定型号		键 20 × 100 GB/T 1096—2003

3.2　花键连接

3.2.1　花键连接的特点

在轴和毂孔周向均布多个键齿构成的连接称为花键连接。花键既可用于静连接也可用于动连接。如图 3.10 所示，花键可看成是由多个平键与轴做成一体而形成的，花键齿的工作面是其侧面。与平键相比，花键具有承载能力高，对轴削弱小，定心和导向性好，适用于定心精度高、载荷大或经常滑移的连接。在飞机、汽车、拖拉机、机床和农业机械中，花键都有广泛的应用。

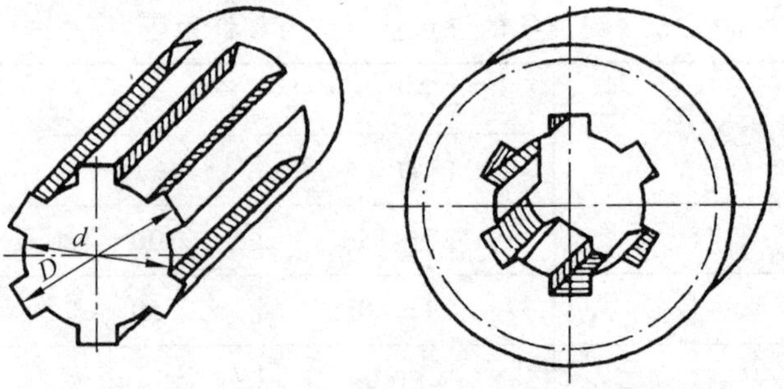

图 3.10　花键连接

3.2.2　花键连接的类型

常用的花键按其齿形不同，可分为矩形花键（图 3.11）、渐开线花键（图 3.12）。此外，还有主要作辅助连接之用的三角形花键。花键已标准化，花键连接的齿数、尺寸、配合等均应按标准选取。

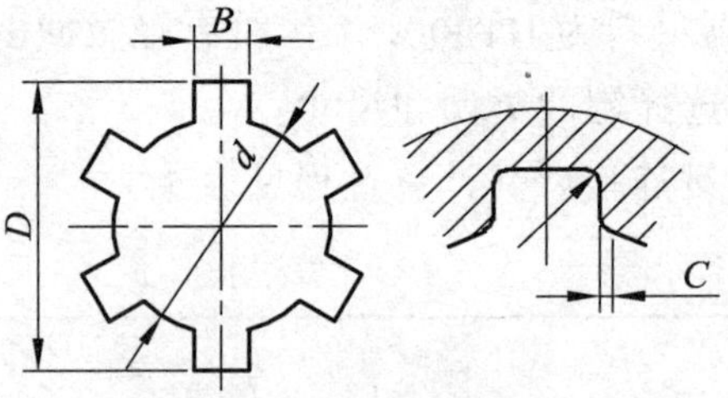

图 3.11　矩形花键

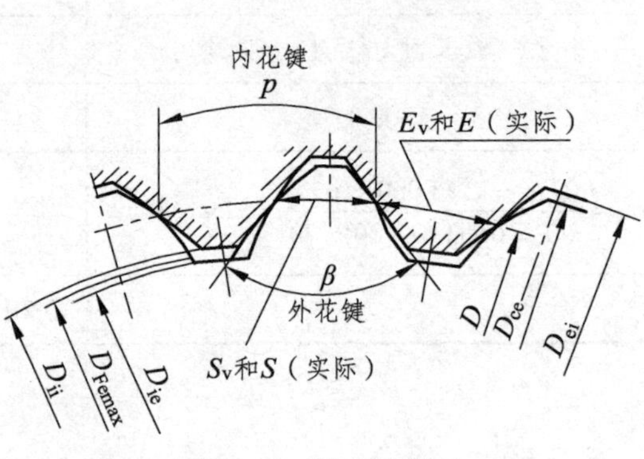

图 3.12　渐开线花键

1. 矩形花键

为适应不同载荷情况，矩形花键按齿高的不同，在标准中规定了两个尺寸系列：轻系列和中系列。轻系列多用于轻载连接或静连接，中系列多用于中等载荷的连接。

根据定心要求的不同，矩形花键有三种不同的定心方式：大径 D 定心、小径 d 定心、按键宽 B 定心（侧面定心）。大径定心适用于内花键用拉床拉制的场合，精度由拉刀保证，轮毂材料硬度应小于 HB350；侧面定心能更好地保证键齿的接触，传力性能较好；为了与国际标准规定一致，国家标准 GB/T 1144—2001《矩形花键尺寸、公差和检验》规定矩形花键用小径定心。采用小径定心时，轴、孔的花键定心面均可进行磨削，定心精度高，有利于简化加工工艺，降低生产成本。

矩形花键在图样上的标注内容为键数 N、小径 d、大径 D、键（槽）宽 B 的公差带或配合代号。例如，键数 $N=6$、小径 $d=23\ \text{mm}$、大径 $D=26\ \text{mm}$，键（槽）宽 $B=6\ \text{mm}$ 的花键在装配图标注方式为

$$6\times 23\frac{\text{H7}}{\text{f7}}\times 26\frac{\text{H10}}{\text{a11}}\times 6\frac{\text{H11}}{\text{d10}}\qquad \text{GB/T 1144—2001}$$

2. 渐开线花键

渐开线花键的齿形为渐开线，可用加工齿轮的方法加工，工艺性较好。渐开线花键齿根部较厚，键齿强度高，由于采用齿形定心（侧面定心），在各齿面径向力的作用下可实现自动定心，各齿受载均匀。当载荷大且轴径也大时宜采用渐开线花键，但其拉制所用的花键孔拉刀的制造成本较高。压力角为 45°的渐开线花键由于键齿数多而细小，故适用于轻载和直径较小的静连接，特别适用于薄壁零件的连接。

3.3 无键连接

轴和毂的连接不用键或花键时，统称为无键连接（成形连接、弹性环连接、过盈连接等）。本节介绍成形连接和弹性环连接。

3.3.1 成形连接

成形连接又称型面连接，是利用非圆截面的轴与相应的毂孔构成的连接，如图 3.13 所示。轴和毂孔可做成柱形或锥形，前者只能传递扭矩，但可以用作动连接（一般是在不带载荷下的移动），而后者除传递扭矩外，还可以传递单方向的轴向力。

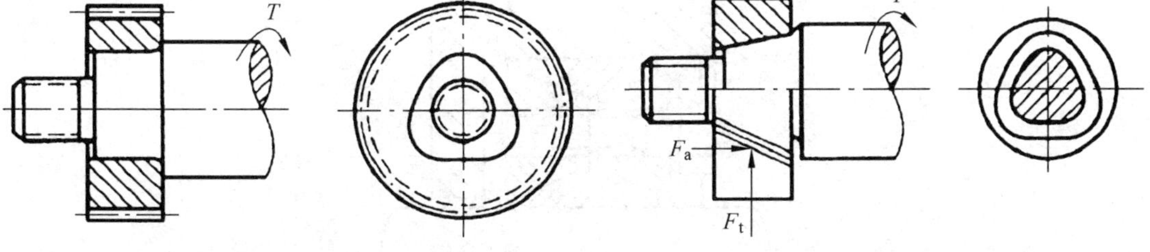

（a）轴和轮毂为柱形连接　　（b）轴和轮毂为锥形连接

图 3.13　成形连接

成形连接装拆方便，在加工精度得到保证时具有良好的对中性。由于没有键槽及尖角，应力集中小，成形连接与键连接相比可视为使轴的整个截面都参与传力的一种连接方式，故可以传递较大的扭矩。

成形连接的加工比较复杂，特别是为了保证配合精度，最后工序多需要在专用机床上进行磨削，成本较高，目前的使用并不普遍。

成形连接的型面也可以采用方形、正六边形及带切口的圆形等，但其定心精度较差。

3.3.2 弹性环连接

弹性环连接也称胀套连接，是利用以锥面贴合并挤紧在轴一毂之间的内外钢环(胀紧连接套，简称胀套）构成的连接。根据胀套形式的不同，JB/T 7934—1999 规定了 5 种类型（Z1 ~ Z5）。弹性环连接能传递相当大的转矩和轴向力，没有应力集中，定心性好，装拆方便，但由于要在毂和轴上安装弹性环，应用有时受到结构的限制。

采用单个 Z1 型胀套的连接实例如图 3.14（a）所示。当锁紧螺母，在轴向力的作用下，内外锥套相互楔紧，外锥套胀大撑紧毂，内锥套缩小箍紧轴，使接触面产生压紧力。工作时，利用此压紧力所引起的摩擦力来传递转矩或轴向力。为了传递更大的载荷，可以采用多个胀套，图 3.14（b）所示为采用两个 Z1 胀套的实例。

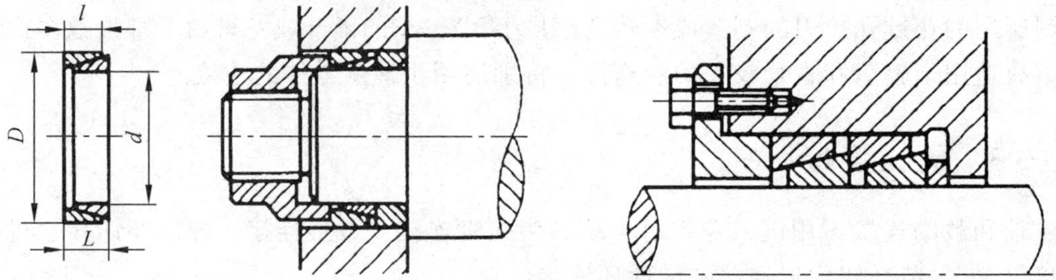

（a）单个胀套　　（b）两个胀套

图 3.14　Z1 胀套连接

其他类型胀套的工作原理与 Z1 胀套类似。图 3.15 所示为 Z2 型胀套，在锁紧螺栓的作用下，两锥形体相互靠近，它们与内、外锥套接触的锥面使得内、外锥套收缩和扩张，达到连接的作用。

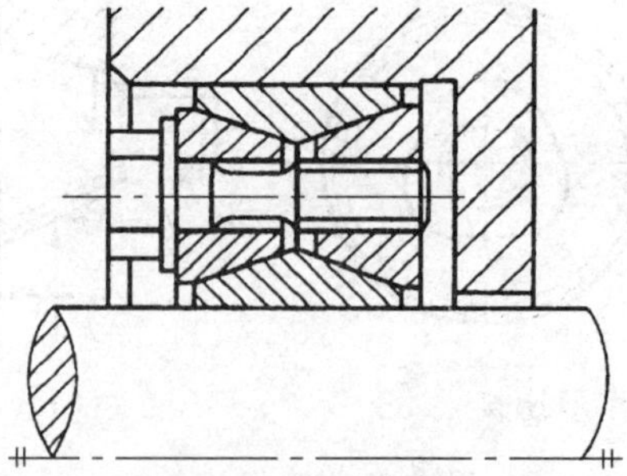

图 3.15　Z2 胀套连接

弹性环连接可以视为一种过盈连接，只是在弹性环连接中利用了锥面贴合并挤紧后产生的弹性变形。弹性环连接的强度计算需要考虑胀套、轴、轮毂的挤压强度。对于已经标准化的胀套，其额定的转矩 $[T]$ 和额定轴向力 $[F_a]$ 均为已知，选用时只需根据轴和轮毂尺寸以及传递扭矩的大小，查阅手册选择合适的型号和尺寸。

3.4 销连接

3.4.1 销连接的种类和基本功能

销按其主要功能可分为三种：① 定位销，主要用于固定零件之间的相对位置（图 3.16）；② 连接销，用于轴与毂的连接或其他连接（图 3.17），可传递不大的载荷；③ 安全销，作为安全装置中的过载保护元件（图 3.18）。

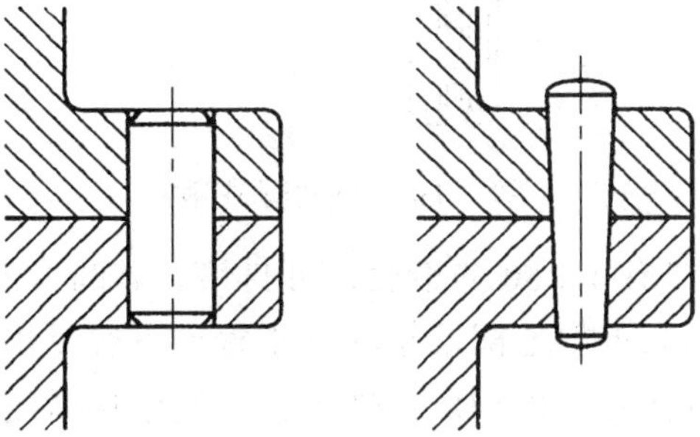

（a）　　（b）

图 3.16　定位销

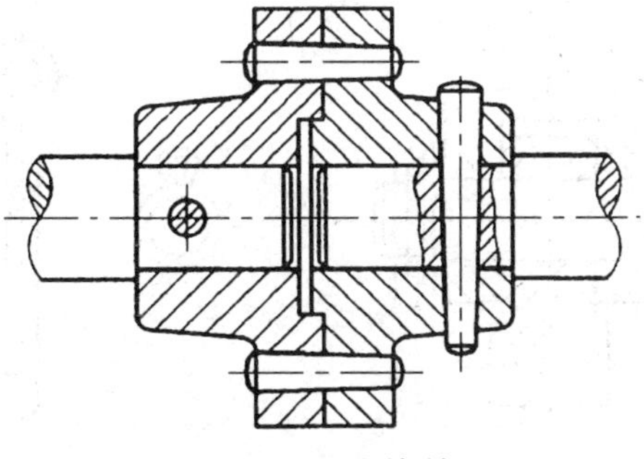

图 3.17　连接销

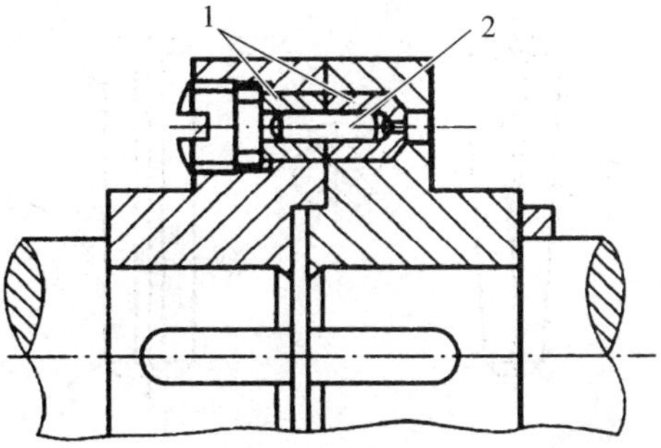

1—销套；2—安全销。

图 3.18　安全销

销根据其外形的不同也可有多种类型，如圆柱销、圆锥销、槽销、销轴、开口销等。

圆柱销[图 3.16（a）]靠微量的过盈配合固定在铰光的销孔中，由于装拆时的磨损和残余变形的存在，多次装拆将影响连接的可靠性、定位的精确性，不宜于在多次装拆的场合下使用。其中，弹性圆柱销是由弹簧钢带卷制而成的纵向开缝的圆管（图 3.19），销孔无须铰光，靠材料的弹性变形挤紧在销孔中。这种销比实心销轻，可多次装拆。

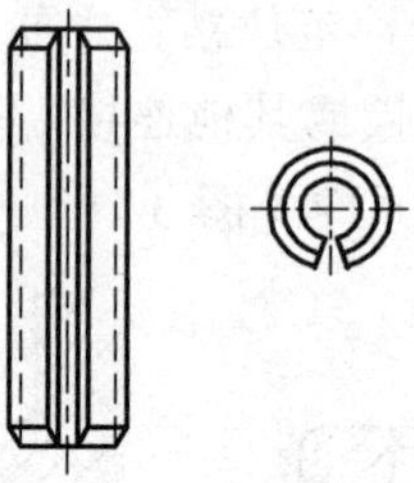

图 3.19　弹性圆柱销

圆锥销[图 3.16（b）]有 1∶50 的锥度，可自锁，靠圆锥面的挤压作用固定在铰光的销孔中，可以多次装拆。但普通圆锥销在冲击振动下容易出现松脱。

销轴用于两零件的铰接处，以构成铰链连接。销轴通常用开口销锁定（图 3.20）。

槽销用弹簧钢碾压而成，有三条纵向沟槽（图 3.21），销孔无须铰光，靠材料的弹性变形挤紧在销孔中。槽销制造比较简单，可多次装拆，多用于传递载荷。

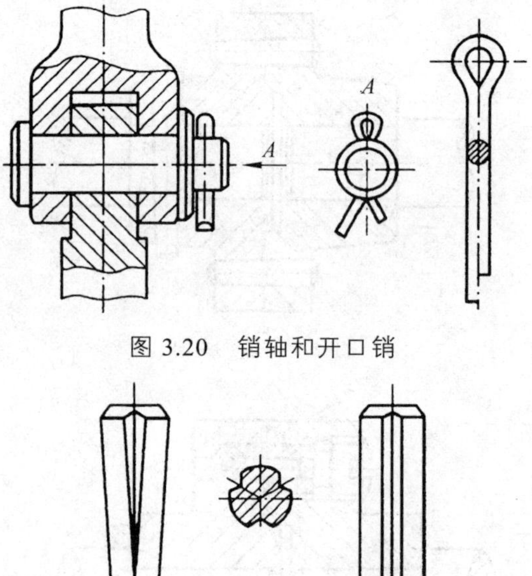

图 3.20　销轴和开口销

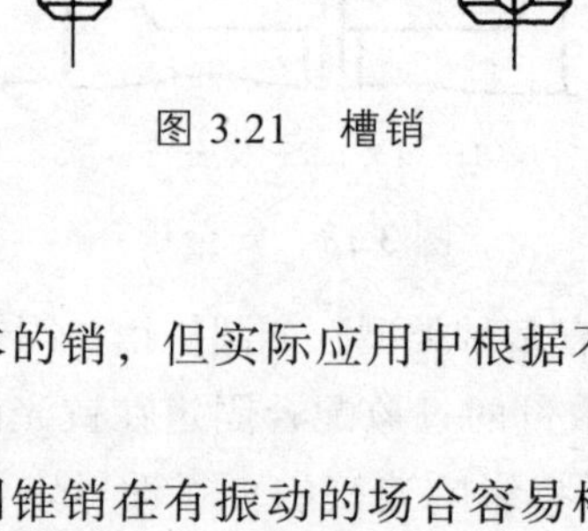

图 3.21　槽销

3.4.2　几种特殊的销

圆柱销和圆锥销是最基本的销，但实际应用中根据不同的使用要求，销的结构也就有了不同的变化。

（1）开尾圆锥销。普通圆锥销在有振动的场合容易松脱，可采用开尾圆锥销（图

3.22），装入销孔后，将末端开口部分撑开，可保证销不致松脱。

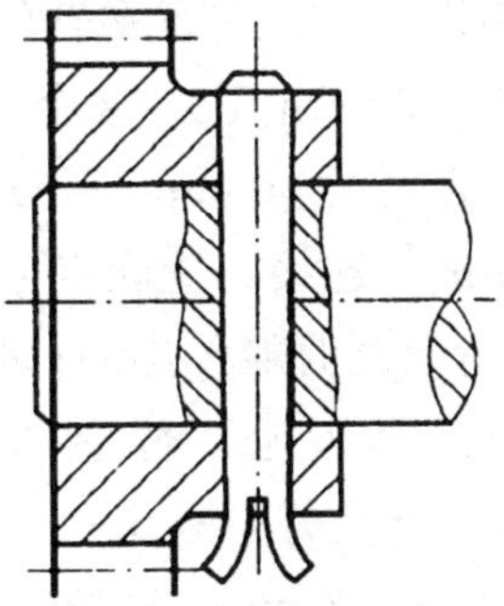

图 3.22　开尾圆锥销

（2）带内（外）螺纹圆锥（圆柱）销。对盲孔以及由于结构设计装拆困难时，可采用带内（外）螺纹的圆锥或圆柱销，如图 3.23 所示。另外，在深盲孔销连接中，由于销打入时孔内气体将受到压缩，从而产生阻止销进入的阻力，所以应采用加设排气孔，或采用槽销以便于安装。

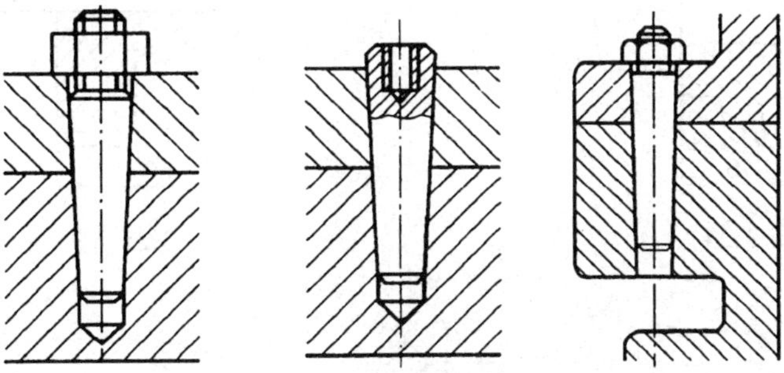

图 3.23　带螺纹的圆锥销

3.4.3　销的强度计算要点

在进行销连接设计时，可先根据连接的具体结构和工作要求来选择销的类型、材料和尺寸，再进行适当的强度计算。

定位销通常不受载荷或只受很小的载荷，故通常不进行强度计算，其直径按结构确定，一般不少于两个。销装入每一连接件内的长度，为销直径的 1～2 倍。

连接销的类型可按具体结构选定，其主要失效形式为剪断或压溃，可按实际的剪切面积和挤压面积进行设计校核（可参考铰制孔螺栓）。

安全销的直径应按过载值进行设计，以保证在达到过载值时销可被剪断。

思考与习题

1. 键连接有哪些主要类型？各有什么主要特点？

2. 平键连接的工作原理是什么？主要失效形式有哪些？平键的截面尺寸 $b \times h$ 和键的长度 L 如何确定？

3. 为什么采用两个平键时，一般布置在沿周向相隔 180°的位置？采用两组楔键时，相隔 90° ~ 120°？而采用两个半圆键时，却布置在轴的同一母线上？

4. 销连接主要的用途有哪些？请给出其 2 ~ 3 个使用实例。

5. 如图 3.24 所示，A 轴段的直径为 50 mm，长度为 70 mm，齿轮装于端部，轴和齿轮均由 45 钢制成。拟采用平键进行连接，请确定平键的尺寸，并确定能传递的最大扭矩。如齿轮改为灰铸铁制造，请问此时能传递的扭矩又为多少？

6. 图 3.25 所示为一花键轴滑移齿轮，传递的额定功率 $P=3.5\,\text{kW}$，转速 $n=180\,\text{r/min}$，齿轮空载移动，工作情况良好。采用矩形花键连接，内花健拉削后未经热处理，$N\times d\times D\times B=8\times 36\,\text{mm}\times 40\,\text{mm}\times 7\,\text{mm}$，试校核连接的强度（倒角取 $C0.2\,\text{mm}$）。

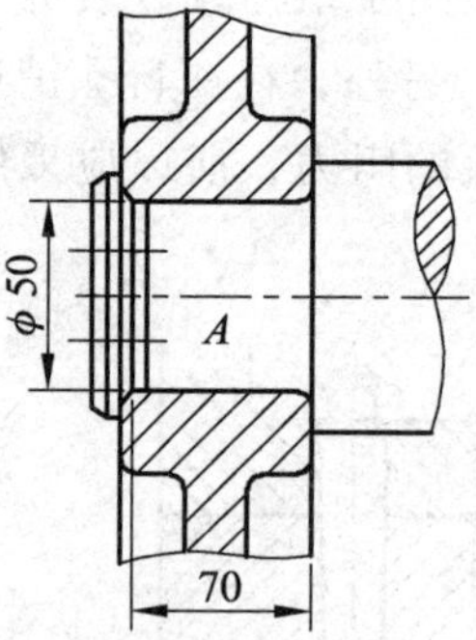

图 3.24

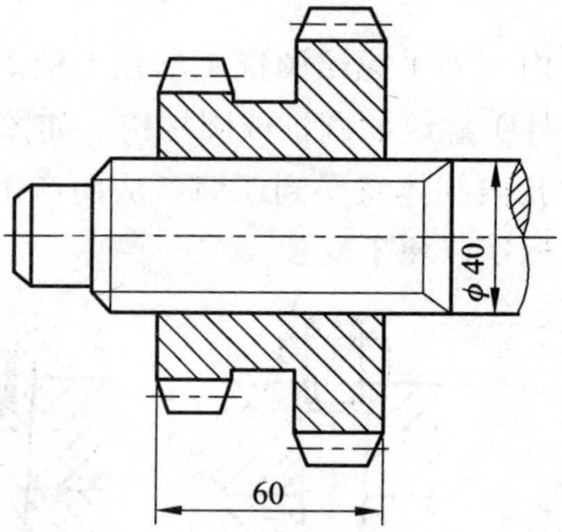

图 3.25

第 4 章　带传动

本章主要介绍带传动的类型、工作原理、特点和 V 带标准；带传动的受力和应力分析；V 带传动的设计准则和设计计算；许用功率、带轮设计和张紧装置。

4.1　带传动的工作原理和传动形式

带传动一般由主动带轮、从动带轮和张紧在两轮上的传动带组成（图 4.1）。当主动带轮转动时，利用带轮和传动带之间的摩擦或啮合作用，将运动和力通过传动带传递给从动带轮。

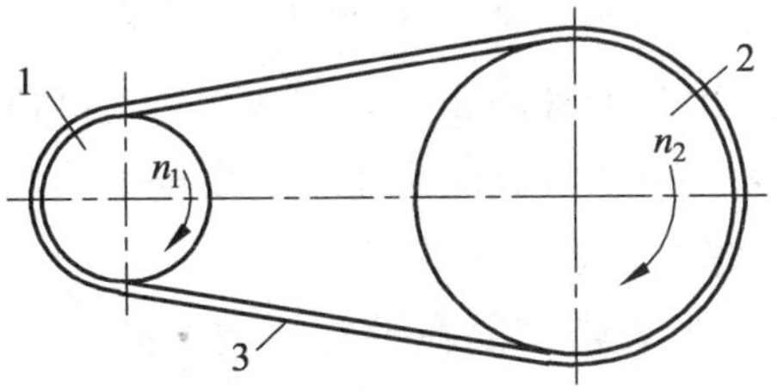

1—主动带轮；2—从动带轮；3—传动带。

图 4.1　带传动的组成

带传动结构简单，传动平稳、能缓冲吸振，可实现大轴间距的远距离传动[两轴可相互平行（图 4.1）或任意角度布置（图 4.2）]。根据工作原理的不同，带传动分为摩擦型带传动和啮合型带传动。

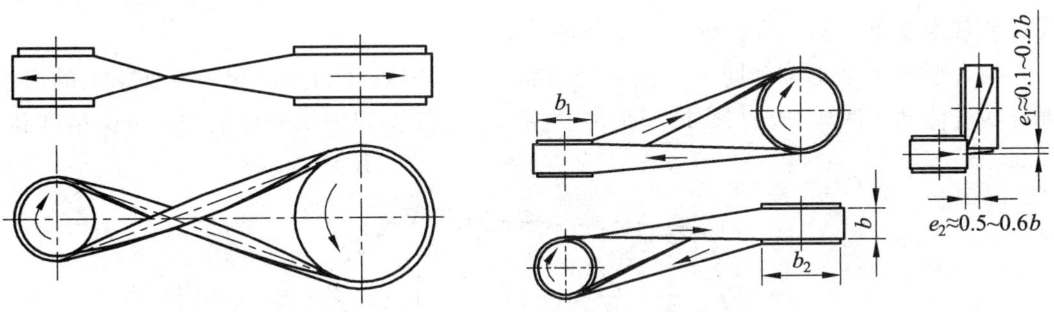

（a）交叉传动　　（b）半交叉传动

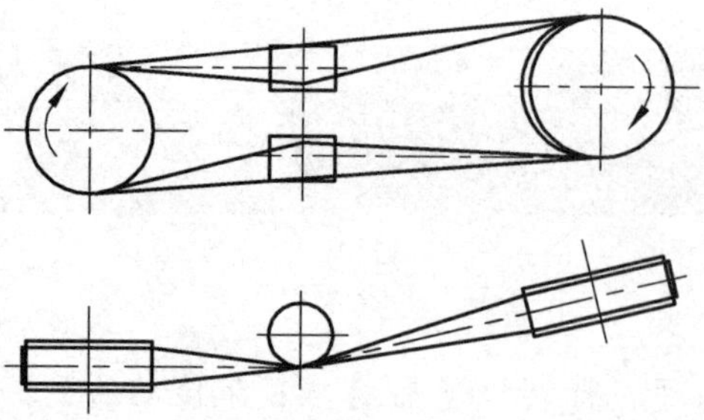

（c）转角传动

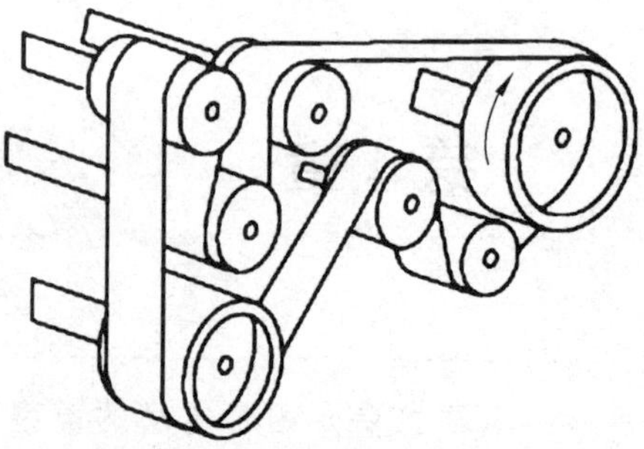

（d）多轴传动

图 4.2　带传动的各种形式

在摩擦型带传动中，根据带的横截面形状，又可分为平带传动[图 4.3（a）]，V 带传动[图 4.3（b）]、多楔带传动[图 4.3（c）]和圆带传动[图 4.3（d）]。

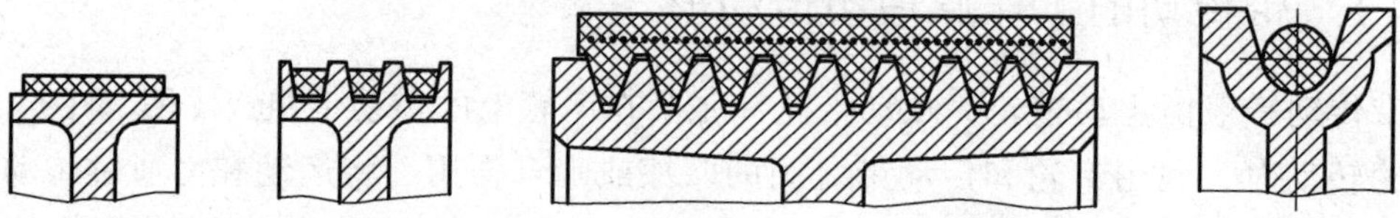

（a）　（b）　（c）　（d）

图 4.3　摩擦型带的截面形状

平带传动结构简单，适用于大轴间距、高带速（最大可达 100 m/s）和多轴传动[图 4.2（d）]；传递的圆周力大。平带横截面为矩形，常用的有帆布芯平带、编织平带（棉织、毛织和缝合棉布带）、锦纶片复合平带等。

V 带的横截面呈等腰梯形，带张紧在带轮的楔形槽内，工作面为与轮槽相接触的两侧面（带不允许与轮槽底接触）。因槽面摩擦可以提供更大的摩擦力，V 带适用于小轴间距下的大传动比传动，主要用于一般机械传动中的中等功率传动。

多楔带以平带为基体，内表面有等距纵向楔，工作面为楔的侧面。多楔带兼有平带柔韧性好和 V 带摩擦力大的优点，并改善了多根 V 带长短不一引起的受力不均，适用于要求结构紧凑、传递功率较大的场合。

圆带横截面为圆形，结构简单，多用于线速度较低（ $\upsilon<15\ m/s$ ）、小功率传动，其材料常为皮革、棉、麻、锦纶、聚氨酯等。

啮合型带传动也称为同步带传动，依靠传动带内表面的凸齿与带轮外缘上的齿槽进行啮合传动（图 4.4）。与摩擦型带传动相比，它能实现恒定的传动比，定位精度高。

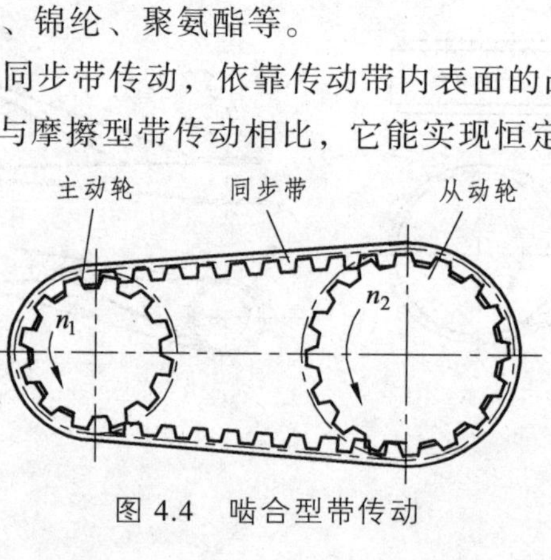

图 4.4　啮合型带传动

4.2　V 带和 V 带轮

4.2.1　V 带的类型和结构

V 带分为普通 V 带、窄 V 带、宽 V 带、大楔角 V 带、汽车 V 带等多种类型，其中普通 V 带和窄 V 带应用最广。普通 V 带均制成无接头的环形带，根据结构分为包边 V 带和切边 V 带（图 4.5），由包布层、顶胶、抗拉体和底胶组成。

普通 V 带和窄 V 带已标准化。按带截面尺寸的不同，普通 V 带有 7 种型号，窄 V 带有 4 种型号。普通 V 带截面尺寸见表 4.1。

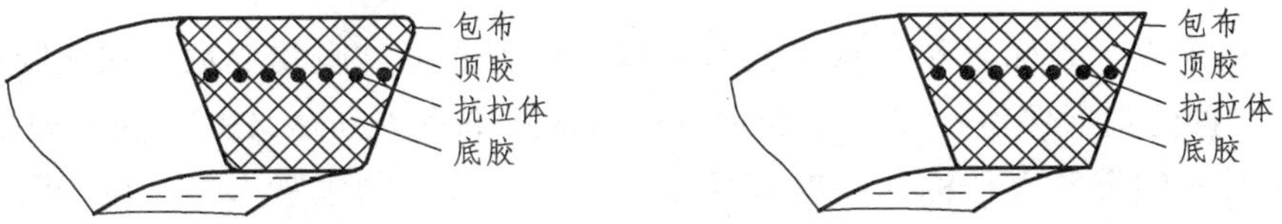

（a）包边 V 带　　（b）切边 V 带

图 4.5　普通 V 带的结构

表 4.1　普通 V 带截面尺寸和 V 带轮轮缘尺寸

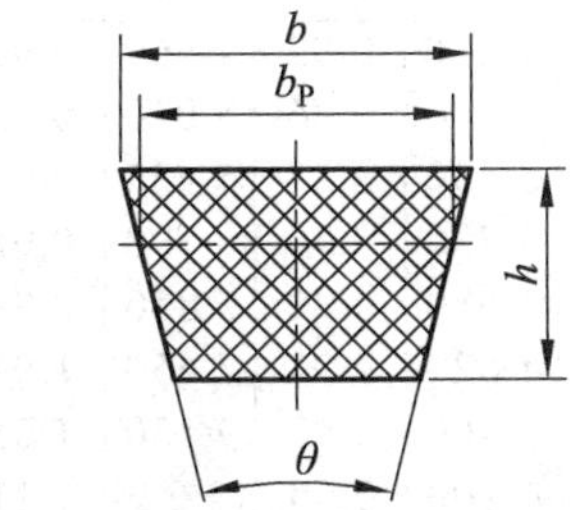

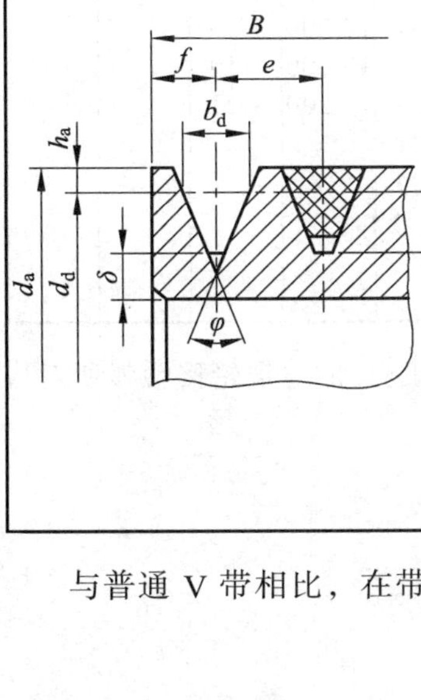

型号		Y	Z	A	B	C	D	E
b_p/mm		5.3	8.5	11.0	14.0	19.0	27.0	32.0
b/mm		6	10	13	17	22	32	38
h/mm		4	6	8	11	14	19	23
θ / (°)		40						
每米带长质量 q / (kg/mm)		0.023	0.06	0.105	0.170	0.300	0.630	0.970
h_{fmin} /mm		4.7	7.0	8.7	10.8	14.3	19.9	23.4
h_{amin} /mm		1.6	2.0	2.75	3.5	4.8	8.1	9.6
e/mm		8±0.3	12±0.3	15±0.3	19±0.4	25.5±0.5	37±0.6	44.5±0.7
f_{min} /mm		6	7	9	11.5	16	23	28
b_d /mm		5.3	8.5	11.0	14.0	19.0	27.0	32.0
δ_{min} /mm		5	5.5	6	7.5	10	12	15
B/mm		$B=(z-1)e+2f$ ，z 为带根数						
φ 32°	对应的 d_d	≤60	—	—	—	—	—	—
φ 34°	对应的 d_d	—	≤80	≤118	≤190	≤315	—	—
φ 36°	对应的 d_d	>60	—	—	—	—	≤475	≤600
φ 38°	对应的 d_d	—	>80	>118	>190	>315	>475	>600

与普通 V 带相比，在带的宽度相同时，窄 V 带的高度约增加 1/3（图 4.6），承载

能力有较大的提高，适用于传递功率较大同时要求外形尺寸较小的场合。

（a）普通 V 带　　　　（b）窄 V 带

图 4.6　普通 V 带与窄 V 带的截面比较

4.2.2　V 带传动的主要几何参数

当 V 带垂直于顶面弯曲，从横截面上看，顶胶变窄，底胶变宽，在顶胶和底胶之间的某个位置处宽度保持不变，这个宽度称为带的节宽 b_p（表 4.1）。在带轮上与 V 带节宽 b_p 相对应的带轮直径称为基准直径 d_d。V 带在规定的张紧力下，位于测量带轮基准直径上的周线长度称为 V 带的基准长度 L_d，其长度系列见表 4.2。

表 4.2　普通 V 带的基准长度 L_d（mm）及带长修正系数 K_L

Y		Z		A		B		C		D		E	
L_d	K_L	L_d	K_L	L_d	K_L	L_d	K_L	L_d	K_L	L_d	K_L	L_d	K_L
200	0.81	405	0.87	630	0.81	930	0.83	1 565	0.82	2 470	0.82	4 660	0.91
224	0.82	475	0.90	700	0.83	1 000	0.84	1 760	0.85	3 100	0.86	5 040	0.92
250	0.84	530	0.93	790	0.85	1 100	0.86	1 950	0.87	3 330	0.87	5 420	0.94
280	0.87	625	0.96	890	0.87	1 210	0.87	2 195	0.90	3 730	0.90	6 100	0.96
315	0.89	700	0.99	990	0.89	1 370	0.90	2 420	0.92	4 080	0.91	6 850	0.99
355	0.92	780	1.00	1 100	0.91	1 560	0.92	2 715	0.94	4 620	0.94	7 650	1.01
400	0.96	920	1.04	1 250	0.93	1 760	0.94	2 880	0.95	5 400	0.97	9 150	1.05
450	1.00	1 080	1.07	1 430	0.96	1 950	0.97	3 080	0.97	6 100	0.99	12 230	1.11
500	1.02	1 330	1.13	1 550	0.98	2 180	0.99	3 520	0.99	6 840	1.02	13 750	1.15
		1 420	1.14	1 640	0.99	2 300	1.01	4 060	1.02	7 620	1.05	15 280	1.17
		1 540	1.54	1 750	1.00	2 500	1.03	4 600	1.05	9 140	1.08	16 800	1.19
				1 940	1.02	2 700	1.04	5 380	1.08	10 700	1.13		
				2 050	1.04	2 870	1.05	6 100	1.11	12 200	1.16		
				2 200	1.06	3 200	1.07	6 815	1.14	13 700	1.19		
				2 300	1.07	3 600	1.09	7 600	1.17	15 200	1.21		
				2 480	1.09	4 060	1.13	9 100	1.21				
				2 700	1.10	4 430	1.15	10 700	1.24				
						4 820	1.17						
						5 370	1.20						
						6 070	1.24						

在规定的张紧力下，两带轮轴线间的距离 a 称为中心距，带与带轮接触弧所对应的中心角为大小带轮的包角 a_1、a_2。

根据图 4.7 所示的几何关系，可得

$$\alpha = 180° \mp \frac{d_{d2} - d_{d1}}{a} \times \frac{180°}{\pi} \tag{4.1}$$

$$L_{\mathrm{d}} \approx 2a + \frac{\pi}{2}(d_{\mathrm{d1}} + d_{\mathrm{d2}}) + \frac{(d_{\mathrm{d2}} - d_{\mathrm{d1}})^2}{4a} \tag{4.2}$$

$$a \approx \frac{1}{8}\left\{2L_{\mathrm{d}} - \pi(d_{\mathrm{d2}} + d_{\mathrm{d1}}) + \sqrt{[2L_{\mathrm{d}} - \pi(d_{\mathrm{d2}} + d_{\mathrm{d1}})]^2 - 8(d_{\mathrm{d2}} - d_{\mathrm{d1}})^2}\right\} \tag{4.3}$$

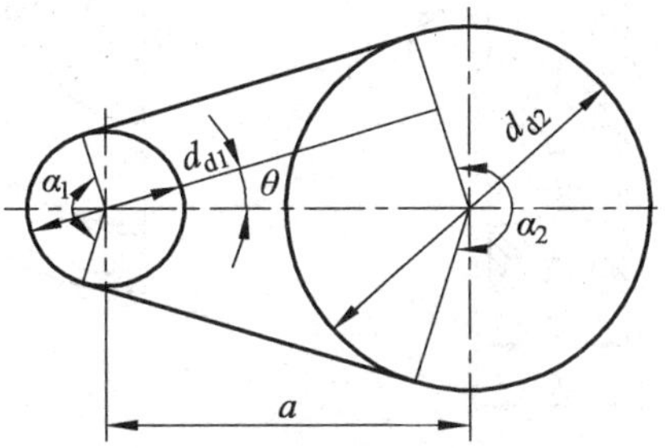

图 4.7 带传动的主要几何参数

4.2.3 V 带轮

带轮一般采用铸铁 HT150 或 HT200 制造，适用于带速 $\upsilon \leqslant 30$ m/s 的场合，速度更高时，可采用铸钢或钢板冲压后焊接，小功率时，可采用铸铝或塑料。

V 带轮由轮缘、轮辐和轮毂组成。带轮直径较小时可采用实心式[图 4.8（a）]，中等直径的带轮可采用腹板式或孔板式[图 4.8（b）、（c）]，当直径大于 300 mm 时，可采用轮辐式[图 4.8（d）]。

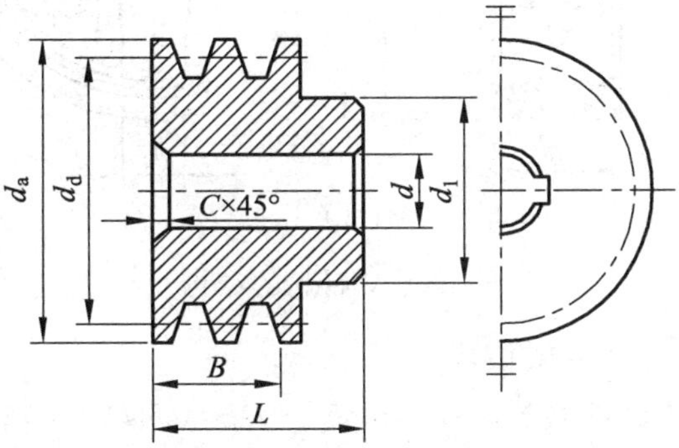

（a）

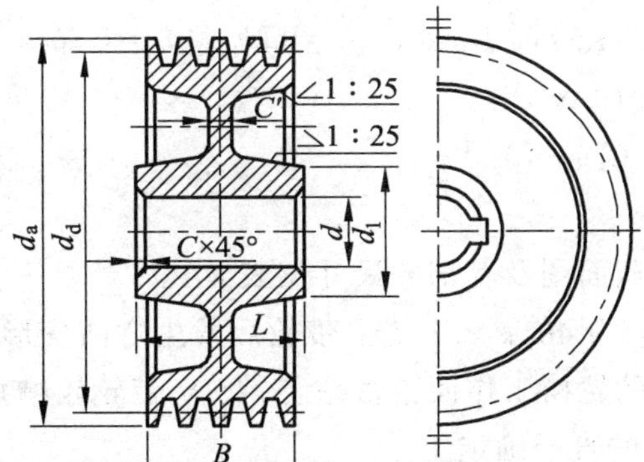

（b）

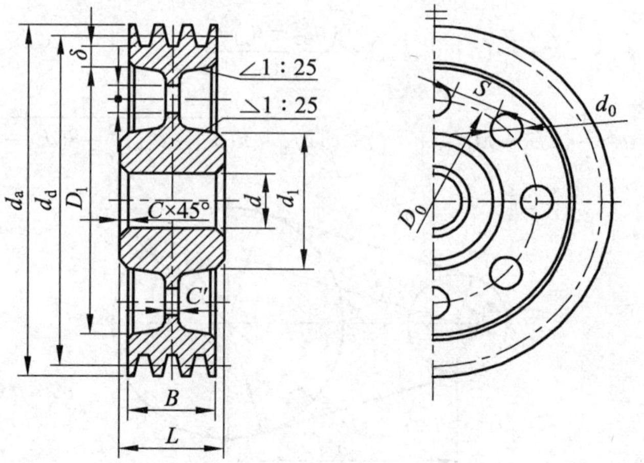

（c）

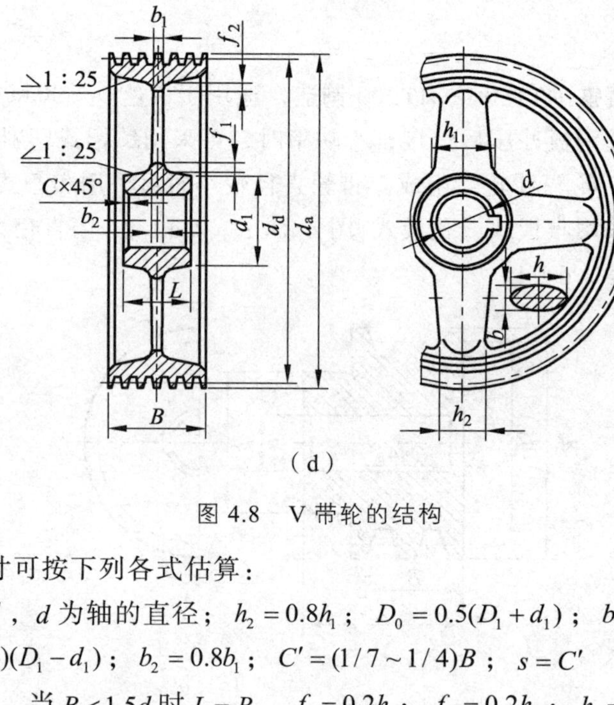

（d）

图 4.8　V 带轮的结构

图中有关尺寸可按下列各式估算：

$d_1 = (1.8 \sim 2)d$，d 为轴的直径；$h_2 = 0.8h_1$；$D_0 = 0.5(D_1 + d_1)$；$b_1 = 0.4h_1$

$d_0 = (0.2 \sim 0.3)(D_1 - d_1)$；$b_2 = 0.8b_1$；$C' = (1/7 \sim 1/4)B$；$s = C'$

$L = (1.5 \sim 2)d$，当 $B < 1.5d$ 时 $L = B$，$f_1 = 0.2h_1$；$f_2 = 0.2h_2$；$h_1 = 290\sqrt[3]{P/(nz_a)}$

式中　P——传递的功率（kW）；

n——带轮的转速（r/min）；

z_a——轮辐数。

普通 V 带轮轮缘的截面图及各部分尺寸见表 4.1。

V 带两侧面的夹角均为 40°，V 带绕上带轮后发生弯曲变形使其夹角变小。为了保证 V 带的工作面与带轮的轮槽工作面紧密贴合，将 V 带轮轮槽角规定为 32°、34°、36°、38°（按带的型号及带轮的直径确定）。

4.2.4 V 带轮工作图示例

V 带轮工作图如图 4.9 所示。

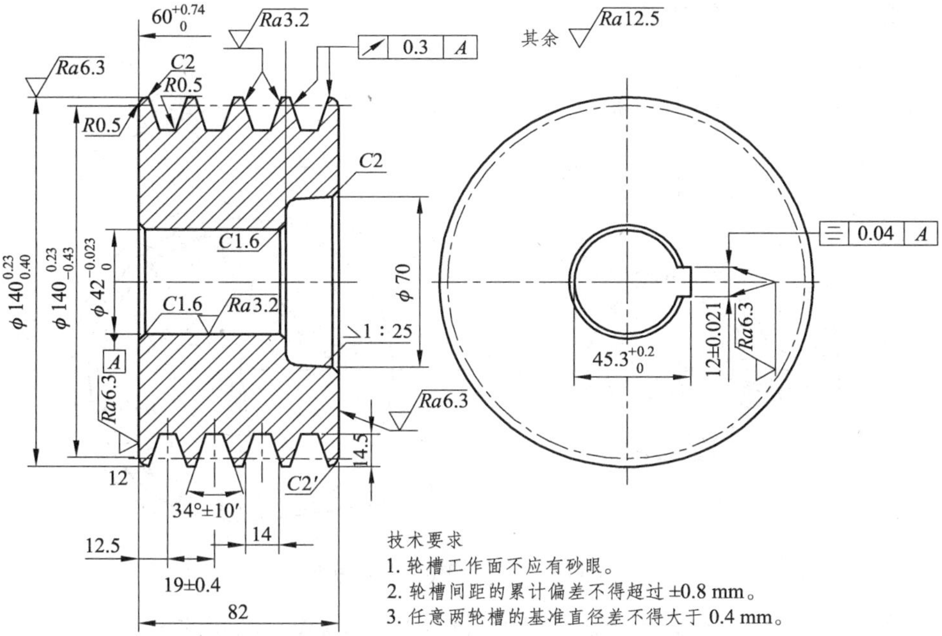

图 4.9　普通 V 带轮工作图

4.3 带传动的受力分析和应力分析

4.3.1 带传动的受力分析

带张紧在带轮上，带的两边将受到相同的初拉力 F_0[图 4.10（a）]。当带传动工作时，因带和带轮间的静摩擦力作用使带进入主动轮的一边进一步拉紧，拉力由 F_0 增至 F_1，带绕出主动轮的一边放松，拉力由 F_0 降至 F_2，形成紧边和松边[图 4.10（b）]。

如果近似认为带的总长度保持不变，并假设带为线弹性体，则带紧边拉力的增量应等于松边拉力的减少量，即

$$F_1 - F_0 = F_0 - F_2 \tag{4.4}$$

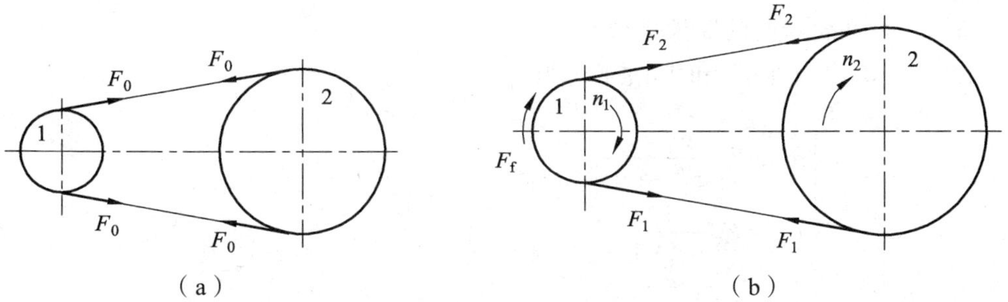

图 4.10　带传动的受力情况

带紧边和松边的拉力差为带传动所传递的有效拉力 F_e，取与主动小带轮接触的传动带为分析对象（图 4.11），则传动带力矩平衡条件为

$$F_f \frac{d_{d1}}{2} = F_1 \frac{d_{d1}}{2} - F_2 \frac{d_{d1}}{2} \tag{4.5}$$

可得

$$F_e = F_f = F_1 - F_2 \tag{4.6}$$

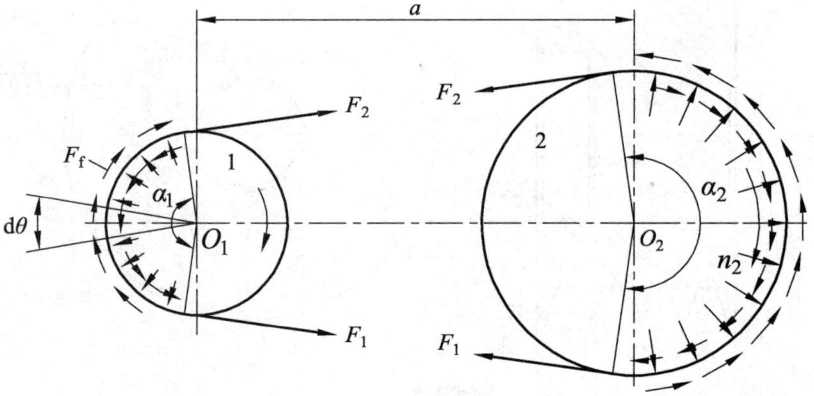

图 4.11　带与带轮的受力分析

有效拉力 F_e（N）、带速 υ（m/s）和传递功率 P（kW）之间的关系为

$$P = F_e\upsilon/1\,000 \text{（kW）} \tag{4.7}$$

由上式可知，若带速 υ 一定，带传递的功率 P 取决于带传动中的有效拉力 F_e，即带和带轮之间的总摩擦力 F_f。但 F_f 存在一极限值 F_{flim}，超过这一极限，带在带轮上发生全面滑动而使传动失效，这种现象称为打滑，应予避免。

当带传动中有打滑趋势时，摩擦力达到临界值，这时带传动的有效拉力也达到最大值。在即将打滑、尚未打滑的临界状态，紧边拉力 F_1 和松边拉力 F_2 的关系由挠性体摩擦的欧拉公式表示

$$F_1 = F_2 e^{f\alpha} \tag{4.8}$$

式中　e——自然对数的底，e=2.718 3；

α——包角，rad；

f——带和轮缘间的摩擦系数。

由公式（4.4）、（4.6）和（4.8）可得

$$\begin{cases} F_1 = F_{ec} \dfrac{e^{f\alpha}}{e^{f\alpha}-1} \\ F_{2c} = F_{ec} \dfrac{1}{e^{f\alpha}-1} \\ F_{ec} = 2F_0 \dfrac{e^{f\alpha}-1}{e^{f\alpha}+1} \end{cases} \tag{4.9}$$

由上式可知，带传动处于即将打滑还未打滑的临界状态时的最大有效拉力 F_{ec}（即总摩擦力的极限值 F_{flim}），随初拉力 F_0，包角 α，摩擦系数 f 的增大而增大。其中 F_0 的影响最大，它直接影响到带传动的工作能力，但如果 F_0 过大，将使带的磨损加剧，缩短带的使用寿命，如 F_0 过小，则带的工作能力得不到充分发挥。因此，设计带传动时必须合理确定 F_0 值。

4.3.2 带的应力分析

带传动工作中，会产生以下三种应力.

1. 紧边和松边拉力产生的拉应力

$$\text{紧边拉应力 } \sigma_1 = \frac{F_1}{A} \text{（MPa）} \tag{4.10}$$

$$\text{松边拉应力 } \sigma_2 = \frac{F_2}{A} \text{（MPa）} \tag{4.11}$$

式中 A——带的横截面积（mm^2）。

2. 离心力产生的拉应力

带随着带轮做圆周运动，带自身的质量将产生离心力，从而在带中产生离心拉力。由离心拉力产生的离心拉应力 σ_c 为

$$\sigma_c = \frac{q\upsilon^2}{A} \text{（MPa）} \tag{4.12}$$

式中 q——每米带长的质量（kg/m），见表 4.1；

υ——带速（m/s）。

根据上式，q 和 υ 越大，σ_c 越大，因此，普通 V 带传动带速不宜过高，高速传动应采用薄而轻的高速带。

3. 弯曲应力

带绕上带轮，因弯曲而产生弯曲应力 σ_b，由材料力学可得

$$\sigma_b \approx E\frac{h}{d_d} \tag{4.13}$$

式中 E——带材料的弹性模量（MPa）；

h——带的高度（mm），见表 4.1。

由上式可知，带越厚，带轮直径越小，带所受到的弯曲应力就越大。显然，带在小带轮上的弯曲应力 σ_{b1} 大于带在大带轮上的弯曲应力 σ_{b2}。

图 4.12 所示为带工作时应力在带上的分布情况。带中最大的应力发生在紧边刚绕上小带轮处，表示为

$$\sigma_{max} = \sigma_1 + \sigma_c + \sigma_{b1} \text{（MPa）} \tag{4.14}$$

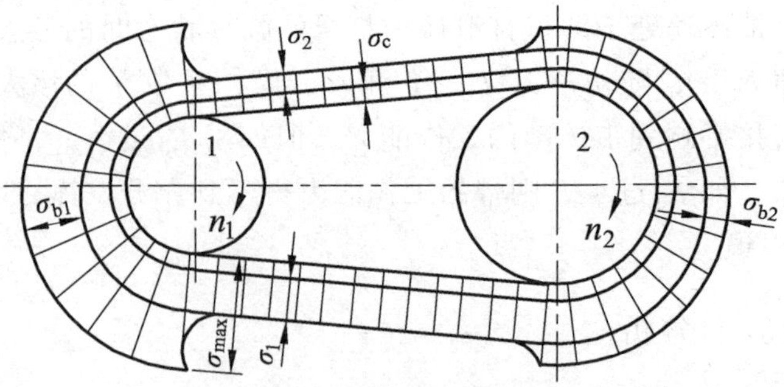

图 4.12　带的应力分布

由图可知，带在变应力作用下工作，带每绕转一周，任意截面的应力周期性地变化一次。单位时间内，带的绕行次数越多，带越容易发生疲劳破坏。

4.3.3　带传动的弹性滑动和打滑

带是弹性体，在拉力作用下产生弹性伸长。如图 4.13 所示，在小带轮上，带的拉力从紧边拉力 F_1 逐渐减小为松边拉力 F_2，带的单位伸长量也随之减小，带相对于小带轮向后退缩，使得带的速度低于小带轮的线速度 υ_1；在大带轮上，带的拉力从松边拉力 F_2 逐渐增加为紧边拉力 F_1，带的单位伸长量也随之增加，带相对于大带轮向前伸长，使得带的速度高于大带轮的线速度 υ_2。这种由于带的弹性变形引起的带与带轮之间的滑动，称为弹性滑动。弹性滑动引起的大带轮的线速度 υ_2 的降低率称为带传动滑动率，以 ε 表示：

$$\varepsilon = \frac{\upsilon_1 - \upsilon_2}{\upsilon_1} \times 100\% \tag{4.15}$$

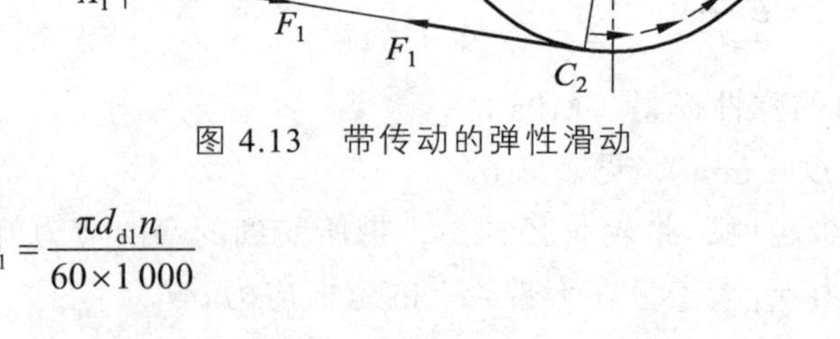

图 4.13　带传动的弹性滑动

其中

$$\upsilon_1 = \frac{\pi d_{d1} n_1}{60 \times 1\,000} \tag{4.16}$$

$$\upsilon_2 = \frac{\pi d_{d2} n_2}{60 \times 1\,000} \tag{4.17}$$

式中　n_1，n_2——主、从动轮的转速（r/min）。

由上式可得，在考虑弹性滑动的情况下，带传动的平均传动比为

$$i=\frac{n_1}{n_2}=\frac{d_{d2}}{(1-\varepsilon)d_{d1}} \tag{4.18}$$

在一般的带传动中，因滑动率不大（$\varepsilon=1\%\sim2\%$），故可以不考虑，取传动比为

$$i=\frac{n_1}{n_2}=\frac{d_{d2}}{d_{d1}} \tag{4.19}$$

在正常情况下，弹性滑动只发生在带离开主、从动轮之前的那一段接触弧上（图 4.13），$\widehat{B_1C_1}$ 和 $\widehat{B_2C_2}$，这一段弧称为滑动弧，所对应的中心角称为滑动角；未发生弹性滑动的接触弧 $\widehat{A_1B_1}$ 和 $\widehat{A_2B_2}$，所对应的中心角称为静止角。随着有效拉力的增大，弹性滑动的弧段区域也相应扩大，当弹性滑动的弧段扩大到整个接触弧，即相当于 B_1 点移动到与 A_1 重合，或 B_2 点移动到与 A_2 点重合时，带的有效拉力达到最大值，即达到总摩擦力的极限值。如果进一步增大工作载荷，带在带轮上将发生全面滑动，即整体打滑。

需要指出的是，弹性滑动和打滑是两个截然不同的概念。弹性滑动是由带工作时紧边和松边存在拉力差，使带的两边的弹性变形量不相等引起的带与带轮之间局部的微小的相对滑动，这是带传动在正常工作时固有的特性，是不可避免的。打滑是由于过载而引起的带在带轮上的全面滑动。打滑时带的磨损加剧，从动轮转速急剧降低甚至停止，导致传动失效，故应避免。但是，当带传动所传递的功率突然增大超过设计功率时，这种打滑可以起到过载保护的作用。

4.4 普通 V 带传动的设计计算

4.4.1 带传动的设计准则和单根普通 V 带的许用功率

带传动的主要失效形式是打滑和疲劳破坏。因此，带传动的设计准则是在保证带传动不打滑的条件下，具有一定的疲劳强度和寿命。

单根 V 带在一定初拉力作用下，不发生打滑且有足够疲劳强度和寿命时能传递的最大功率为单根 V 带的基本额定功率 P_1。由公式（4.7）、（4.9）可得

$$P_1=\frac{F_{ec}\upsilon}{1\,000}=F_1\left(1-\frac{1}{e^{f_{v\alpha}}}\right)\frac{\upsilon}{1\,000}=\sigma_1A\left(1-\frac{1}{e^{f_{v\alpha}}}\right)\frac{\upsilon}{1\,000} \tag{4.20}$$

式中　A——单根普通 V 带的横截面积。

其中为保证带具有一定的疲劳寿命，应使

$$\sigma_{max}=\sigma_1+\sigma_c+\sigma_{b1}\leqslant[\sigma]$$

即

$$\sigma_1\leqslant[\sigma]-\sigma_c-\sigma_{b1} \tag{4.21}$$

式中　$[\sigma]$——带的许用应力（MPa）。

由式（4.20）和式（4.21）可得

$$P_1 = \frac{([\sigma]-\sigma_c-\sigma_{b1})\left(1-\frac{1}{e^{f_{v\alpha}}}\right)A\upsilon}{1\,000}\ (\text{kW}) \tag{4.22}$$

在包角 $\alpha_1=\alpha_2=180°$ 、特定带长 L_d、载荷平稳的条件下，单根普通 V 带的基本额定功率 P_1 通过试验获得。单根普通 V 带的基本额定功率 P_1 见表 4.3。

表 4.3　单根普通 V 带的基本额定功率 P_1　　单位：kW

型号	小带轮的基准直径 d_{d1} / mm	小带轮转速 n_1 / (r/min)												
		400	700	800	950	1 200	1 450	1 600	2 000	2 400	2 800	3 200	3 600	4 000
Z	50	0.06	0.09	0.10	0.12	0.14	0.16	0.17	0.20	0.22	0.26	0.28	0.30	0.32
	56	0.06	0.11	0.12	0.14	0.17	0.19	0.20	0.25	0.30	0.33	0.35	0.37	0.39
	63	0.08	0.13	0.15	0.18	0.22	0.25	0.27	0.32	0.37	0.41	0.45	0.47	0.49
	71	0.09	0.17	0.20	0.23	0.27	0.30	0.33	0.39	0.46	0.50	0.54	0.58	0.61
	80	0.14	0.20	0.22	0.26	0.30	0.35	0.39	0.44	0.50	0.56	0.61	0.64	0.67
	90	0.14	0.22	0.24	0.28	0.33	0.36	0.40	0.48	0.54	0.60	0.64	0.68	0.72
A	75	0.26	0.40	0.45	0.51	0.60	0.68	0.73	0.84	0.92	1.00	1.04	1.08	1.09
	90	0.39	0.61	0.68	0.77	0.93	1.07	1.15	1.34	1.50	1.64	1.75	1.83	1.87
	100	0.47	0.74	0.83	0.95	1.14	1.32	1.42	1.66	1.87	2.05	2.19	2.28	2.34
	112	0.56	0.90	1.00	1.15	1.39	1.61	1.74	2.04	2.30	2.51	2.68	2.78	2.83
	125	0.67	1.07	1.19	1.37	1.66	1.92	2.07	2.44	2.74	2.98	3.16	3.26	3.28
	140	0.78	1.26	1.41	1.62	1.96	2.28	2.45	2.87	3.22	3.48	3.65	3.72	3.67
	160	0.94	1.51	1.69	1.95	2.36	2.73	2.54	3.42	3.80	4.06	4.19	4.17	3.98
	180	1.09	1.76	1.97	2.27	2.74	3.16	3.40	3.93	4.32	4.54	4.58	4.40	4.00
B	125	0.84	1.30	1.44	1.64	1.93	2.19	2.33	2.64	2.85	2.96	2.94	2.80	2.51
	140	1.05	1.64	1.82	2.08	2.47	2.82	3.00	3.42	3.70	3.85	3.83	3.63	3.24
	160	1.32	2.09	2.32	2.66	3.17	3.62	3.86	4.40	4.75	4.89	4.80	4.46	3.82
	180	1.59	2.53	2.81	3.22	3.85	4.39	4.68	5.30	5.67	5.76	5.52	4.92	3.92
	200	1.85	2.95	3.30	3.77	4.50	5.13	5.46	6.13	6.47	6.43	5.95	4.98	3.47
	224	2.17	3.47	3.86	4.42	5.26	5.97	6.33	7.02	7.25	6.95	6.05	4.47	2.14
	250	2.50	4.00	4.46	5.10	6.04	6.82	7.20	7.87	7.89	7.14	5.60	5.12	—
	280	2.89	4.61	5.13	5.85	6.90	7.76	8.13	8.60	8.22	6.80	4.26	—	—
C	200	2.41	3.69	4.07	4.58	5.29	5.84	6.07	6.34	6.02	5.01	3.23	—	—
	224	2.99	4.64	5.12	5.78	6.71	7.45	7.75	8.06	7.57	6.08	3.57	—	—
	250	3.62	5.64	6.32	7.04	8.21	9.04	9.38	9.62	8.75	6.56	2.93	—	—
	280	4.32	6.76	7.52	8.49	9.81	10.72	11.06	11.04	9.50	6.13	—	—	—
	315	5.14	8.09	8.92	10.05	11.53	12.46	12.72	12.14	9.43	4.16	—	—	—
	355	6.05	9.50	10.46	11.73	13.31	14.12	14.19	12.59	7.98	—	—	—	—
	400	7.06	11.02	12.10	13.48	15.04	15.53	15.24	11.95	4.34	—	—	—	—
	450	8.20	12.63	13.80	15.23	16.59	16.47	15.57	9.64	—	—	—	—	—

续表

型号	小带轮的基准直径 d_{d1} / mm	小带轮转速 n_1(r/min)												
		400	700	800	950	1 200	1 450	1 600	2 000	2 400	2 800	3 200	3 600	4 000
D	355	9.24	13.70	14.83	16.15	17.25	16.77	15.63	—	—	—	—	—	—
	400	11.45	17.07	18.46	20.06	21.20	20.15	18.31	—	—	—	—	—	—
	450	13.85	20.63	22.25	24.01	24.84	22.02	19.59	—	—	—	—	—	—
	500	16.20	23.99	25.76	27.50	26.71	23.59	18.88	—	—	—	—	—	—
	560	18.95	27.73	29.55	31.04	29.67	22.58	15.13	—	—	—	—	—	—
	630	22.05	31.68	33.38	34.19	30.15	18.06	6.25	—	—	—	—	—	—
	710	25.45	35.59	36.87	36.35	27.88	7.99	—	—	—	—	—	—	—
	800	29.08	39.14	39.55	36.76	21.32	—	—	—	—	—	—	—	—

实际工作条件与上述特定条件不同时，应对 P_1 值加以修正。修正后即得实际工作条件下，单根 V 带所能传递的功率，称为额定功率 $[P_1]$。

$$[P_1]=(P_1+\Delta P_1)\times K_\alpha \times K_L \tag{4.23}$$

式中 ΔP_1——功率增量，考虑传动比 $i \neq 1$，带在大带轮上的弯曲应力较小，在同等寿命下可增大传动的功率，见表 4.4；

K_α——包角修正系数，考虑 $\alpha_1 \neq 180°$ 时，对传动能力的影响，见表 4.5；

K_L——带长修正系数，考虑带长不等于特定长度时对传动能力的影响，见表 4.2。

表 4.4　单根普通 V 带 $i \neq 1$ 时额定功率的增量 ΔP_1

<table>
<tr><th rowspan="2">型号</th><th rowspan="2">传动比 i</th><th colspan="13">小带轮转速 n_1 / (r / min)</th></tr>
<tr><th>400</th><th>700</th><th>800</th><th>950</th><th>1 200</th><th>1 450</th><th>1 600</th><th>2 000</th><th>2 400</th><th>2 800</th><th>3 200</th><th>3 600</th><th>4 000</th></tr>
<tr><td rowspan="9">Z</td><td>1.02 ~ 1.04</td><td rowspan="9">0.00</td><td rowspan="5">0.00</td><td rowspan="3">0.00</td><td rowspan="2">0.00</td><td>0.00</td><td>0.00</td><td rowspan="4">0.01</td><td rowspan="2">0.01</td><td colspan="3">0.01</td><td>0.02</td><td>0.02</td></tr>
<tr><td>1.05 ~ 1.08</td><td rowspan="4">0.01</td><td rowspan="3">0.01</td><td rowspan="3">0.02</td><td rowspan="2">0.02</td><td rowspan="5">0.03</td><td rowspan="3">0.03</td><td>0.03</td></tr>
<tr><td>1.09 ~ 1.12</td><td rowspan="4">0.01</td><td rowspan="4">0.02</td><td rowspan="4">0.04</td></tr>
<tr><td>1.13 ~ 1.18</td><td rowspan="4">0.01</td><td rowspan="3">0.03</td></tr>
<tr><td>1.19 ~ 1.24</td><td rowspan="4">0.02</td><td rowspan="3">0.02</td><td rowspan="3">0.03</td><td rowspan="3">0.04</td></tr>
<tr><td>1.25 ~ 1.34</td><td rowspan="3">0.01</td><td rowspan="3">0.02</td></tr>
<tr><td>1.35 ~ 1.50</td><td rowspan="3">0.02</td><td rowspan="2">0.03</td><td rowspan="3">0.04</td><td rowspan="2">0.04</td><td rowspan="2">0.05</td></tr>
<tr><td>1.51 ~ 1.99</td><td rowspan="2">0.02</td><td rowspan="2">0.03</td><td rowspan="2">0.04</td><td rowspan="2">0.05</td></tr>
<tr><td>≥2</td><td>0.02</td><td colspan="2">0.03</td><td>0.04</td><td>0.05</td><td>0.06</td></tr>
<tr><td rowspan="4">A</td><td>1.02 ~ 1.04</td><td>0.01</td><td>0.01</td><td>0.01</td><td>0.01</td><td>0.02</td><td>0.02</td><td>0.02</td><td>0.03</td><td>0.03</td><td>0.04</td><td>0.04</td><td>0.05</td><td>0.05</td></tr>
<tr><td>1.05 ~ 1.08</td><td>0.01</td><td>0.02</td><td>0.02</td><td>0.03</td><td>0.03</td><td>0.04</td><td>0.04</td><td>0.06</td><td>0.07</td><td>0.08</td><td>0.09</td><td>0.10</td><td>0.11</td></tr>
<tr><td>1.09 ~ 1.12</td><td>0.02</td><td>0.03</td><td>0.03</td><td>0.04</td><td>0.05</td><td>0.06</td><td>0.06</td><td>0.08</td><td>0.10</td><td>0.11</td><td>0.13</td><td>0.15</td><td>0.16</td></tr>
<tr><td>1.13 ~ 1.18</td><td>0.02</td><td>0.04</td><td>0.04</td><td>0.05</td><td>0.07</td><td>0.08</td><td>0.09</td><td>0.11</td><td>0.13</td><td>0.15</td><td>0.17</td><td>0.19</td><td>0.22</td></tr>
</table>

续表

型号	传动比 i	小带轮转速 n_1 / (r / min)												
		400	700	800	950	1 200	1 450	1 600	2 000	2 400	2 800	3 200	3 600	4 000
A	1.19～1.24	0.03	0.05	0.05	0.06	0.08	0.09	0.11	0.13	0.16	0.19	0.22	0.24	0.27
	1.25～1.34	0.03	0.06	0.06	0.07	0.10	0.11	0.13	0.16	0.19	0.23	0.26	0.29	0.32
	1.35～1.50	0.04	0.07	0.08	0.08	0.11	0.13	0.15	0.19	0.23	0.26	0.30	0.34	0.38
	1.51～1.99	0.04	0.08	0.09	0.10	0.13	0.15	0.17	0.22	0.26	0.30	0.34	0.39	0.43
	≥2	0.05	0.09	0.10	0.11	0.15	0.17	0.19	0.24	0.29	0.34	0.39	0.44	0.48
B	1.02～1.04	0.01	0.02	0.03	0.03	0.04	0.05	0.06	0.07	0.08	0.10	0.11	0.13	0.14
	1.05～1.08	0.03	0.05	0.06	0.07	0.08	0.10	0.11	0.14	0.17	0.20	0.23	0.25	0.28
	1.09～1.12	0.04	0.07	0.08	0.10	0.13	0.15	0.17	0.21	0.25	0.29	0.34	0.38	0.42
	1.13～1.18	0.06	0.100	0.11	0.13	0.17	0.20	0.23	0.28	0.34	0.39	0.45	0.51	0.56
	1.19～1.24	0.07	0.12	0.14	0.17	0.21	0.25	0.28	0.35	0.42	0.49	0.56	0.63	0.70
	1.25～1.34	0.08	0.15	0.17	0.20	0.25	0.31	0.34	0.42	0.51	0.59	0.68	0.76	0.84
	1.35～1.50	0.10	0.17	0.20	0.23	0.30	0.36	0.39	0.49	0.59	0.69	0.79	0.89	0.99
	1.51～1.99	0.11	0.20	0.23	0.26	0.34	0.40	0.45	0.56	0.68	0.79	0.90	1.01	1.13
	≥2	0.13	0.22	0.25	0.30	0.38	0.46	0.51	0.63	0.76	0.89	1.01	1.14	1.27
C	1.02～1.04	0.04	0.07	0.08	0.09	0.12	0.14	0.16	0.20	0.23	—	—	—	—
	1.05～1.08	0.08	0.14	0.16	0.19	0.24	0.28	0.31	0.39	0.47	—	—	—	—
	1.09～1.12	0.12	0.21	0.23	0.27	0.35	0.42	0.47	0.59	0.70	—	—	—	—
	1.13～1.18	0.16	0.27	0.31	0.37	0.47	0.58	0.63	0.78	0.94	—	—	—	—
	1.19～1.24	0.20	0.34	0.39	0.47	0.59	0.71	0.78	0.98	1.18	—	—	—	—
	1.25～1.34	0.23	0.41	0.47	0.56	0.70	0.85	0.94	1.17	1.41	—	—	—	—
	1.35～1.50	0.27	0.48	0.55	0.65	0.82	0.99	1.10	1.37	1.65	—	—	—	—
	1.51～1.99	0.31	0.55	0.63	0.74	0.94	1.14	1.25	1.57	1.88	—	—	—	—
	≥2	0.35	0.62	0.71	0.83	1.06	1.27	1.41	1.76	2.12	—	—	—	—
D	1.02～1.04	0.10	0.24	0.28	0.33	0.42	0.51	0.56	—	—	—	—	—	—
	1.05～1.08	0.21	0.49	0.56	0.66	0.84	1.01	1.11	—	—	—	—	—	—
	1.09～1.12	0.31	0.73	0.83	0.99	1.25	1.51	1.67	—	—	—	—	—	—
	1.13～1.18	0.42	0.97	1.11	1.32	1.67	2.02	2.23	—	—	—	—	—	—
	1.19～1.24	0.52	1.22	1.39	1.60	2.09	2.52	2.78	—	—	—	—	—	—
	1.25～1.34	0.62	1.46	1.67	1.92	2.50	3.02	3.33	—	—	—	—	—	—
	1.35～1.50	0.73	1.70	1.95	2.31	2.92	3.52	3.89	—	—	—	—	—	—
	1.51～1.99	0.83	1.95	2.22	2.64	3.34	4.03	4.45	—	—	—	—	—	—
	≥2	0.94	2.19	2.50	2.97	3.75	4.53	5.00	—	—	—	—	—	—

表 4.5　包角修正系数 K_α

小轮包角 α / (°)	180	175	170	165	160	155	150	145	140	135	130	125	120	110	100	90
K_α	1.00	0.99	0.98	0.96	0.95	0.93	0.92	0.91	0.89	0.88	0.86	0.84	0.82	0.78	0.74	0.69

4.4.2　带传动的设计计算及参数选择

设计 V 带传动的一般已知条件如下：传动用途、工作情况和原动机类型；传递功率 P，主、从动轮的转速 n_1，n_2；对传动尺寸的要求等。需通过设计计算确定：V 带的型号、基准长度和根数，中心距，带轮的直径及结构尺寸，初拉力和作用在轴上的压力等。

1. 选取 V 带型号

根据计算功率 P_{ca} 和小带轮的转速 n_1，通过图 4.14 选取 V 带的型号。计算功率 P_{ca} 由式（4.24）确定

$$P_{ca}=K_A P\ (\text{kW}) \tag{4.24}$$

式中　P——V 带需要传递的功率（kW）；

　　　K_A——工作情况系数，见表 4.6。

2. 确定带轮的基准直径和验算带速

带轮越小，传动尺寸紧凑，但带的弯曲应力越大，使带的疲劳强度降低；通常小带轮的基准直径应选取大于或等于表 4.7 列出的最小基准直径，并取标准值，若 d_{d1} 过大，传动的外廓尺寸也会增加。

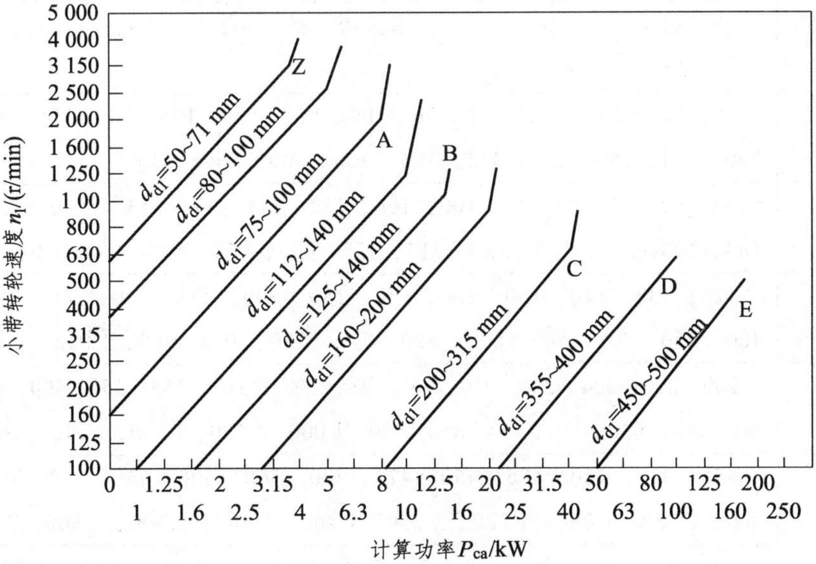

图 4.14　普通 V 带选型图

表 4.6　工作情况系数 K_A

载荷性质	工作机	原动机					
		空、轻载启动			重载启动		
		每天工作小时数/h					
		<10	10～16	>16	<10	10～16	>16
载荷变动微小	液体搅拌机、通风机和鼓风机（≤7.5 kW）、离心式水泵和压缩机、轻负荷输送机	1.0	1.1	1.2	1.1	1.2	1.3
载荷变动小	带式输送机（不均匀负荷）、通风机（>7.5 kW）、旋转式水泵和压缩机（非离心式）、发电机、金属切削机床、印刷机、旋转筛、锯木机和木工机械	1.1	1.2	1.3	1.2	1.3	1.4
载荷变动较大	制砖机、斗式提升机、往复式水泵和压缩机、起重机、磨粉机、冲剪机床、橡胶机械、振动筛、纺织机械、重载输送机	1.2	1.3	1.4	1.4	1.5	1.6
载荷变动很大	破碎机（旋转式、颚式等）、磨碎机（球磨、棒磨、管模）	1.3	1.4	1.5	1.5	1.6	1.8

表 4.7　V 带轮的最小基准直径 d_{dmin} 及基准直径系列　　单位：mm

V 带轮槽型	Y	Z	A	B	C	D	E
d_{dmin}	20	50	75	125	200	355	500
	基准直径 d_d						
Y	20、22.4、25、28、31.5、35.5、40、45、50、56、63、71、80、90、100、112、125						
Z	50，56、63、71、75、80、90、100、112、125、132、140、150、160、180、200、224、250，280，315、355、400、500、560、630						
A	75、80、85、90、95、100、106、112、118、125、132、140、150、160、180、200、224，250，280、315、355、400、450、500、560、630、710、800						
B	125、132、140、150、160、170、180、200、224、250、280、315、355、400、450、500，560、600、630、710、750、800、900、1 000、1 120						
C	200、212、224、236、250、265、280、300、315、335、355、400、450、500、560、600、630、710、750、800、900、1 000、1 120、1 250、1 400、1 600、2 000						
D	355、375、400、425、450、475、500、560、600、630、710、750、800、900、1 000、1 060，1 120、1 250、1 400、1 500、1 600、1 800、2 000						
E	500、530、560、600、630、670、710、800、900、1 000、1 120、1 250、1 400、1 500、1 600，1 800、2 000、2 240、2 500						

大带轮的基准直径 $d_{d2}=\frac{n_1}{n_2}d_{d1}(1-\varepsilon)$。当传动比没有精确要求时，$\varepsilon$ 可略去不计。大、小带轮基准直径应按表 4.7 所列直径系列圆整。

验算带速

$$\upsilon=\frac{\pi d_{d1}n_1}{60\times1\,000}\ (\mathrm{m/s})$$

一般应使 $\upsilon=5\sim25$ m/s，最高不超过 30 m/s。带速过高，带的离心力大，使带的传动能力降低；带速过低，传递相同功率时带所传递的圆周力增大，需要增加带的根数。

3. 确定中心距、带长和校核小带轮包角

带传动中心距大，可以增加带轮包角，减少单位时间内带的循环次数，有利于提高带的寿命。但中心距过大，则会加剧带的波动，降低带传动的平衡性，并增大带传动的整体尺寸。一般宜初选带传动的中心距 a_0 为

$$0.7(d_{d1}+d_{d2})\leqslant a_0\leqslant 2(d_{d1}+d_{d2}) \tag{4.25}$$

初选 a_0 后根据式（4.2）初算 V 带的基准长度 L_{d0}

$$L_{d0}\approx 2a_0+\frac{\pi}{2}(d_{d1}+d_{d2})+\frac{(d_{d2}-d_{d1})^2}{4a_0}$$

然后根据表 4.2 选取与 L_{d0} 相近的基准长度 L_d，再按下式近似计算传动中心距。

$$a\approx a_0+\frac{L_d-L_{d0}}{2} \tag{4.26}$$

考虑带传动的安装、调整和 V 带张紧的需要，给出中心距变动范围为

$$(a-0.15L_d)\sim(a+0.03L_d) \tag{4.27}$$

小带轮的包角由式（4.1）计算

$$\alpha_1=180^\circ-\frac{d_{d2}-d_{d1}}{a}\times\frac{180^\circ}{\pi}$$

为了提高带传动的工作能力，应使 $\alpha_1\geqslant120^\circ$（至少大于 90°），否则可增大中心距或增设张紧轮。

4. 确定带的根数 z

$$z\geqslant\frac{P_{ca}}{P_r}=\frac{K_A P}{(P_1+\Delta P_1)K_\alpha K_L} \tag{4.28}$$

为使各根带受力均匀，根数不宜过多，一般应少于 10 根。否则，应增大带轮直径

甚至改选带的型号，重新计算。

5. 确定带的初拉力 F_0

初拉力是保证带传动正常工作的重要条件，初拉力 F_0 小，极限摩擦力减小，传动能力下降。初拉力过大，带的寿命降低，轴和轴承的压力增大。单根普通 V 带的初拉力可由式（4.29）计算：

$$F_0=\frac{500P_{ca}}{z\upsilon}\left(\frac{2.5}{K_a}-1\right)+q\upsilon^2\ (\mathrm{N}) \tag{4.29}$$

6. 计算作用在轴上的压力 F_Q

为了设计安装带轮的轴和轴承，需要确定带传动作用在带轮轴上的压轴力 F_Q，F_Q 可近似地按带两边的初拉力 F_0 的合力来计算（图 4.15）。

$$F_Q\approx 2zF_0\sin\frac{\alpha_1}{2} \tag{4.30}$$

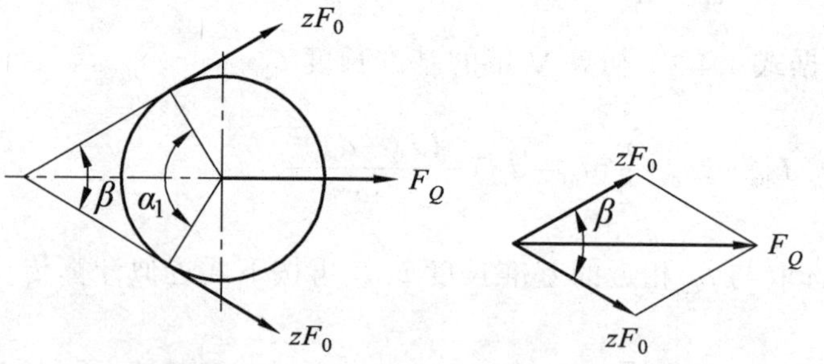

图 4.15　带传动作用在轴上的压力

4.5　带传动的张紧

带传动须保持在一定张紧力状态下工作。由于传动带不是完全的弹性体，运转一段时间以后，会因带的塑形变形和磨损而松弛。为了保证带传动的正常工作，应定期检查带的松弛程度并及时重新张紧。

常用的张紧方法是调整中心距。如定期调节螺钉使装有带轮的电动机沿导轨移动[图 4.16（a）]，或调整螺母使电动机绕销轴摆动[图 4.16（b）]，即可达到张紧的目的。也可以采用自动张紧，如重物通过钢丝绳拖动轴承座和带轮使带张紧[图 4.17（a）]，或者主动带轮 S（与齿轮 z_2 一体）轴线可自动摆动（绕图中电动机轴线 D 向左摆动），依靠齿轮啮合（z_1,z_2）产生的圆周力实现自动张紧[图 4.17（b）]。

若中心距不能调节时，可采用张紧轮将带张紧（图 4.18）。设置张紧轮须注意：一般张紧轮放在松边的内侧，使带只受单向弯曲；张紧轮应尽量靠近大带轮，以免减少带在小带轮上的包角；张紧轮的轮槽尺寸与带轮相同，且直径小于小带轮的直径。

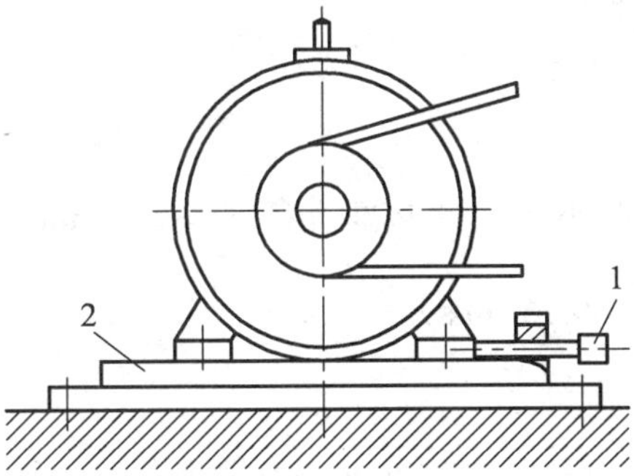

1—螺钉；2—导轨。

（a）

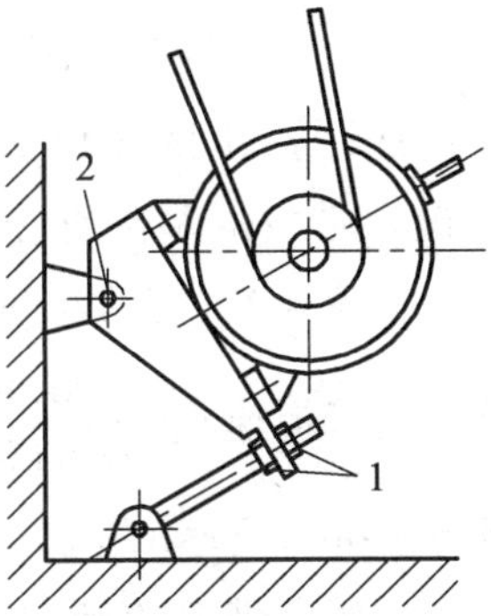

1—螺母；2—销轴。

（b）

图 4.16　带的定期张紧装置

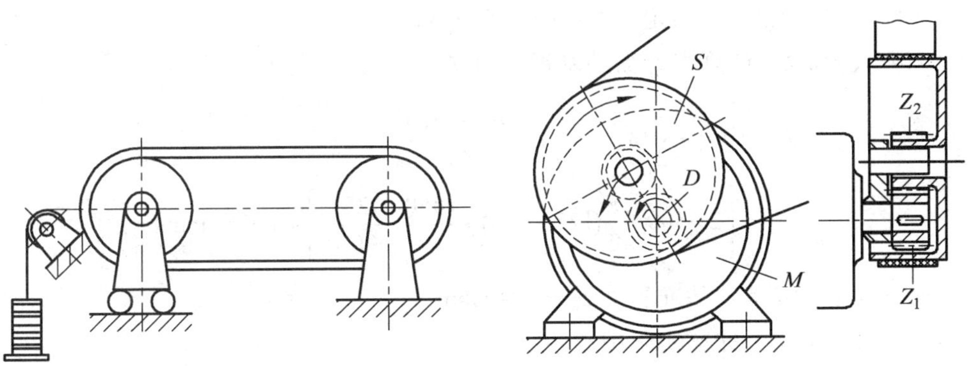

（a）　　（b）

图 4.17　带的自动张紧装置

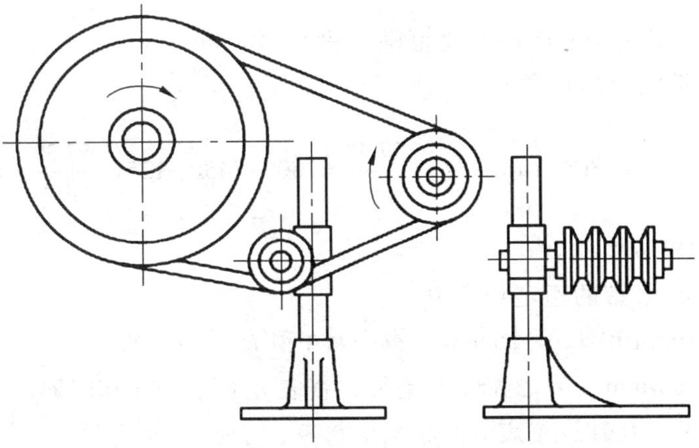

图 4.18　张紧轮装置

例题 4.1　设计某冲剪机床中的 V 带传动装置。已知电动机功率 $P = 7\ \text{kW}$，转速 $n_1 = 1\,460\ \text{r/min}$，传动比 $i = 3.5$，双班制工作，空载启动。

解： 1. 选取 V 带型号

确定计算功率 P_{ca}，由表 4.6 查得工作情况系数 $K_A = 1.3$，故

$$P_{ca}=K_A P=1.3\times 7=9.1\ (\text{kW})$$

根据 P_{ca}、n_1 由图 4.14 选择 A 型 V 带。

2. 确定带轮的基准直径 d_d 并验算带速 υ

（1）由表 4.7，初选小带轮的基准直径，取小带轮的基准直径 $d_{d1}=125\ \text{mm}$。

（2）验算带速 $\upsilon=\dfrac{\pi d_{d1}n_1}{60\times 1\,000}=\dfrac{\pi\times 125\times 1\,460}{60\times 1\,000}=9.56\ (\text{m/s})$

因为 5 m/s<υ<30 m/s，故带速合适。

（3）计算大带轮的基准直径 $d_{d2}=id_{d1}=3.5\times 125=437.5\ \text{mm}$，根据表 4.7，取大带轮基准直径 $d_{d2}=450\ \text{mm}$。

3. 确定中心距 a、带长 L_d 和校核小带轮包角

（1）根据式（4.25），初定中心距 $a_0=500\ \text{mm}$。

（2）由式（4.2）计算带所需的基准长度 L_{d0}。

$$L_{d0}\approx 2a_0+\frac{\pi}{2}(d_{d1}+d_{d2})+\frac{(d_{d2}-d_{d1})^2}{4a_0}$$

$$=\left[2\times 500+\frac{\pi}{2}(125+450)+\frac{(450-125)^2}{4\times 500}\right]\approx 1\,956\ (\text{mm})$$

根据表 4.2 确定带的基准长度 $L_d=1\,940\ \text{mm}$。

（3）按式（4.26）计算实际中心距。

$$a\approx a_0+\frac{L_d-L_{d0}}{2}=\left(500+\frac{1\,940-1\,956}{2}\right)\approx 492\ (\text{mm})$$

按式（4.27）给出中心距的变化范围：$463\sim 550\ \text{mm}$。

（4）验算小带轮上的包角 α_1。

$$\alpha_1\approx 180^\circ-(d_{d2}-d_{d1})\times\frac{57.3^\circ}{a}=180^\circ-(450-125)\times\frac{57.3^\circ}{492}\approx 142^\circ>90^\circ$$

4. 确定带的根数 z

（1）计算单根 V 带的额定功率 P_r。

由 $n_1=1\,460\ \text{r/min}$ 和 $d_{d1}=125\ \text{mm}$，查表 4.3 得 $P_1=1.92\ \text{kW}$。

根据 $n_1=1\,460\ \text{r/min}$，$i=3.5$ 和 A 型带，查表 4.4 得 $\Delta P_1=0.17\ \text{kW}$。

查表 4.5 得 $K_\alpha=0.91$，查表 4.2 得 $K_L=0.99$，于是

$$[P_1]=(P_1+\Delta P_1)\times K_\alpha\times K_L=(1.92+0.17)\times 0.91\times 0.99=1.88\ (\text{kW})$$

（2）计算 V 带的根数 z。

$$z=\frac{P_{ca}}{P_r}=\frac{9.1}{1.88}=4.84$$

取 5 根。

5. 确定带的初拉力 F_0

由表 4.1 得 A 型带的单位长度质量 $q = 0.105\ \text{kg/m}$，所以

$$F_0 = 500 \times \frac{(2.5 - K_\alpha)P_{\text{ca}}}{K_\alpha z v} + q\upsilon^2 = \left[500 \times \frac{(2.5 - 0.91) \times 9.1}{0.91 \times 5 \times 9.56} + 0.105 \times 9.56^2\right] = 176\text{（N）}$$

6. 计算压轴力 F_Q

$$F_\text{Q} = 2zF_0 \sin\frac{\alpha_1}{2} = 2 \times 5 \times 176 \times \sin\frac{142°}{2} = 1\,664\text{（N）}$$

7. 带轮结构设计（略）

8. 主要设计结论

选用 A 型普通 V 带 5 根，带基准长度 1 940 mm，带轮基准直径 $d_{\text{d1}} = 125\ \text{mm}$，$d_{\text{d2}} = 450\ \text{mm}$，中心距 $a = 463 \sim 550\ \text{mm}$，单根带初拉力 $F_0 = 176\ \text{N}$。

思考与习题

1. 带传动的类型主要有哪些？各有什么特点？

2. 影响摩擦型带传动工作能力的因素有哪些？

3. 带传动的打滑通常在什么情况下发生？打滑多发生在大带轮上还是小带轮上？刚开始打滑时，紧边拉力和松边拉力有什么关系？

4. 什么是弹性滑动？弹性滑动是什么原因引起的？能否避免？它对传动有何影响？

5. 带传动工作时，带中会产生哪些应力？如何分布？带中最大应力发生在何处？写出最大应力的数学表达式。

6. V 带传递的功率 $P = 7.5\ \text{kW}$，带速 $\upsilon = 10\ \text{m/s}$，紧边拉力是松边拉力的两倍，即 $F_1 = 2F_2$。试求紧边拉力 F_1、有效拉力 F_e 和初拉力 F_0。

7. 有一带式输送装置，其电动机与齿轮减速器之间用普通 V 带传动，电动机功率 $P = 7\ \text{kW}$，转速 $n_1 = 960\ \text{r/min}$，减速器输入轴的转速 $n_2 = 330\ \text{r/min}$，允许误差为±5%，运输装置工作时有轻度冲击，两班制工作，试设计此带传动。

第 5 章 链传动

本章主要介绍链传动的分类、特点和应用；套筒滚子链的结构和标准；链传动的运动和动力特点；链传动的失效形式；套筒滚子链传动的设计计算及主要参数的选择；链传动的张紧和润滑。

5.1 概 述

链传动由装在平行轴上的主、从动链轮和绕在链轮上的环形链条组成（图 5.1），通过链条与链轮轮齿的啮合传递运动和力，是一种具有中间挠性件的啮合传动。

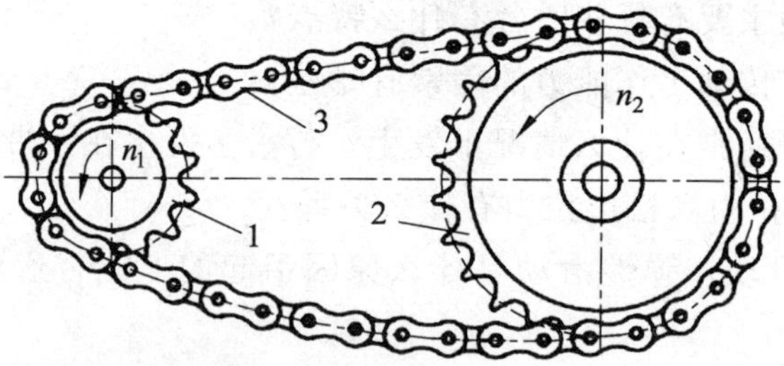

1—主动链轮；2—从动链轮；3—链条。

图 5.1 链传动的组成

与摩擦型的带传动相比，链传动没有弹性滑动和打滑，能保持准确的平均传动比，传动效率较高，需要的张紧力小，减小了作用在轴上的压力，传递同样功率时，结构尺寸更为紧凑，能在高温和潮湿的环境中工作。

与齿轮传动相比，链传动的制造与安装精度要求较低，远距离传动时，结构比齿轮传动轻便得多。

链传动的主要缺点是只能用于平行轴间的同向传动，瞬时传动比不恒定，工作时有噪声，不宜用在载荷变化大、高速和急速换向的传动中。

链传动主要用在要求工作可靠，两轴相距较远，中、低速，重载，工作环境恶劣（如高温、潮湿、多尘等），以及不宜采用齿轮传动的场合。

链条按用途不同可以分为传动链、输送链和起重链。

传动链按结构又可分为销轴链（图 5.2）、套筒链（图 5.3）、滚子链（图 5.4）等。销轴链通过链板直接在铆接或开口销固定的销轴上转动。套筒链则是内链板与套筒、外链板与销轴过盈连接，套筒可在销轴上转动。与销轴链相比，套筒链的套筒和销轴接触面的压强显著减小，与滚子链相比少了一个滚子，受滑动摩擦作用，故易磨损，

常用于 $\upsilon \leqslant 2$ m/s 的低速传动中。滚子链传动因受滚动摩擦作用，磨损小、噪声低、使用寿命长，目前应用最广，传递功率一般在 100 kW 以下，链速 $\upsilon \leqslant 15$ m/s，传动比 $i \leqslant 7$，中心距 $a \leqslant 8$ m。

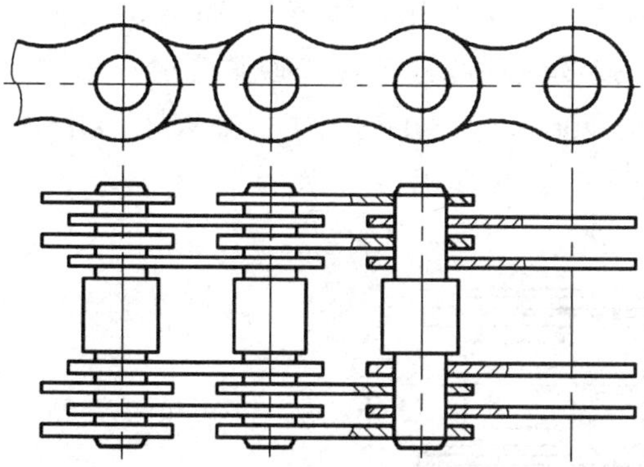

图 5.2　销轴链

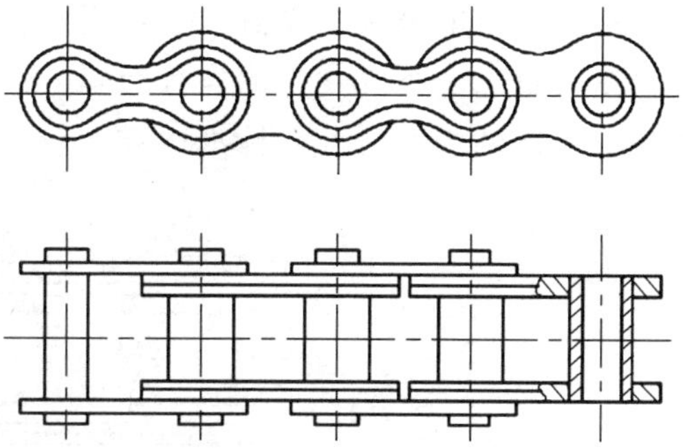

图 5.3　套筒链

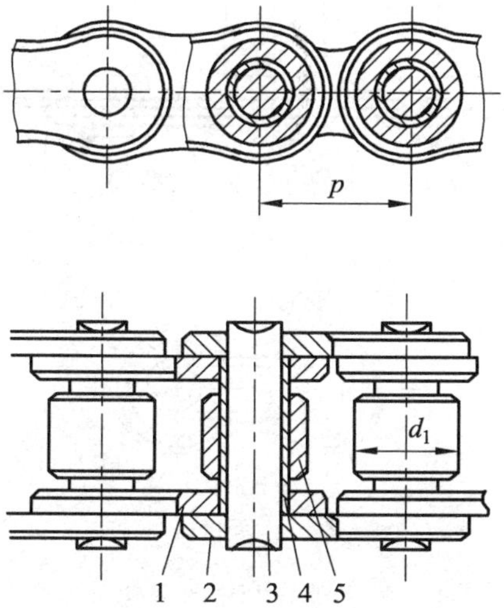

1—内链板；2—外链板；3—销轴；4—套筒；5—滚子。

图 5.4　滚子链

5.2　滚子链链条和链轮

5.2.1　滚子链链条

滚子链是由内链板、外链板、销轴、套筒和滚子组成，如图 5.4 所示。其中，内链板与套筒、外链板与销轴之间为过盈配合，销轴与套筒、套筒与滚子之间均为间隙配合。当链节曲伸时，套筒可绕销轴自由转动。

滚子链上相邻两滚子中心的距离称为链的节距，以 p 来表示（图 5.4），它是链条的基本参数。节距越大，链条各零件的尺寸越大，所传递的功率也越大。

滚子链可制成单排链、双排链（图 5.5，图中 p_t 为排距）和多排链。当传递大功率时，可采用双排链或多排链。链的排数越多，承载能力越高。但由于精度的影响，各排链承受的载荷不均匀，故排数不宜过多。

链条的长度以链节数 L_P 表示。链节数一般取偶数，接头处可用开口销[图 5.6（a）]或弹簧卡夹锁紧[图 5.6（b）]。若链节数为奇数时，需采用过渡链节[图 5.6（c）]，由于过渡链节的链板要受到附加弯矩的作用，强度较一般链节低，通常应避免采用。

滚子链已经标准化，标准号为 GB/T 1243—2006。表 5.1 列出了标准规定的几种规格的滚子链的主要参数。标准中有 A、B 两种系列，我国以 A 系列为主体。

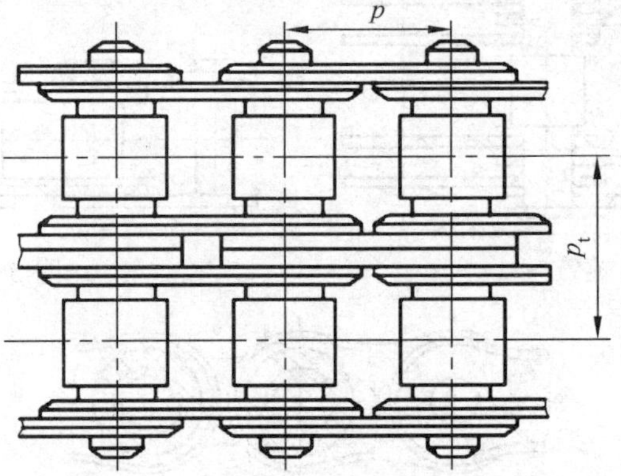

图 5.5 双排链

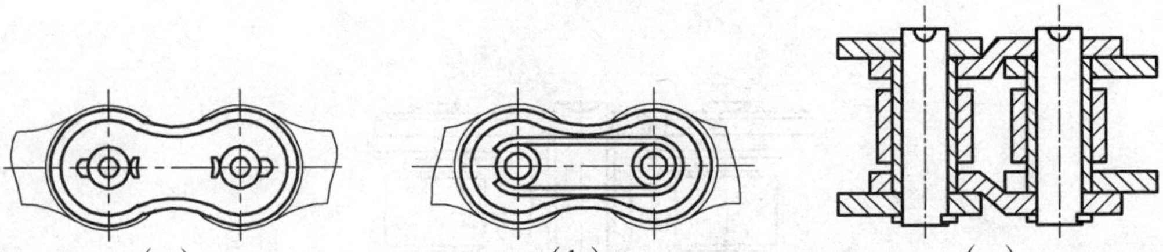

图 5.6 链条接头形式

表 5.1 A 系列滚子链规格和主要参数

链号	节距 p/mm	排距 p_t/mm	滚子外径 d_1/mm	内链节内宽 b_1/mm	销轴直径 d_2/mm	内链板高度 h_2/mm	极限拉伸载荷（单排）Q/N	每米链长质量（单排）q/（kg/m）
08A	12.70	14.38	7.92	7.85	3.96	12.07	13 800	0.60
10A	15.875	18.11	10.16	9.40	5.08	15.09	21 800	1.00
12A	19.05	22.78	11.91	12.57	5.94	18.08	31 100	1.50
16A	25.40	29.29	15.88	15.75	7.92	24.13	55 600	2.60
20A	31.75	35.76	19.05	18.90	9.53	30.18	86 700	3.80
24A	38.10	45.44	22.23	25.22	11.10	36.20	124 600	5.60
28A	44.45	48.87	25.40	25.22	12.70	42.24	169 000	7.50
32A	50.80	58.55	28.58	31.55	14.27	48.26	222 400	10.10
40A	63.50	71.55	39.68	37.85	19.84	60.33	347 000	16.10
48A	76.20	87.83	47.63	47.35	23.80	72.39	500 400	22.60

滚子链标记为，链号 - 排数 - 链节数标准编号。例如，12A－2－60 GB/T 1243—2006表示：A 系列、链节数为 60 节、节距为 19.05 mm（节距=$\frac{\text{链号}}{16}\times 25.4$ mm）的双排滚子链。

5.2.2 滚子链链轮

图 5.7 所示为滚子链链轮的端面齿形。滚子链与链轮的啮合属于非共轭啮合，链轮齿形的设计比较灵活。GB/T 1243—2006 仅规定了滚子链链轮齿槽的齿侧圆弧半径 r_e、齿沟圆弧半径 r_i 和齿沟角 α 的最大值和最小值。链轮的实际端面齿形取决于加工轮齿的刀具和加工方法，但应在最大和最小齿槽形状之间，保证链节能够平稳自如地进入和退出啮合，并便于加工。

链轮的材料应有足够的强度和耐磨性。由于小链轮的啮合次数比大链轮多，所受的冲击也大，故所选用的材料一般优于大链轮。常用的链轮材料有碳素钢（如 Q235、Q275、45、ZG310-570 等）、灰铸铁（如 HT200）等，重要的链轮可采用合金钢。

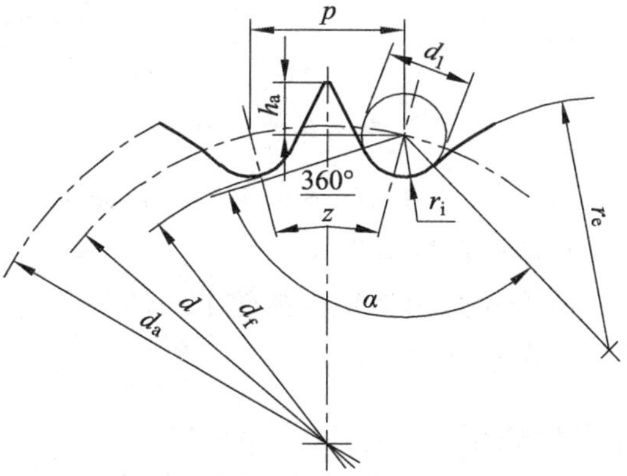

图 5.7 滚子链链轮齿槽形状

5.3 链传动的运动分析和受力分析

5.3.1 链传动的运动分析

链条绕上链轮，链节与相应的链轮轮齿啮合后，这一段链条将曲折成正多边形的一部分（图 5.8）。设两链轮的齿数为 z_1、z_2，两链轮的转速为 n_1、n_2。链轮每转过一周，链条移动一正多边形周长的距离 zp，则链的平均速度 υ 为

$$\upsilon=\frac{z_1pn_1}{60\times 1000}=\frac{z_2pn_2}{60\times 1000}\ (\text{m/s}) \tag{5.1}$$

链传动的平均传动比为

$$i=\frac{n_1}{n_2}=\frac{z_2}{z_1} \tag{5.2}$$

由以上两式可知，平均链速和平均传动比都是定值，但链传动瞬时链速和瞬时传动比并非定值。主动链轮的角速度 ω_1 是定值，从动链轮的角速度 ω_2 和链传动的瞬时传动比 i' 却随着相位角 β 和 γ 的变化而变化。

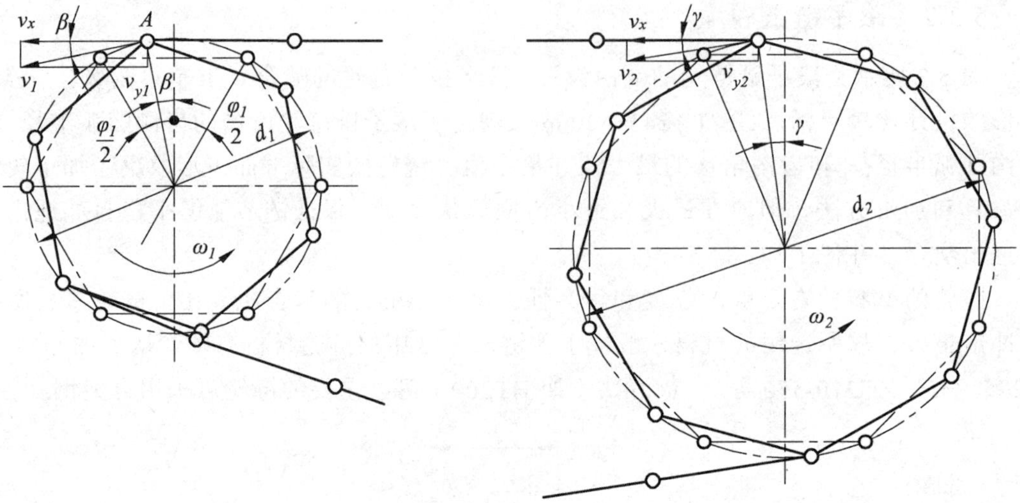

图 5.8　链传动的运动分析

链传动不可避免地要产生振动和动载荷，链轮的转速越高，链的节距越大，小链轮齿数越少，引起的振动和动载荷也就越大。

链传动的瞬时传动比的变化是由围绕在链轮上的链条形成了正多边形这一特点而造成的，因而称为链传动的多边形效应。

5.3.2　链传动的受力分析

链传动在安装时应使链条受到一定的张紧力，但链传动的张紧力比带传动要小得多。链传动张紧的目的是使链的松边的垂度不致过大，以免出现链条的不正常的啮合、跳齿或脱链。

若不考虑传动中的动载荷，则链的紧边和松边受到的拉力为

紧边拉力

$$F_1 = F_e + F_c + F_f \tag{5.3}$$

松边拉力

$$F_2 = F_e + F_f \tag{5.4}$$

式中　F_e——有效圆周力，与所传递的功率 P（kW）和链速 υ（m/s）有关，$F_e = \dfrac{1000P}{\upsilon}$（N）；

F_c——离心拉力，设每米链长的质量为 q（kg/m），链速为 υ（m/s）

$$F_c = q\upsilon^2 \text{（N）；}$$

F_f——悬垂拉力，可按照求悬索拉力的方法求得

$F_f = K_f qga$（N）;

a——中心距（m）;

g——重力加速度（m/s^2）;

K_f——垂度系数，其值与中心线和水平线的夹角 β（图 5.9）有关。当下垂度 $y = 0.02a$ ：垂直布置时，K_f=1；水平布置时 K_f=7；倾斜布置时，$K_f=6(\beta \leqslant 30°)$，$K_f=4(\beta \leqslant 60°)$，$K_f=2.5(\beta \leqslant 75°)$。

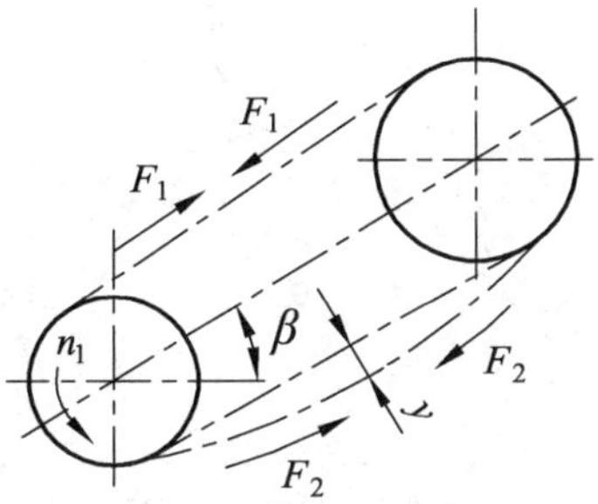

图 5.9 作用在链上的力

链作用在链轮轴上的压轴力 F_Q 可近似取为 $F_Q = (1.2 \sim 1.3)F_e$，有冲击和振动时取大值。

5.4 滚子链传动的设计计算

滚子链是标准件，设计计算包括：合理选择有关参数，确定链的型号、链轮齿数、链节数和排数、设计链轮结构并确定润滑方式等。

5.4.1 链传动的失效形式

1. 链的疲劳破坏

链条工作时处在交变应力作用下，经过一定应力循环次数后，链板将疲劳断裂，套筒、滚子表面将出现疲劳点蚀。正常润滑条件下，疲劳强度是限定链传动承载能力的主要因素。

2. 链条的磨损

链条工作中，链节进入或退出啮合时，销轴和套筒间有相对滑动，使接触面发生磨损，链条的节距增长，容易造成跳齿和脱链。

3. 销轴与套筒的胶合

润滑不当或链速过高时，销轴和套筒的摩擦表面由于瞬时高温而发生胶合。胶合在一定程度上限制了链传动的极限转速。

4. 链条的静强度破坏

在低速传动或过载传动时，或有突然冲击作用时，链的受力超过链的静强度，发生过载拉断。

5.4.2 功率曲线

1. 极限功率曲线

链传动的承载能力受到多种失效形式的限制。在一定的使用寿命和良好润滑的条件下，链条因各种失效形式而限定链传动所传递的极限功率曲线如图 5.10 所示。由图可知，在润滑良好、中等速度下，链传动的承载能力取决于链板的疲劳强度（曲线 1）；曲线 1、2、3 和横坐标所构成的区域是可选择的功率区域。

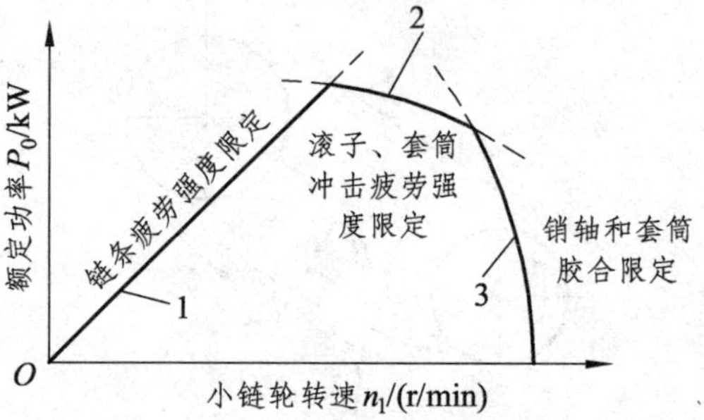

图 5.10　极限功率曲线

2. 额定功率曲线

为保证链传动工作的可靠性，避免出现失效，通常根据额定功率 P_c 来限制链传动的实际工作能力，典型的额定功率曲线如图 5.11 所示。实际功率还要按表 5.2 中的工况系数来 K_A 修正。

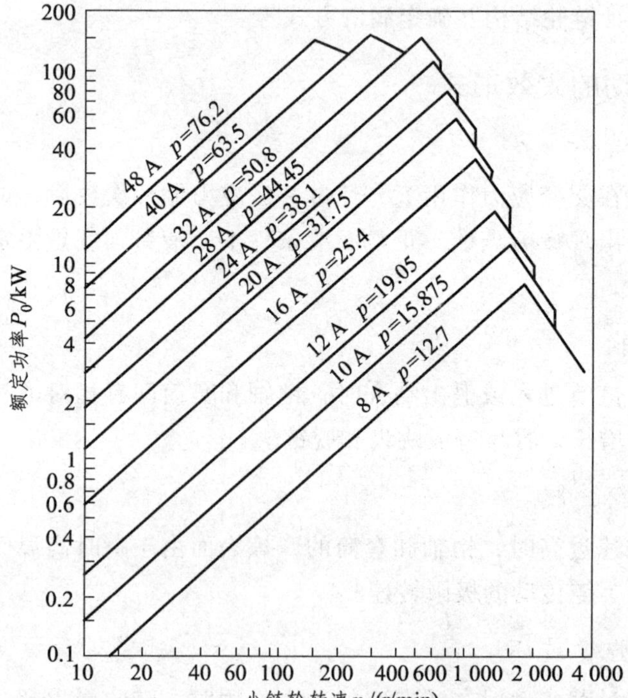

图 5.11　A 系列滚子链额定功率曲线

表 5.2　工况系数 K_A

从动机械特性		主动机械特性		
		平稳运转	轻微振动	中等振动
		电动机、汽轮机和燃气轮机、带液力变矩器的内燃机	带机械联轴器的六轮或六缸以上内燃机、频繁启动的电动机（每天多于两次）	带机械联轴器的六缸以下内燃机
平稳运转	离心式的泵和压缩机、印刷机、平稳运动的带式输送机、纸张压光机、自动扶梯、液体搅拌机和混料机、旋转干燥机、风机	1.0	1.1	1.3
中等振动	三缸或三缸以上往复式泵和压缩机、混凝土搅拌机、载荷不均匀输送机、固体搅拌机和混合机	1.4	1.5	1.7
严重振动	电铲、轧机和球磨机、橡胶加工机械、刨床、压床和剪床、单缸或双缸泵和压缩机、石油钻采设备	1.8	1.9	2.1

5.4.3　链传动的设计计算和参数选择

设计链传动时的已知条件包括：传动的用途、工作情况和原动机类型，传递的功率 P，主、从动链轮的转速 n_1、n_2，以及对传动尺寸的要求等。

设计内容包括：确定链条型号、链轮齿数、链节数、排数、中心距、链轮结构尺寸以及链轮作用在轴上的压轴力，润滑方式和张紧装置等。

1. 传动比

传动比过大将使传动外廓尺寸增大，并降低链条在小链轮上的包角，使同时啮合的齿数减少，每个轮齿承受的载荷增大，加速链条和轮齿的磨损。一般链传动的传动比 $i \leqslant 7$，通常取 $i = 2 \sim 3.5$，在低速和外廓尺寸不受限制时 $i_{max} = 10$。

2. 确定链轮的齿数 z_1、z_2

链轮的齿数不宜过多或过少。当小链轮齿数过少，将导致① 传动的不均匀性和动载荷增大；② 链节间的相对转角增大，加速磨损；③ 链轮直径小，链的工作拉力增大，加速链和链轮的损坏。在动力传动中，滚子链的小链轮齿数 z_1 通常按表 5.3 由链速选取，此时 $z_{1\min} = 17$；当链速极低时，为了减小传动尺寸，允许选择较少的小链轮齿数，此时 $z_{1\min} = 9$。

表 5.3　滚子链小链轮齿数 z_1

链速 v/（m/s）	0.6～3	3～8	>8
z_1	≥17	≥21	≥25

但当小链轮齿数过多，则在传动比一定时大链轮齿数将增多，将导致① 传动的结构尺寸增大；② 链的磨损引起的链的节距增长，滚子与链轮齿的接触点向链轮齿顶移动（图 5.12），容易发生跳齿和脱链，缩短链的使用寿命。通常限定大链轮的最大齿数 $z_{2max} \leqslant 120$。

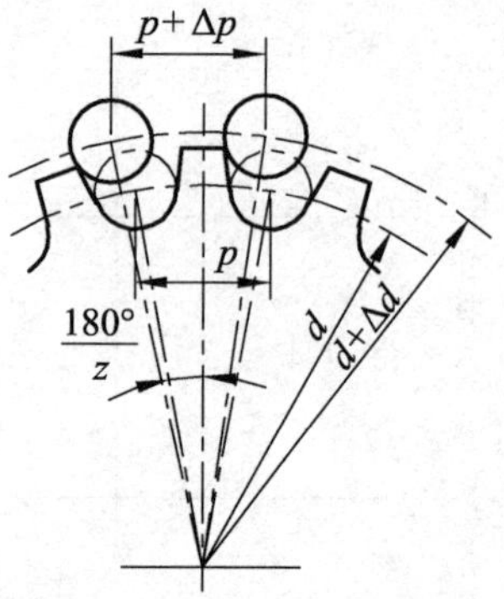

图 5.12　链节距增长量和啮合圆外移量的关系

由于链节数为偶数，为使磨损均匀，两链轮的齿数最好是与链节数互为质数的奇数齿。链轮优先选用的齿数为 17、19、21、23、25、38、76、95 和 114。

3. 选定链的型号，确定链节距和排数

链节距 p 越大，传动的尺寸增大，承载能力越强，但运动不均匀性、动载荷、噪声也越严重。因此，在满足承载能力的条件下，设计时应尽量选用小节距的单排链；高速重载，可采用小节距的多排链；当速度不太高，中心距大，传动比小时选用大节距的单排链较为经济。

根据已知的 n_1 和 P_0，由图 5.11 选取链的型号，然后查表 5.1 确定链的节距 p。

4. 中心距 a 和链节数 L_p

中心距过小，链在小链轮上的包角减小，小链轮上参与啮合的齿数少，同时单位时间内链条的应力变化次数增多，使链的寿命降低。中心距过大，结构不紧凑，松边垂度过大，传动时造成松边颤动。因此在设计时若中心距不受其他条件限制，一般可取 $a_0 = (30 \sim 50)p$，最大中心距可取 $a_{max} = 80p$，当有张紧装置或托板时，a_0 可大于 $80p$。

链的长度常用链节数 L_p 表示，它的计算公式为

$$L_p = \frac{2a_0}{p} + \frac{z_1 + z_2}{2} + \frac{p}{a_0}\left(\frac{z_2 - z_1}{2\pi}\right)^2 \tag{5.5}$$

为避免使用过渡链节，应将计算出的链节数 L_p 圆整为偶数。链节数圆整后的理论中心距为

$$a=\frac{p}{4}\left[\left(L_p-\frac{z_1+z_2}{2}\right)+\sqrt{\left(L_p-\frac{z_1+z_2}{2}\right)^2-8\left(\frac{z_2-z_1}{2\pi}\right)^2}\right] \tag{5.6}$$

为保证链条松边有一个合适的安装垂度 $f=(0.01\sim0.02)a$，实际中心距 a' 应较理论中心距 a 小一些，即

$$a'=a-\Delta a \tag{5.7}$$

式中 $\Delta a=(0.002\sim0.004)a$。对于中心距可调的链传动，$\Delta a$ 可取大值，对于中心距不可调和没有张紧装置的链传动，则 Δa 应取较小值。

5.5 链传动的布置、张紧和润滑

5.5.1 链传动的布置

链传动的布置一般应遵守下列原则：两链轮轴线需平行，两链轮应位于同一平面内，尽量采用水平或接近水平的布置，原则上应使紧边在上，具体情况参看表 5.4。

表 5.4 链传动的布置

传动参数	正确布置	不正确布置	说明
$i=2\sim3$ $a=(30\sim50)$	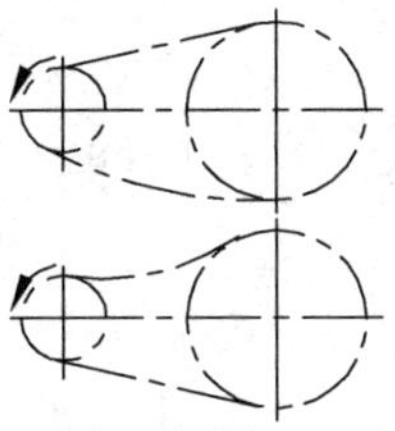		传动比和中心距中等大小。 两轮轴线在同一水平面，紧边在上或在下，最好在上
$i>2$ $a<30p$	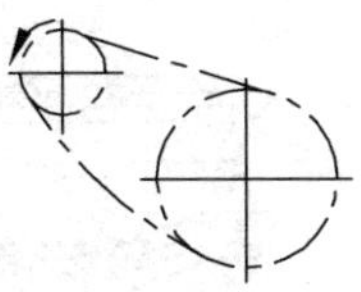	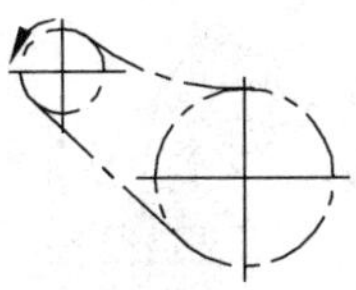	中心距较小。 两轮轴线不在同一水平面，松边应在下面，否则松边下垂量增大，链条易与链轮卡死
$i<1.5$ $a>60p$		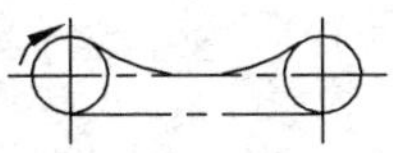	传动比小，中心距大。 两轮轴线在同一水平面，松边应在下面，否则经长时间使用，下垂量增大后，松边与紧边相碰，需经常调整中心距

续表

传动参数	正确布置	不正确布置	说明
i，a 为任意值	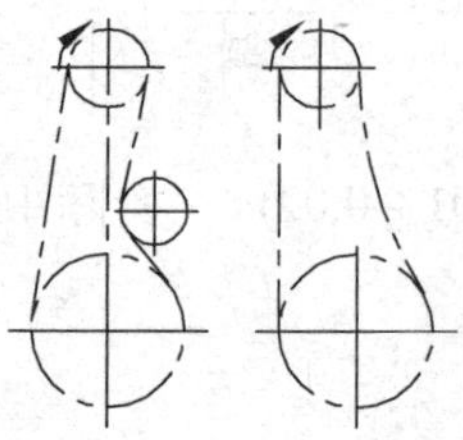	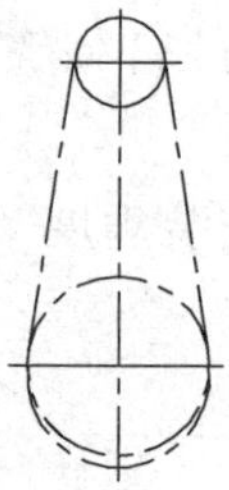	两轮轴线在同一铅垂面内，下垂量增大，会减少下链轮有效啮合齿数，降低传动能力。可为此采用： （1）中心距可调； （2）设张紧装置； （3）上下两轮偏置，使两轮的轴线不在同一铅垂面内

5.5.2　链传动的张紧

链传动张紧的目的是避免松边垂度过大时产生啮合不良和链条振动，同时也为了增加链条和链轮的啮合包角。

当中心距可调时，可通过调整中心距来控制张紧程度；当中心距不可调时，可采用张紧装置或去掉一两个链节以恢复原来的张紧程度。张紧装置可采用带齿链轮、不带齿的滚轮、压板或托板等，实现自动张紧[图 5.13（a）]或定期张紧[图 5.13（b）]。自动张紧多采用弹簧、重锤等张紧装置，定期张紧多采用螺纹、压板、托板张紧等。在中心距大的地方，用托板控制垂度更合理[图 5.13（c）]。

5.5.3　链传动的润滑

链传动的润滑对链条的寿命和工作性能影响很大。良好的润滑可缓和冲击，减小磨损，又能防止铰链内部工作温度过高。

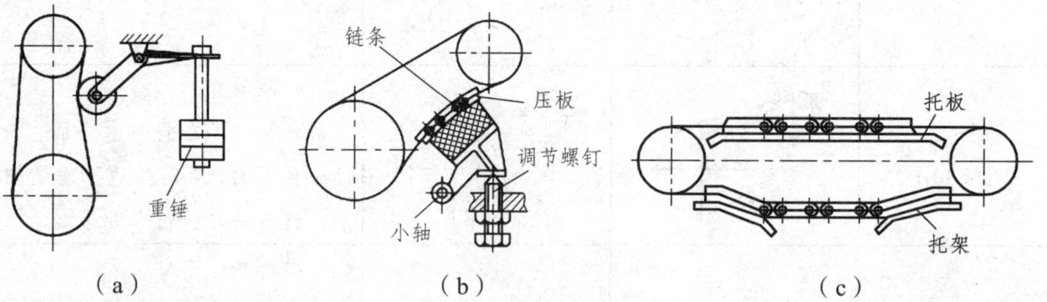

图 5.13　链传动的张紧装置

润滑油推荐采用黏度等级为 32、46、68 的全损耗系统用油。对于开式及重载低速传动，可在润滑油中加入 MoS_2、WS_2 等添加剂。不便使用润滑油的场合，可使用润滑脂，但应定期清洗和更换润滑脂。

思考与习题

1. 滚子链传动为什么会产生运动不均匀性？如何减轻运动的不均匀性？

2. 滚子链传动有哪些失效形式？在小链轮和大链轮齿数选取时应考虑哪些问题？

3. 已知主动链轮转速 $n_1 = 850$ r/min，齿数 $z_1 = 21$，从动链轮齿数 $z_2 = 99$，中心距 $a = 900$ mm，滚子链极限拉伸载荷为 55.6 kN，工作情况系数 K_A=1，试求链条所能传递的功率。

第 6 章 齿轮传动

本章介绍齿轮传动的基本种类、使用特点和使用场合。讨论圆柱齿轮和圆锥齿轮主要参数的设计计算和结构设计问题。本章的重点是掌握齿轮的主要失效形式及不同的工作条件（开/半开/闭式）、不同的齿面（软/硬）对失效的影响，齿轮的受力分析，齿轮主要参数、材料和热处理方式的合理选择。

6.1 概 述

齿轮传动是最重要的机械传动之一，形式很多，应用广泛，传递的功率可达数十万瓦特，圆周速度可达 200 m/s。本章主要介绍最常用的渐开线齿轮传动。

齿轮传动的主要特点如下：

（1）效率高。在常用的机械传动中，以齿轮传动的效率为最高，如一级圆柱齿轮传动的效率可达 99%。这对大功率传动十分重要，因为即使效率只提高 1%，也有很大的经济意义。

（2）结构紧凑。在同样的使用条件下，齿轮传动所需的空间尺寸一般较小。

（3）工作靠可靠、寿命长。设计制造正确合理、使用维护良好的齿轮传动，工作十分可靠，寿命可长达十多年，这也是其他机械传动所不能比拟的。这对车辆及在矿井内工作的机器尤为重要。

（4）传动比稳定。传动比稳定往往是对传动性能的基本要求。齿轮传动获得广泛应用，也就是由于具有这一特点。

但是齿轮传动的制造及安装精度要求高，价格较贵，且不宜用于传动距离过大的场合。

齿轮传动可做成开式、半开式及闭式。如在农业机械、建筑机械以及简易的机械设备中，有一些齿轮传动没有防尘罩或机壳，齿轮完全暴露在外面，称为开式齿轮传动。这种传动不仅外界杂物极易侵入，而且润滑不良，因此工作条件不好，轮齿也容易磨损，故只宜用于低速传动。当齿轮传动装有简单的防护罩，有时还把大齿轮部分地浸入油池中，称为半开式齿轮传动。它的工作条件虽有所改善，但仍不能做到严密防止外界杂物侵入，润滑条件也不算最好。而汽车、机床、航空发动机等所用的齿轮传动，都是装在经过精确加工而且封闭严密的箱体（机匣）内，称为闭式齿轮传动（齿轮箱）。它与开式或半开式相比，润滑及防护等条件最好，多用于重要的场合。

6.2 齿轮传动的失效形式

齿轮传动的失效主要发生在轮齿部分，其常见形式有轮齿折断、齿面点蚀、齿面磨损、齿面胶合和塑性变形。

6.2.1 轮齿折断

轮齿折断的形式主要有两种：疲劳折断和过载折断。

正常情况下，主要是齿根弯曲疲劳折断，因为在轮齿受载时，齿根处产生弯曲应力最大，再加上齿根过渡部分的截面突变及加工刀痕引起的应力集中，当齿轮重复受载后，齿根处就会产生疲劳裂纹，并逐步扩展，致使轮齿疲劳折断（图 6.1）。此外，在轮齿受到突然过载时，也可能出现过载折断；在轮齿经过严重磨损后齿厚过分减薄时，也会在正常载荷作用下发生折断。根据断口外观，可判断轮齿折断的原因（过载断裂或疲劳断裂）。

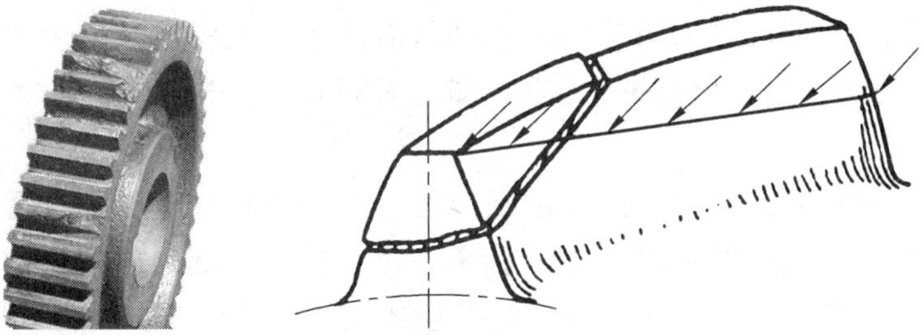

图 6.1 轮齿疲劳折断

提高轮齿的抗折断能力的措施：① 增大齿根过渡曲线的半径；② 降低表面粗糙度；③ 齿面强化处理；④ 采用合适的热处理方式；⑤ 提高制造和安装精度；⑥ 增大轴及支撑的刚度。

6.2.2 齿面点蚀

齿面在接触变应力作用下，由于疲劳而产生的点状剥蚀现象称为点蚀（图 6.2）。齿面点蚀是一种齿面疲劳损伤，是润滑良好的齿轮传动中常见的失效形式。

图 6.2 齿面点蚀

当轮齿在靠近节点处接触时，由于滑动速度较低，啮合齿对数少（对直齿齿轮通常为一对齿接触），轮齿受力最大，所以发生点蚀的可能性也越大。实践表明，轮齿的点蚀通常首先发生在靠近节线的齿根面上，然后向其他部位扩展。

增强轮齿抗点蚀能力的措施：① 提高齿面硬度和降低表面粗糙度；② 在许可范围内采用大的变位系数和增大综合曲率半径；③ 采用黏度较高的润滑油；④ 减小动载荷。

齿面点蚀通常发生在润滑良好的闭式齿轮传动中，在开式传动中，由于齿面磨损较快，点蚀还来不及出现或扩展即被磨掉，所以一般看不到点蚀。

6.2.3 齿面磨损

齿面磨损是开式和半开式齿轮的一种常见失效形式。当啮合齿面间存在磨粒性物质（如砂粒、铁屑等）时，齿面将被逐渐磨损。对于传动精度要求不高的齿轮，磨损是否导致失效取决于磨损后齿根强度变弱引发的断裂失效；而对于传动精度要求较高的齿轮，是否失效则取决于因磨损后表面质量下降所引起的振动和传动精度下降。对于闭式齿轮，如润滑油的过滤装置不能达到所需要求，也将出现过度磨损的问题。齿面磨损虽不属于疲劳失效，但失效的发生却与时间有关，只有当磨损到达一定程度时失效才发生。

齿面磨损通常有磨粒磨损和跑合磨损两种。由于砂粒、金属屑等磨料进入齿面间而引起的磨损称为磨粒磨损（图 6.3）。齿面过度磨损会引起齿廓变形和齿厚减薄，产生振动和噪声，最终使传动失效。齿面磨损是开式齿轮传动的主要失效形式。

图 6.3　齿面磨粒磨损

新的齿轮副，由于加工后表面具有一定的粗糙度，受载时实际上只有部分峰顶接触。接触处压强很大，因而在开始运转期间，磨损速度和磨损量都较大，磨损到一定程度后，摩擦面逐渐光洁，压强减小，磨损速度缓慢，这种磨合称为跑合。人们有意地使齿轮副在轻载下进行跑合，为随后的正常磨损创造有利条件。

减轻与防止磨粒磨损的主要措施：① 提高齿面硬度；② 降低表面粗糙度值；③ 降低滑动系数；④ 注意润滑油的清洁和定期更换；⑤ 将开式传动改为闭式传动。

6.2.4 齿面胶合

高速重载齿轮传动，因齿面间压力大，相对滑动速度大，在啮合处摩擦生热多，产生瞬时高温，使油膜破裂，造成齿面金属直接接触并相互黏着，而后随齿面相对运动，又将黏接金属撕落形成条状沟痕，产生齿面热胶合（图 6.4）。热胶合是高速齿轮传动的主要失效形式。

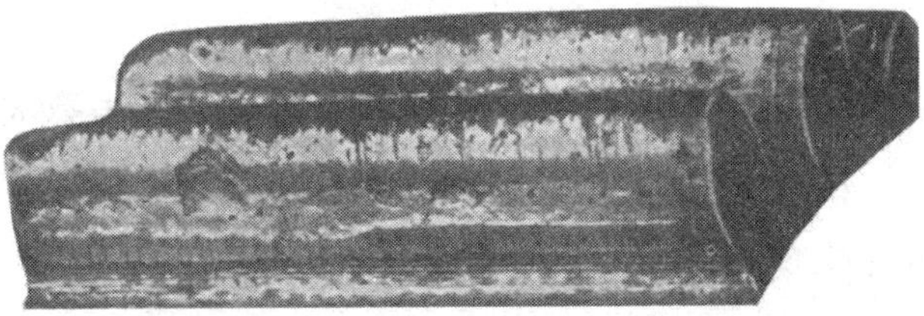

图 6.4　齿面胶合

有些低速重载的齿轮传动（$v \leqslant 2\,\mathrm{m/s}$），由于啮合处局部压力很高，齿面间的油膜破裂而黏着，产生齿面冷胶合。特别是对于高速运转的传动，胶合会导致温度、轮齿受力和噪声升高，最后因为齿廓严重损坏而导致轮齿断裂。

提高齿面抗胶合能力主要措施：① 减小模数，降低齿高，以降低滑动系数；② 提高齿面硬度，降低齿面粗糙度；③ 采用抗胶合能力强的润滑油，在润滑油中加入极压添加剂。

6.2.5　塑性变形

塑性变形（图 6.5）是由于过大的应力作用，轮齿的材料处于屈服状态而产生的齿面或齿体塑性流动所形成的。塑性变形一般发生在硬度低的齿轮上。

齿轮的塑性变形可分为滚压塑变和锤击塑变。滚压塑变因轮齿的相互滚压产生，由于材料的流动方向和摩擦力的方向相同，而在齿轮传动过程中主动轮和从动轮分别存在以节圆为界的远离节圆和指向节圆的相对滑动，如材料较软将会出现如图 6.5 所示的脊棱和沟槽。锤击塑变是在伴有较大冲击的情况下发生的，其特征是在齿面上出现了浅的沟槽，且沟槽的取向与轮齿的接触线相一致。

提高抗塑性变形能力的措施：① 提高齿面硬度；② 降低表面粗糙度；③ 低速传动采用黏度较大的润滑油，高速传动采用抗胶合能力强或加有极压添加剂的润滑油。

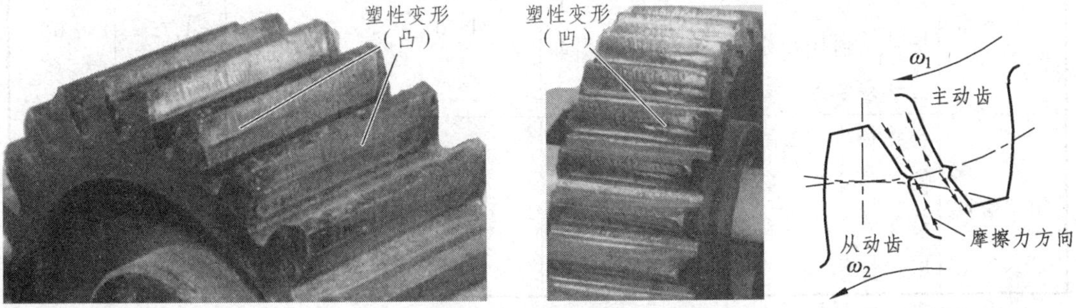

图 6.5　齿面塑性变形

6.3 载荷影响系数

实际传动中由于原动机、工作机性能以及制造误差的影响，载荷会有所增大。为了能尽可能真实地计算啮合所产生的力，应考虑载荷影响系数，它根据研究结果和经验确定。

计算齿轮强度用的载荷系数 K，包括使用系数 K_A、动载系数 K_V、齿间载荷分配系数 K_α 及齿向载荷分布系数 K_β，即

$$K = K_A K_V K_\alpha K_\beta \tag{6.1}$$

6.3.1 使用系数

使用系数是考虑齿轮啮合时外部因素所引起的附加动载荷的影响系数。这种附加载荷取决于原动机和从动机械的特性、质量比、联轴器类型以及运行状态等。表 6.1 所列的值可供参考选取。

表 6.1 使用系数 K_A

载荷状态	工作机器	原动机			
		电动机、均匀运转的蒸汽机、燃气轮机	蒸汽机、燃气轮机液压装置	多缸内燃机	单缸内燃机
均匀平稳	发电机、均匀传送的带式输送机或板式输送机、螺旋输送机、轻微升降机、包装机、机床进给机构、通风机、均匀密度材料搅拌机等	1.00	1.10	1.25	1.50
轻微冲击	不均匀传送的带式输送机或板式输送机、机床的主传动机构、重型升降机、工业与矿用风机、重型离心机、变密度材料搅拌机等	1.25	1.35	1.50	1.75
中等冲击	橡胶挤压机、橡胶和塑料做间断工作的搅拌机、轻型球磨机、木工机械、钢坯初轧机、提升装置、单缸活塞泵等	1.50	1.60	1.75	2.00
严重冲击	挖掘机、重型球磨机、橡胶揉合机、破碎机、重型给水泵、旋转式钻探装置、压砖机、带材冷轧机、压坯机等	1.75	1.85	2.00	≥2.25

注：表中所列 K_A 值仅适用于减速传动；若为增速传动，K_A 值约为表值的 1.1 倍。当外部机械与齿轮装置间有挠性连接时，通常 K_A 值可适当减少。

6.3.2 动载系数

动载系数是考虑齿轮副自身啮合误差引起的内部附加动载荷的影响系数。产生附加动载荷的主要因素有① 齿轮制造产生的基节误差和齿形误差；② 在啮合传动中，同时参加啮合轮齿的对数及位置；③ 轮齿受载变形；④ 齿轮支撑件的弹性变形等。上述因素导致啮合节点位置变化，故从动轮转速变化，产生附加动载荷。

适当提高制造精度，降低齿轮圆周速度，增加轮齿及支撑件的刚度，对齿轮进行修形等，均能减小内部附加动载荷。

对于一般的齿轮传动的动载系数 K_V，可参考图 6.6 选用。图中曲线为齿轮传动的精度线，按照该齿轮精度线和齿轮圆周速度 υ 查取 K_V 值是偏于安全的。若为直齿锥齿轮传动，应按图中低一级的精度线及锥齿轮平均分度圆处的圆周速度 υ_m 查取。

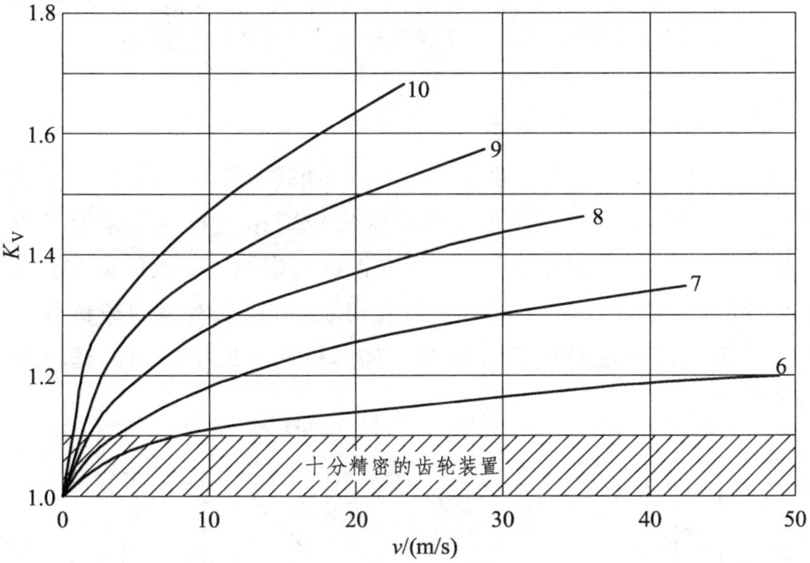

图 6.6 动载系数 K_V 值

6.3.3 齿间载荷分配系数

齿间载荷分配系数是考虑同时啮合的各对轮齿间载荷分配不均匀影响的系数。受载后齿轮齿面的弹性变形、齿轮的制造误差等这些因素均可造成各啮合齿对间的载荷分配不均匀，为考虑这一影响，引入齿间载荷分配系数 K_α，由表 6.2 查取。对于不需要做精确计算的 $\beta \leqslant 30°$ 的斜齿圆柱齿轮传动也可以查该表。

表 6.2 斜齿轮齿间载荷分配系数 $K_{H\alpha}$ 和 $K_{F\alpha}$

$K_A F_t / b$		≥100 N/mm				<100 N/mm
精度等级		5	6	7	8	5 级或更低
经表面硬化的斜齿轮	$K_{H\alpha}$	1.0	1.1	1.2	1.4	≥1.4
	$K_{F\alpha}$					

续表

$K_A F_t / b$		≥100 N/mm				<100 N/mm
精度等级		5	6	7	8	5 级或更低
未经表面硬化的斜齿轮	$K_{H\alpha}$	1.0		1.1	1.2	≥1.4
	$K_{F\alpha}$					

注：1. 对于修形齿轮，取 $K_{H\alpha}=K_{F\alpha}=1$。

2. 如大、小齿轮精度等级不同时，按精度等级较低值取值。

3. $K_{H\alpha}$ 为按齿面接触疲劳强度计算时用的齿间载荷分配系数，$K_{F\alpha}$ 为按齿根弯曲疲劳强度计算式用的齿间载荷分配系数。

4. 齿间载荷分配系数是因为在强度中考虑了重合度对接触线长度的影响，但由于各种误差的存在而使各齿间的载荷分布不均匀而引入的。由于直齿圆柱齿轮的重合度系数较小，在一般精度计算时通常不予考虑，所以也就不必考虑齿间载荷分布不均匀的问题，即对于直齿圆柱齿轮可取 $K_{H\alpha}=K_{F\alpha}=1$。

6.3.4 齿向载荷分布系数

齿轮传动工作时，轴的弯曲变形（图 6.7）和扭转变形（图 6.8）、支承的弹性位移以及传动装置制造和安装误差等原因，将导致齿轮副相互倾斜及轮齿扭曲，造成载荷在接触线上分布不均匀，产生载荷集中。为修正这一影响，引入齿向载荷分布系数 K_β。不同的齿轮布置位置（如对称、不对称、悬臂等）、齿宽都对齿向载荷分布的不均匀性有很大影响。一般而言，悬臂布置时最大，对称布置时最小，而齿宽越大则齿向载荷分布的不均匀性越大。

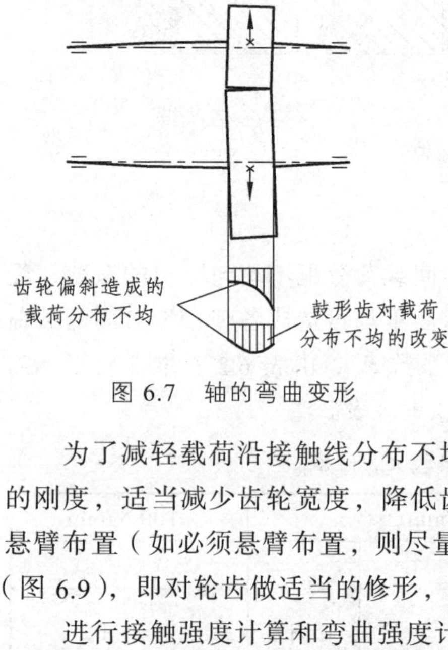

图 6.7　轴的弯曲变形

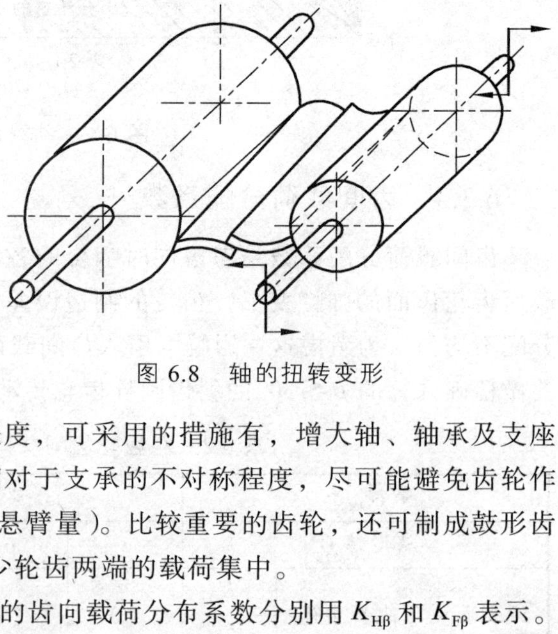
图 6.8　轴的扭转变形

为了减轻载荷沿接触线分布不均的程度，可采用的措施有，增大轴、轴承及支座的刚度，适当减少齿轮宽度，降低齿轮相对于支承的不对称程度，尽可能避免齿轮作悬臂布置（如必须悬臂布置，则尽量减少悬臂量）。比较重要的齿轮，还可制成鼓形齿（图 6.9），即对轮齿做适当的修形，以减少轮齿两端的载荷集中。

进行接触强度计算和弯曲强度计算时的齿向载荷分布系数分别用 $K_{H\beta}$ 和 $K_{F\beta}$ 表示。

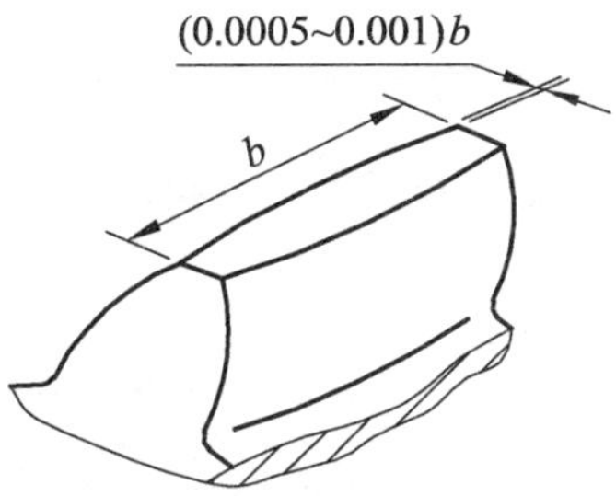

图 6.9　鼓形齿

1. 确定接触疲劳强度齿向载荷分布系数 $K_{H\beta}$

根据齿轮齿面硬度，以及在轴上的支承情况、齿轮的精度等级、齿宽 b 及齿宽系数 ϕ_d，可从表 6.3 所列的公式计算确定 $K_{H\beta}$ 的值。

表 6.3　接触疲劳强度计算用的齿向载荷分布系数 $K_{H\beta}$

	精度等级		小齿轮相对支承的布置	$K_{H\beta}$
软齿面齿轮	6		对称	$1.11+0.18\phi_d^2+0.15\times10^{-3}b$
			非对称	$1.11+0.18(1+0.6\phi_d^2)\phi_d^2+0.15\times10^{-3}b$
			悬臂	$1.11+0.18(1+6.7\phi_d^2)\phi_d^2+0.15\times10^{-3}b$
	7		对称	$1.12+0.18\phi_d^2+0.23\times10^{-3}b$
			非对称	$1.11+0.18(1+0.6\phi_d^2)\phi_d^2+0.23\times10^{-3}b$
			悬臂	$1.11+0.18(1+6.7\phi_d^2)\phi_d^2+0.23\times10^{-3}b$
	8		对称	$1.15+0.18\phi_d^2+0.31\times10^{-3}b$
			非对称	$1.15+0.18(1+0.6\phi_d^2)\phi_d^2+0.31\times10^{-3}b$
			悬臂	$1.15+0.18(1+6.7\phi_d^2)\phi_d^2+0.31\times10^{-3}b$
硬齿面齿轮	精度等级	限制条件	小齿轮相对支承的布置	$K_{H\beta}$
	5	$K_{H\beta}\leqslant1.34$	对称	$1.05+0.26\phi_d^2+0.1\times10^{-3}b$
			非对称	$1.05+0.26(1+0.6\phi_d^2)\phi_d^2+0.1\times10^{-3}b$
			悬臂	$1.05+0.26(1+6.7\phi_d^2)\phi_d^2+0.1\times10^{-3}b$
		$K_{H\beta}>1.34$	对称	$0.99+0.31\phi_d^2+0.12\times10^{-3}b$
			非对称	$0.99+0.31(1+0.6\phi_d^2)\phi_d^2+0.12\times10^{-3}b$
			悬臂	$0.99+0.31(1+6.7\phi_d^2)\phi_d^2+0.12\times10^{-3}b$
	6	$K_{H\beta}\leqslant1.34$	对称	$1.05+0.26\phi_d^2+0.16\times10^{-3}b$
			非对称	$1.05+0.26(1+0.6\phi_d^2)\phi_d^2+0.16\times10^{-3}b$
			悬臂	$1.05+0.26(1+6.7\phi_d^2)\phi_d^2+0.16\times10^{-3}b$
		$K_{H\beta}>1.34$	对称	$1.0+0.31\phi_d^2+0.19\times10^{-3}b$
			非对称	$1.0+0.31(1+0.6\phi_d^2)\phi_d^2+0.19\times10^{-3}b$
			悬臂	$1.0+0.31(1+6.7\phi_d^2)\phi_d^2+0.19\times10^{-3}b$

2. 确定弯曲疲劳强度齿向载荷分布系数 $K_{F\beta}$

弯曲疲劳强度计算用的 $K_{F\beta}$ 值可由表 6.3 所确定的 $K_{H\beta}$ 值、齿宽与齿高之比（b/h）由图 6.10 查取。

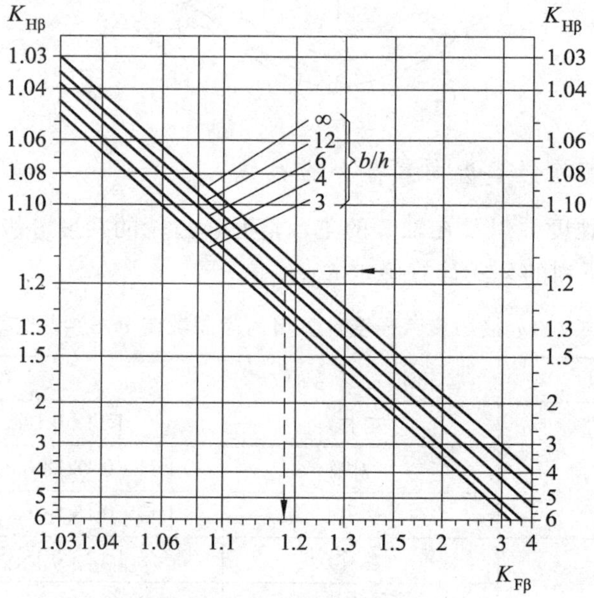

图 6.10　弯曲疲劳强度计算用的齿向载荷分布系数 $K_{F\beta}$

6.4　齿轮传动设计

6.4.1　齿轮材料

1. 对齿轮材料性能的要求

由齿轮的失效形式可知，在选择齿轮材料时应考虑以下要求：① 轮齿的表面应具有较高的硬度和耐磨性以保证足够的表面强度；② 在变载荷和冲击作用下有足够的弯曲强度；③ 具有良好的加工和热处理性能以保证能达到所需的精度。即要求齿面硬、芯部韧。此外，还应具有良好的机械加工性、热处理工艺性及经济性等要求。

2. 常用齿轮材料及热处理

制造齿轮最常用的材料是各种锻钢，其次是铸铁、铸钢和非金属材料。

1）钢制硬齿面齿轮的常用热处理和化学热处理方法

（1）整体淬火。

整体淬火后再低温回火的齿轮，在整个齿轮剖面上的硬度接近一致。由于变形较大，所以在整体淬火后需进行磨削、研磨等精加工工序。常用材料有 40Cr、40CrNi、40CrNiMoA 等，硬度可达 50 HRC。由于整体淬火不能达到“齿面硬、心部韧”的要求，抗冲击强度较差，所以目前趋向于用表面热处理或化学热处理代替整体淬火。

（2）表面淬火。

承受中等冲击载荷的齿轮常采用表面淬火。对中、小齿轮通常采用高频淬火，而对于大尺寸的齿轮一般采用乙炔火焰加热淬火。表面淬火只对表面层进行加热，所以淬火后变形不大，对于精度要求不是很高的齿轮常不需要磨齿。表面淬火齿轮的常用材料为 45 和 40Cr 钢。表面硬度可达 50 ~ 55 HRC。

（3）渗碳淬火。

冲击载荷很大时应采用渗碳淬火。齿轮材料通常采用低碳钢或低碳合金钢，如 15、25、15Cr、20Cr、20CrMnTi 和 20CrMnMo 等钢，由于 15、25 低碳钢渗碳淬火后的齿轮心部强度较低，与高硬度的渗碳层不能很好地结合，所以通常不用于重要齿轮，特别是过载和冲击载荷较大的齿轮。渗碳层厚度一般取齿根厚度的 10% ~ 15%，但不大于 1.5 mm。表面硬度可达 58 ~ 63 HRC。

（4）渗氮。

氮化可以获得很高的硬度和表层强度，表面变形很小，不需要进行最后的磨削加工。但由于硬化层很薄（0.1 ~ 0.3 mm），承载能力不及渗碳淬火齿轮。渗氮齿轮的抗冲击能力差，由于渗氮层有被压碎的危险，所以也不能用于有严重磨损的场合。常用的齿轮渗氮钢有 20Cr、20CrMoAlA 等。

（5）液体碳氮共渗。

液体碳氮共渗适用于中碳钢齿轮，硬化层也很薄（0.1 ~ 0.3 mm）。其主要优点是比渗碳和渗氮价廉。

2）钢制软齿面齿轮的常用热处理方法

软齿面齿轮（硬度不大于 350 HBS）的常用热处理方法有正火（常化）和调质两种。

（1）调质。

调质热处理适用于以下几种情况：① 以机械强度为主而对硬度要求不高；② 载荷循环次数不多，淬火的高硬度不能获得明显的优越性；③ 需要在热处理后进行精密切削。调质齿轮常用中碳钢或中碳合金钢，如 40、45、38SiMnMo、40Cr、40CrNi 等。调质齿轮具有良好的综合力学性能和加工性能。

（2）正火。

正火用于载荷平稳或轻度冲击的条件下工作的，对机械强度要求不高的齿轮。主要材料为 Q235、Q325 钢，少数采用 40、45、50 钢。

对于非硬化齿轮，若大齿轮和小齿轮选择了同样的材料，则一定要选择不同的硬度，避免产生胶合；两个钢制齿轮的硬度差应尽可能大一些，一个硬化并且磨削后的小齿轮与一个非硬化的齿轮在多次啮合后会产生冷作硬化，这对改善齿轮强度是有利的。

3）铸钢和铸铁材料

对于不能采用锻造毛坯的大型齿轮，通常采用铸钢和铸铁制造。

（1）铸钢。

铸钢的耐磨性和强度较好，一般应经正火处理以消除齿轮中的残余应力和硬度差异，必要时也可以调质。常用的铸钢为 ZG35 ~ ZG55。

（2）铸铁。

铸铁主要用于制造大直径的低速齿轮，其抗弯强度、抗冲击能力较低，但具有良好的抗胶合和抗点蚀能力。由于铸铁较脆，为避免载荷集中而引起的齿端局部断裂，齿宽一般应取小些。齿轮常用的铸铁材料有 HT200、HT300、HT350、QT500-5、QT600-2 等。

4）非金属材料

在高速、小功率的齿轮传动中，为了减少动载荷和噪声，可采用非金属材料制造齿轮。如夹布胶木和木层塑料等。因塑料的弹性模量低，所以可减小制造和安装精度不足而带来的不利影响，在同样的精度条件下，塑料齿轮的噪声小于金属齿轮。非金属材料通常用于载荷和结构尺寸不大的齿轮。

3. 一般齿轮材料的选择原则

灰铸铁容易切削，可以吸声，但是对冲击敏感，它适用于轻载低速 $\upsilon < 2$ m/s 场合，尤其适用于模数较大且齿轮形状很复杂的场合。

球墨铸铁适用于中载场合，性能在灰铸铁和铸钢之间，耐磨性好，可以进行热处理。

可锻铸铁适用于小尺寸，与灰铸铁相比有好的强度和韧性。

铸钢尤其适用于大尺寸情况；比灰铸铁更难铸造（由于存在很大的收缩，会造成铸造应力和缩孔），制造成本比轧制或锻造齿轮低，并且可以热处理。

常用的齿轮材料及其力学特性列于表 6.4。

表 6.4　常用齿轮材料及其力学特性

材料牌号	热处理	强度极限 σ_b / MPa	屈服极限 σ_s / MPa	硬度	
				齿芯部	齿面
HT250		250		170 ~ 241 HB	
HT300		300		187 ~ 255 HB	
HT350		350		197 ~ 269 HB	
QT500-5	常化	500		177 ~ 241 HB	
QT600-2	常化	600		229 ~ 302 HB	
ZG310-570	常化	580	320	163 ~ 197 HB	
ZG340-640	常化	650	350	179 ~ 229 HB	
45	常化	580	290	162 ~ 217 HB	
ZG340-640	调质	700	380	241 ~ 269 HB	
45	调质	650	360	217 ~ 255 HB	
30CrMnSi	调质	1 100	900	310 ~ 360 HB	
35SiMn	调质	750	450	217 ~ 269 HB	
38SiMnMo	调质	700	550	217 ~ 269 HB	
40Cr	调质	700	500	241 ~ 286 HB	

续表

材料牌号	热处理	强度极限 σ_b / MPa	屈服极限 σ_s / MPa	硬度	
				齿芯部	齿面
45	调质后表面淬火			217 ~ 255 HB	40 ~ 50 HRC
40Cr				241 ~ 286 HB	48 ~ 55 HRC
20Cr	渗碳后淬火	650	400	300 HB	58 ~ 62 HRC
20CrMnTi		1 100	850		
12Cr2Ni4		1 100	850	320 HB	
20Cr2Ni4		1 200	1 100	350 HB	
35CrAlA	调质后氮化	950	750	255 ~ 321HB	850 HV
38CrMoAlA		1 000	850		
夹布塑胶		100			25 ~ 35 HB

注：40Cr 钢可用 40MnB 或 40MnVB 钢代替；20Cr、20CrMnTi 钢可用 20Mn2B 或 20MnVB 钢代替。

6.4.2 齿轮传动设计参数的确定

1. 传动比 i

单级圆柱齿轮传动装置的传动比 i 或齿数比 u 不宜过大，通常取 $i \leqslant 6 \sim 8$，因为大齿轮齿数过多，尺寸会过大，且小齿轮相对于大齿轮轮齿磨损会变得剧烈。传动比较大时，可分为两级或多级传动，这时候需要确定的是，其布置方式为展开式还是同轴式（参见设计手册）。

2. 齿数 z 和模数 m

若保持齿轮传动的中心距 a 不变，增加齿数，除能增大重合度、改善传动的平稳性外，还可减小模数，降低齿高，因而减少金属切削量，节省制造费用。另外，降低齿高还能降低滑动速度，减少磨损及胶合的可能性。但模数小了，齿厚随之减薄，则要降低齿轮的弯曲强度。不过在一定的齿数范围内，尤其是当承载能力主要取决于齿面接触强度时，以齿数多一些为好。

闭式齿轮传动一般转速较高，为了提高传动的平稳性，减小冲击振动，以齿数多一些为好，小齿轮的齿数可取为 $z = 20 \sim 40$。开式（半开式）齿轮传动，由于轮齿主要为磨损失效，为使齿轮不致过小，故小齿轮不宜选用过多的齿数，一般可取 $z = 17 \sim 20$。

为使齿轮免于根切，对于标准直齿圆柱齿轮，应取 $z \geqslant 17$。

小齿轮齿数确定后，按齿数比 u 可确定大齿轮齿数。为了使各个相啮合齿对磨损均匀，传动平稳，两齿轮的齿数一般应互为质数。

3. 齿宽系数 ϕ_d

由齿轮的强度公式可知，轮齿越宽，承载能力也越高，因而轮齿不宜过窄；但增大齿宽又会使齿面上的载荷分布更趋不均匀，故齿宽系数应取得适当。圆柱齿轮齿宽系数 ϕ_d 的推荐用值列于表 6.5。对于标准圆柱齿轮减速器，齿宽系数取为 $\phi_a=\dfrac{b}{a}=\dfrac{b}{0.5d_1(1+u)}$，对于圆柱齿轮传动齿宽系数取为 $\phi_d=\dfrac{b}{d_1}=0.5(1+u)\phi_a$。

ϕ_a 的值规定为 0.2、0.25、0.30、0.40、0.50、0.60、0.80、1.0、1.2。运用设计计算公式时，对于标准减速器，可先选定 ϕ_a 后再用上式计算出相应的 ϕ_d 值。

表 6.5 圆柱齿轮的齿宽系数 ϕ_d

装置状况	两支承相对于小齿轮为对称布置	两支承相对于小齿轮为非对称布置	小齿轮为悬臂布置
ϕ_d	0.9 ~ 1.4（1.2 ~ 1.9）	0.7 ~ 1.15（1.1 ~ 1.65）	0.4 ~ 0.6

注：1. 大、小齿轮皆为硬齿面时，ϕ_d 应取表中偏下限的数值；若皆为软齿面或仅大齿轮为软齿面时 ϕ_d 可取表中偏上限的数值。
2. 括号内的数值用于人字齿轮，此时 b 为人字齿轮的总宽度。
3. 金属切削机床的齿轮传动，若传递的功率不大时，ϕ_d 可小到 0.2。
4. 非金属齿轮可取 $\phi_d=0.5\sim1.2$。

圆柱齿轮的实用齿宽，在按计算后再做适当圆整，而且经常将小齿轮的齿宽在圆整值的基础上人为地加宽 5 ~ 10 mm，以防止小齿轮因装配误差产生轴向错位时导致啮合齿宽减小而增大轮齿单位宽度的工作载荷。

4. 螺旋角 β

螺旋角 β 的确定，应尽量使轴面重合度 $\varepsilon_\beta=1\sim1.2$，这样一方面保证了运转平稳，另一方面满足不使轴向力太大的要求。齿向的选择应使附加轴向力由受径向载荷较小的轴承来承担。应该注意，螺旋角 β 大小相同的大小齿轮，其齿向不同（一个右旋，一个左旋）。螺旋角 β 的选择推荐为一般斜齿轮 $\beta=8°\sim20°$，人字齿轮 $\beta=30°\sim45°$。

6.4.3 齿轮传动的设计准则

齿轮传动不同的失效形式，对应不同的设计准则。因此，在设计齿轮传动时，因根据具体的工作条件，在分析其主要失效形式的前提下，选用相应的设计准则，进行设计计算。

（1）对于软齿面闭式齿轮传动，齿面点蚀是其主要失效形式，故先按齿面接触疲劳强度进行设计，然后校核齿根弯曲疲劳强度。

（2）对于硬齿面闭式齿轮传动，轮齿折断为其主要失效形式，故先按齿根弯曲疲劳强度进行设计，然后校核齿面接触疲劳强度。

（3）对于高速重载齿轮传动，齿面胶合为其主要失效形式，故除了按前面两项要求选择设计准则外，还需要校核齿面胶合强度（参阅 GB/T 3480—1997）。

（4）对于开式、半开式齿轮传动，齿面磨损和因磨损导致的轮齿折断为其主要失效形式，但目前对于齿面磨损尚无完善的计算方法，因此通常按齿根弯曲疲劳强度进行设计，然后考虑磨损的影响需将算得的模数适当的增大，一般增大 10% ~ 15%后取标准值。

6.5 标准直齿圆柱齿轮传动的强度计算

6.5.1 轮齿的受力分析

进行齿轮传动的强度计算时，首先要知道轮齿上所受的力，这就需要对齿轮轮齿做受力分析。当然，对齿轮传动进行受力分析也是计算安装齿轮的轴及轴承时所必须的。

转矩由主动轮传给从动轮。若忽略齿面间的摩擦力，轮齿间法向力的方向始终沿啮合线。为了计算方便，将法向力 F_n 在节点 P 处分解为两个相互垂直的分力，即圆周力 F_t 与径向力 F_r（单位符号均为 N），如图 6.11 所示，由此得

$$\left.\begin{aligned} F_t &= \frac{2T_1}{d_1} \\ F_r &= F_t \tan\alpha \\ F_n &= \frac{F_t}{\cos\alpha} \end{aligned}\right\} \tag{6.2}$$

式中 T_1——主动齿轮传递的转矩（N·mm）；

d_1——主动齿轮的节圆直径（mm）；

α——啮合角，对标准齿轮 $\alpha = 20°$。

以上分析的是主动轮齿上的力，主动轮所受圆周力与主动轮转向相反。从动轮所受圆周力与转向相同。主动轮与从动轮各自径向力均指向各自轮心中心。

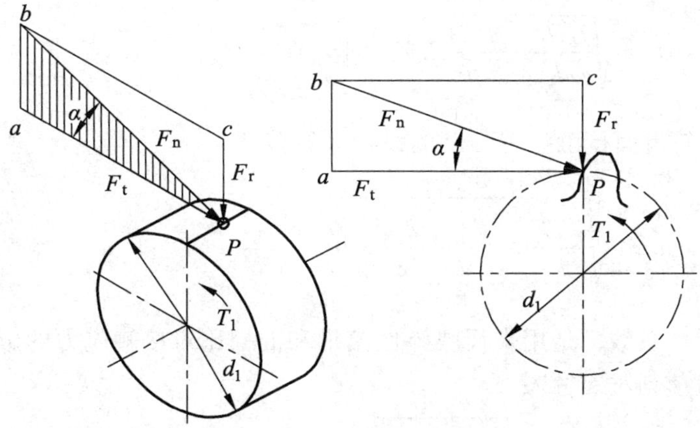

图 6.11 直齿圆柱齿轮轮齿的受力分析

6.5.2 齿根弯曲疲劳强度计算

直齿圆柱齿轮齿根弯曲疲劳强度校核的计算公式

$$\sigma_{\rm F}=\frac{2KT_1Y_{\rm Fa}Y_{\rm Sa}}{\phi_{\rm d}m^3z_1^2}\leqslant[\sigma_{\rm F}] \tag{6.3}$$

直齿圆柱齿轮齿根弯曲疲劳强度设计的计算公式

$$m\geqslant\sqrt[3]{\frac{2KT_1}{\phi_{\rm d}z_1^2}\cdot\frac{Y_{\rm Fa}F_{\rm Sa}}{[\sigma_{\rm F}]}} \tag{6.4}$$

式中　$Y_{\rm Fa}$——齿形系数，只与轮齿的齿廓形状有关，与齿的大小（模数）无关，可查表 6.6；

$Y_{\rm Sa}$——载荷作用于齿顶时的应力校正系数（数值列于表 6.6）；

$\sigma_{\rm F}$、$[\sigma_{\rm F}]$的单位符号为 MPa，b、m 的单位符号为 mm，T_1 的单位符号为 N·mm。

表 6.6　齿形系数 $Y_{\rm Fa}$ 及应力校正系数 $Y_{\rm Sa}$

z	17	18	19	20	21	22	23	24	25	26	27	28	29
$Y_{\rm Sa}$	2.97	2.91	2.85	2.80	2.76	2.72	2.69	2.65	2.62	2.60	2.57	2.55	2.53
$Y_{\rm Fa}$	1.52	1.53	1.54	1.55	1.56	1.57	1.575	1.58	1.59	1.595	1.60	1.61	1.62
z	30	35	40	45	50	60	70	80	90	100	150	200	∞
$Y_{\rm Fa}$	2.52	2.45	2.40	2.35	2.32	2.28	2.24	2.22	2.20	2.18	2.14	2.12	2.06
$Y_{\rm Sa}$	1.625	1.65	1.67	1.68	1.70	1.73	1.75	1.77	1.78	1.79	1.83	1.865	1.97

6.5.3　齿面接触疲劳强度计算

直齿圆柱齿轮齿面接触疲劳强度的校核计算公式

$$\sigma_{\rm H}=\sqrt{\frac{2KT_1}{\phi_{\rm d}d_1^3}\cdot\frac{u\pm1}{u}}Z_{\rm H}Z_{\rm E}\leqslant[\sigma_{\rm H}] \tag{6.5}$$

直齿圆柱齿轮齿面接触疲劳强度的设计计算公式

$$d_1\geqslant\sqrt[3]{\frac{2KT_1}{\phi_{\rm d}}\cdot\frac{u\pm1}{u}\left(\frac{Z_{\rm H}Z_{\rm E}}{[\sigma_{\rm H}]}\right)^2} \tag{6.6}$$

式中　$Z_{\rm E}$——弹性系数，是用来反映弹性模量和泊松比对接触应力的影响（$\sqrt{\rm MPa}$），数值列于表 6.7；

$Z_{\rm H}$——区域系数，$Z_{\rm H}=\sqrt{\dfrac{2}{\sin\alpha\cos\alpha}}$，对于标准直齿轮，$\alpha=20°, Z_{\rm H}=2.5$；

式中 $\sigma_{\rm H}$、$[\sigma_{\rm H}]$的单位符号为 MPa，d_1 的单位符号为 mm，其余各符号的意义同前。

表 6.7　弹性系数 Z_E　　　　单位：$\sqrt{MPa}$

齿轮材料	配对齿轮材料				
	灰铸铁	球墨铸铁	铸钢	锻钢	夹布塑胶
锻钢	162.0	181.4	188.9	189.8	56.4
铸钢	161.4	180.5	188		
球墨铸铁	156.6	173.9	—	—	—
灰铸铁	143.7	—			

注：其中所列夹布塑胶的泊松比为 0.5，其余材料的均为 0.3。

6.5.4　齿轮传动的强度计算说明

（1）弯曲强度计算中，因大小齿轮齿形、材料不同，则大小齿轮的 σ_F、Y_{Fa}、Y_{sa} 值不同，故按此强度准则设计齿轮传动时，公式中应代入 $\dfrac{Y_{Fa1}Y_{Sa1}}{[\sigma_{F1}]}$ 和 $\dfrac{Y_{Fa2}Y_{Sa2}}{[\sigma_{F2}]}$ 中的较大者。

（2）接触强度计算中，因两对齿轮的接触应力一样，即 $\sigma_{H1}=\sigma_{H2}$，故按此强度准则设计齿轮传动时，公式中应代 $[\sigma_H]_1$ 和 $[\sigma_H]_2$ 中较小者。

（3）当配对两齿轮的齿面均属硬齿面时，两轮的材料、热处理方法及硬度均可取一样。设计这种齿轮传动时，可分别按齿根弯曲疲劳强度及齿面接触疲劳强度的设计公式进行计算，并取其中较大者作为设计结果。

（4）当用设计公式初步计算齿轮的分度圆直径 d（或模数 m）时，动载系数 K_v、齿间载荷分配系数 K_α 及齿向载荷分布系数 K_β 不能预先确定，故可试选一载荷系数 $K_t=1.2\sim1.6$。算出后按 d_{1t} 或模数 m_{nt} 值计算齿轮的圆周速度，查取 K_v、K_α、K_β，从而计算出载荷系数 K。若 K_t 值与 K 值相近，则不必修改原计算；若二者相差较大时，应按式（6.7）校正试算所得分度圆直径 d_1（或模数 m_n）。

$$\left.\begin{aligned} d_1 &= d_{1t}\sqrt[3]{\frac{K}{K_t}} \\ m_n &= m_{nt}\sqrt[3]{\frac{K}{K_t}} \end{aligned}\right\} \tag{6.7}$$

（5）由式（6.3）可知，在齿宽系数、齿数及材料选定的情况下，影响齿轮弯曲疲劳强度的主要因数是模数。模数越大，齿轮的弯曲疲劳强度越高。由式（6.5）可知，在齿轮的齿宽系数、材料及传动比选定的情况下，影响齿轮齿面接触疲劳强度的主要因数是齿轮直径。小齿轮直径越大，齿轮的齿面接触疲劳强度就越高。

6.5.5　齿轮的许用应力

齿轮传动的许用应力与失效形式、材料及应力循环次数有关，由计算载荷算得的齿面或齿根的危险部位应力（即齿面接触应力、齿根弯曲应力）不允许超过一个界限，如此期望齿轮在实际使用期限内不发生提前失效。因此，许用应力只有通过齿轮强度试验来确定才有实际意义。具体方法是用标准试验齿轮在一定的试验条件下进行加载运转试验，以分别获得齿面接触疲劳强度下的极限应力 σ_{Hlim} 和齿根弯曲疲劳强度下的极限应力 σ_{Flim}，然后根据实际设计的齿轮传动工作条件和要求对其进行修正并考虑一定的安全余量得到许用应力 $[\sigma_{\mathrm{H}}]$、$[\sigma_{\mathrm{F}}]$。

1. 许用接触应力

$$[\sigma_{\mathrm{H}}]=\frac{\sigma_{\mathrm{Hlim}}K_{\mathrm{HN}}}{S_{\mathrm{H}}} \tag{6.8}$$

式中　σ_{Hlim}——失效概率为 1%时，试验齿轮的接触疲劳极限，由图 6.12 根据齿轮材料、热处理方式及齿面硬度查取。

K_{HN}——接触疲劳强度计算的寿命系数。可根据齿轮应力循环次数 N 由图 6.13 查取。图中 N_0 为应力循环基数，与疲劳曲线指数、材料及热处理方式有关。

N——所设计齿轮的应力循环次数，根据齿轮的转速 n(r/min)、齿轮每转一圈，同一齿面（单齿侧）啮合的次数 j、齿轮的工作寿命 L_{h}（h），由下式来确定：

$$N=60\times n\times j\times L_{\mathrm{h}} \tag{6.9}$$

S_{H}——许用安全系数。接触强度计算时，由于点蚀破坏后只是引起噪声、振动增大，并不会立刻导致严重后果，故一般取 $S_{\mathrm{H}}=1$。

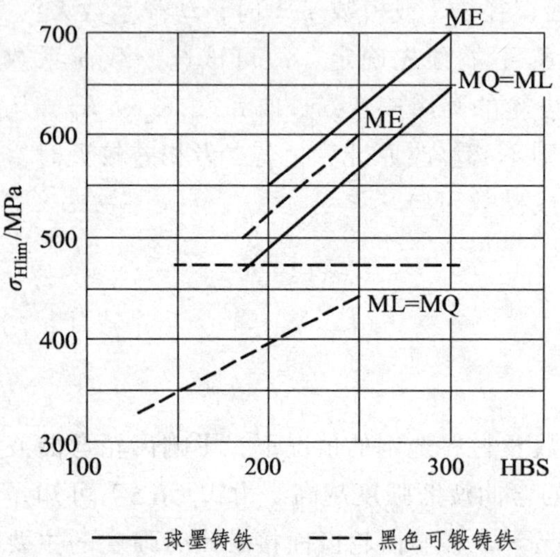

（a）铸铁材料的 σ_{Hlim}

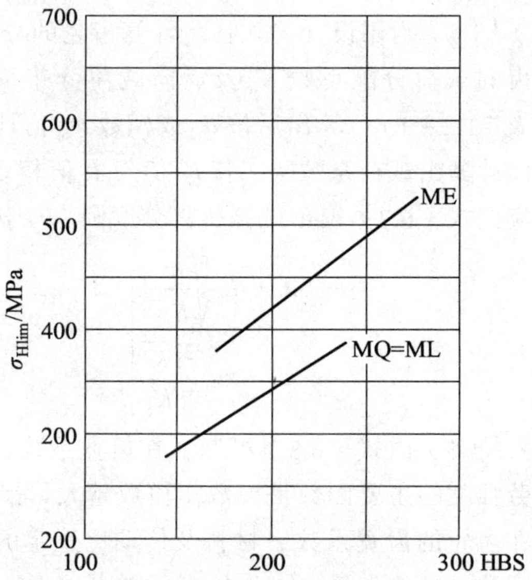

（b）灰铸铁的 σ_{Hlim}

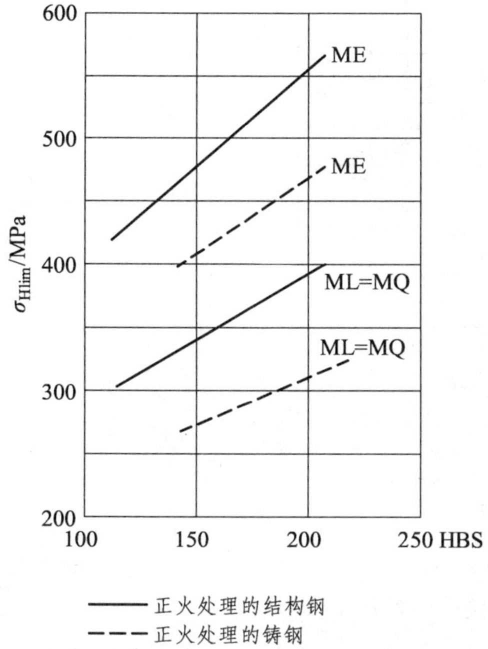

（c）正火处理的结构钢和铸钢的 σ_{Hlim}

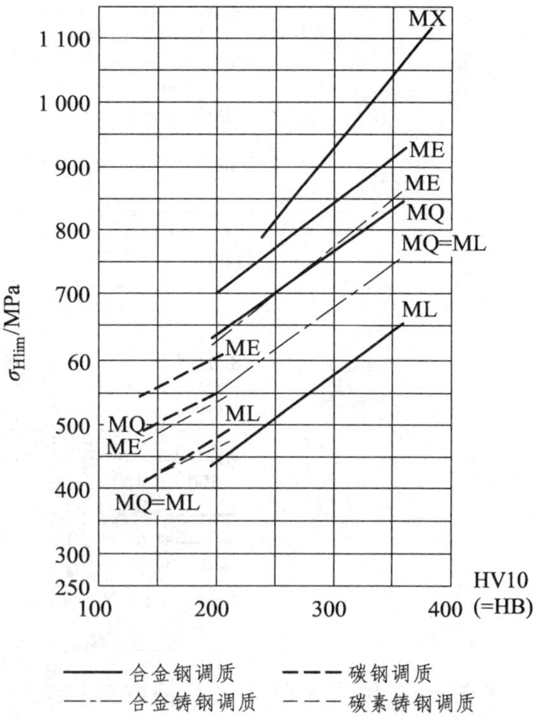

（d）调质处理钢的 σ_{Hlim}

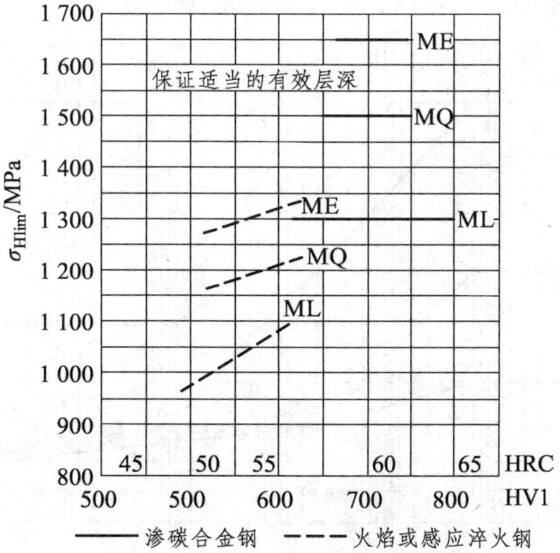

（e）渗碳淬火钢和表面硬化（火焰或感应淬火）钢的 σ_{Hlim}

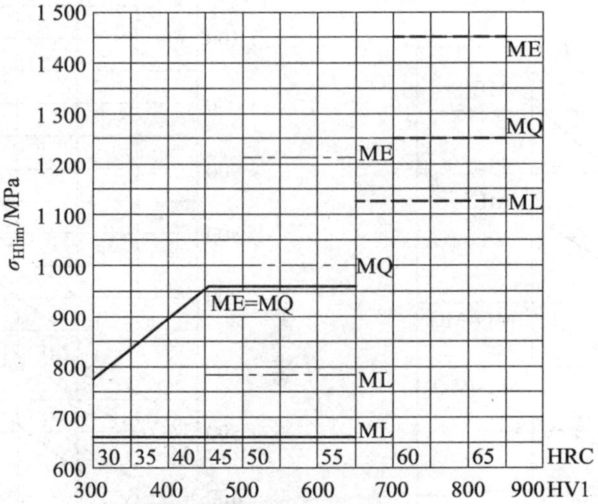

—— 调质或正火-氮碳共渗处理的调质钢

—·— 调质-气体渗氮处理的调质钢

— — 调质-气体渗氮处理的渗氮钢

（f）渗氮及碳氮共渗钢的 σ_{Hlim}

图 6.12　齿轮材料接触疲劳极限 σ_{Hlim}

图 6.13 和图 6.14 中，每种材料共给出三条线（ME、MQ、ML），分别代表三个等级。其中 ME 代表材料品质和热处理质量很高时的极限应力线；MQ 代表中等；ML 代表达到最低要求。若没有特别说明材质状况和热处理质量，为安全起见，一般在 MQ 和 ML 之间取值。

若齿面硬度超过图中表示范围，可按外插法查取。

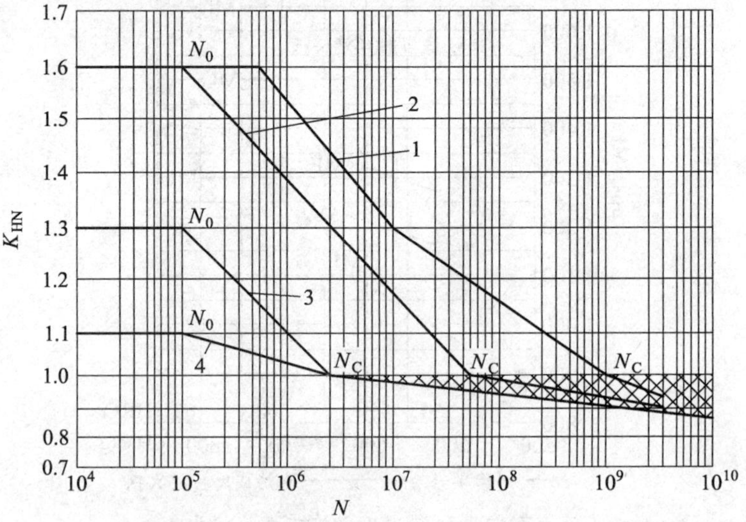

图 6.13　齿面接触疲劳强度寿命系数 K_{HN}

注：1——钢正火、调质或表面硬化，球墨铸铁、可锻铸铁，允许有局限性点蚀。

2——钢正火、调质或表面硬化，球墨铸铁、可锻铸铁。

3——钢气体氮化，灰铸铁。

4——钢调质后液体氮化。

2. 许用弯曲应力

$$[\sigma_F]=\frac{\sigma_{Flim}K_{FN}}{S_F} \tag{6.10}$$

式中　σ_{Flim}——齿根弯曲疲劳极限，由图 6.15 根据齿轮材料、热处理方式及齿面硬度查取。

K_{FN}——齿根弯曲疲劳强度计算的寿命系数，可由图 6.14 查取。

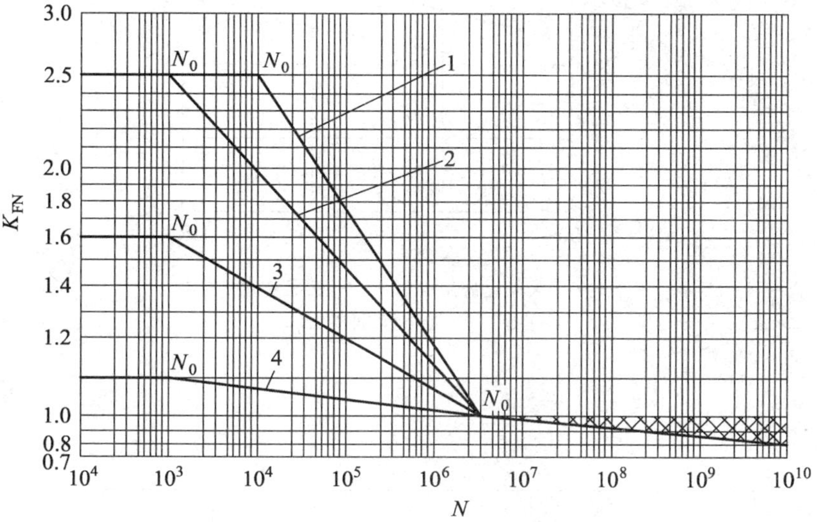

图 6.14　齿根弯曲疲劳强度寿命系数 K_{FN}

注：1——结构钢，调质钢，灰铸铁，球墨铸铁，可锻铸铁。

2——渗碳硬化钢。

3——气体氮化钢。

4——钢调质后液体氮化。

S_F——齿根弯曲疲劳强度计算的安全系数。因为一旦发生断齿，后果严重，故作弯曲疲劳强度计算时，一般取 $S_F=1.25\sim1.5$。

图 6.15 中为脉动循环时的弯曲极限应力，若实际弯曲应力按对称循环变化，则极限应力取图中查取值的 70%。

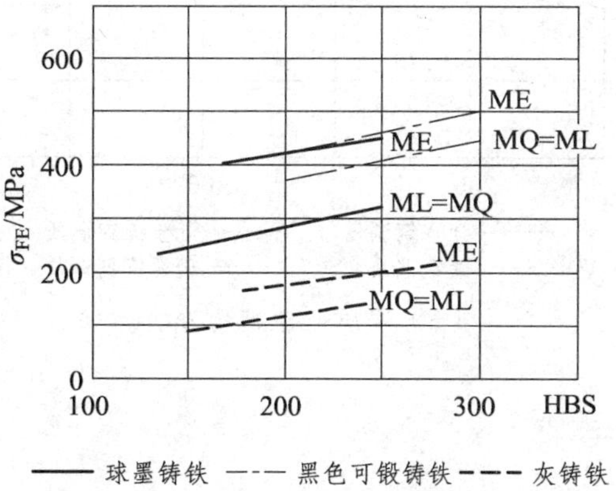

（a）铸铁材料的 σ_{FE}

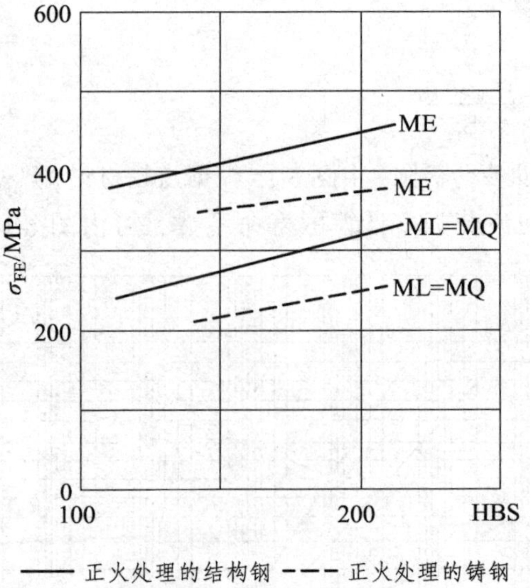

（b）正火处理钢的 σ_{FE}

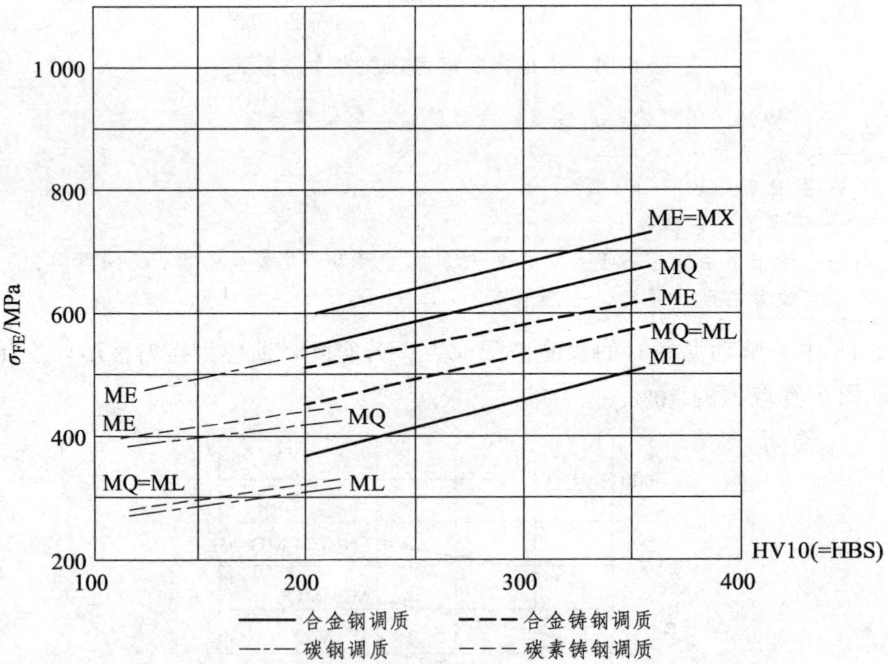

（c）调质处理钢的 σ_{FE}

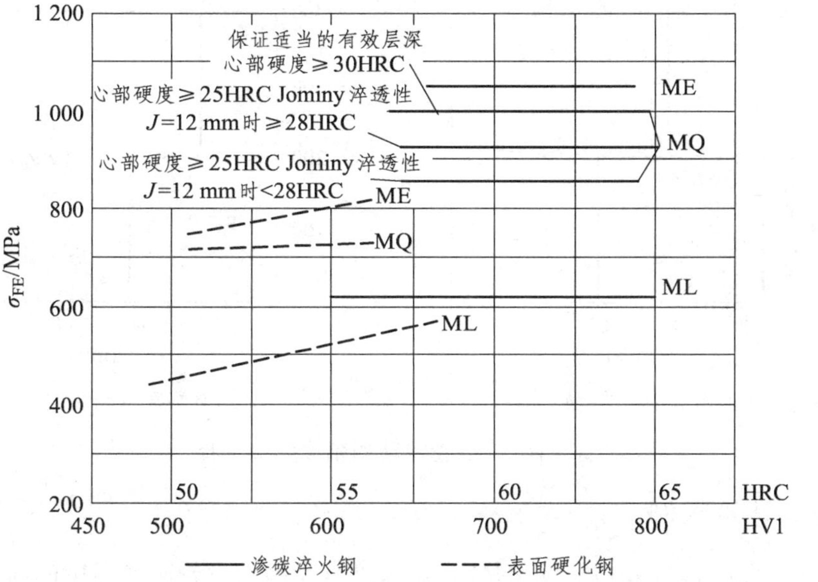

（d）渗碳淬火钢和表面硬化（火焰或感应淬火）钢的 σ_{FE}

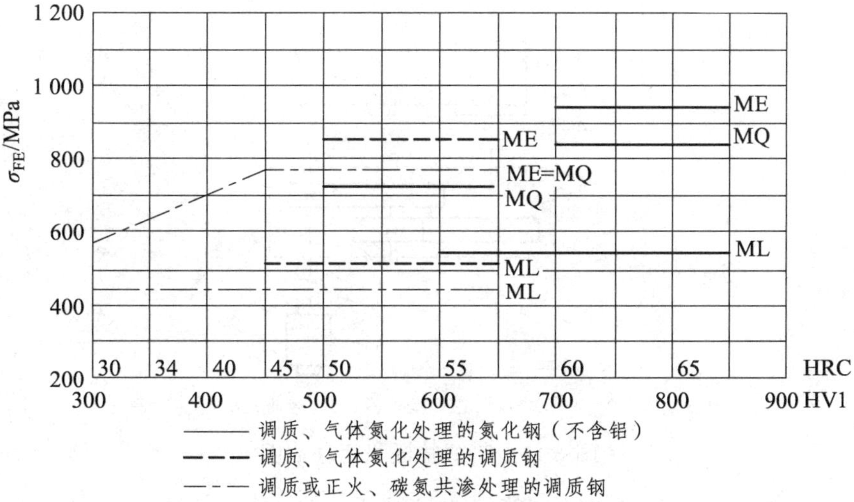

（e）渗氮及碳氮共渗钢

图 6.15　齿轮材料弯曲疲劳极限 σ_{Flim}

6.5.6　齿轮精度的选择

齿轮以传动的用途、使用条件、传递功率、圆周速度等为依据选择精度。对于传递动力的齿轮，对运动准确性要求（Ⅰ类）通常低于工作平稳性要求（Ⅱ类）和载荷分布均匀性要求（Ⅲ类），不同载荷和速度时的齿轮精度选择可参照图 6.16。

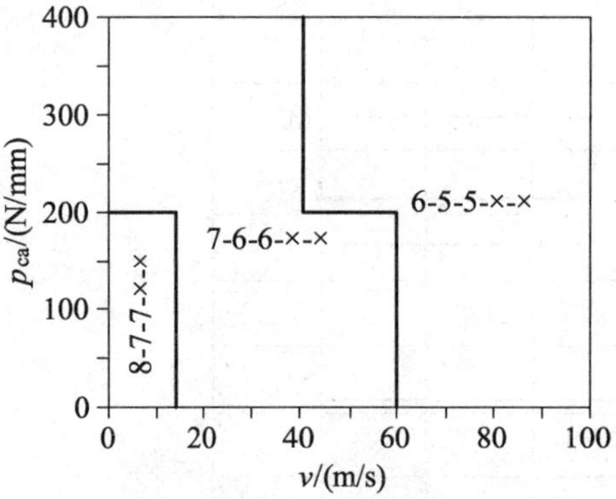

（a）圆柱齿轮传动

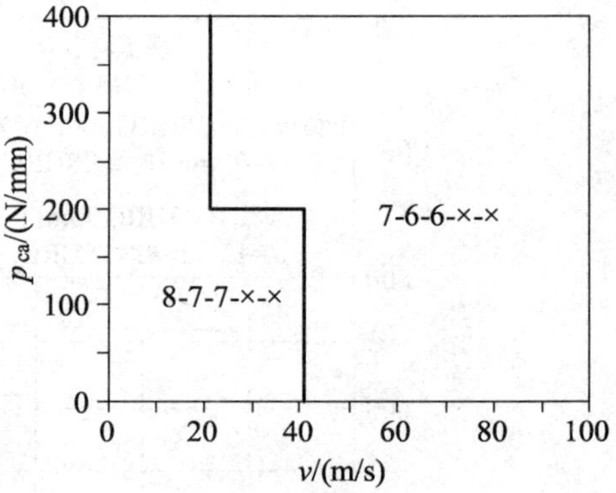

（b）锥齿轮传动

图 6.16　齿轮传动的精度等级选择

6.5.7　计算示例

例 6.1　设计如图 6.17 所示的带式输送机直齿圆柱齿轮减速器中的高速级齿轮传动。电动机驱动，转向不变。已知输入功率 $P_1 = 10\ \text{kW}$，小齿轮转速 $n_1 = 960\ \text{r/min}$，齿数比 $u = 3.2$，齿轮为非对称布置，载荷平稳，工作寿命为 15 年（设每年工作 300 天），两班制，每班 8 小时。

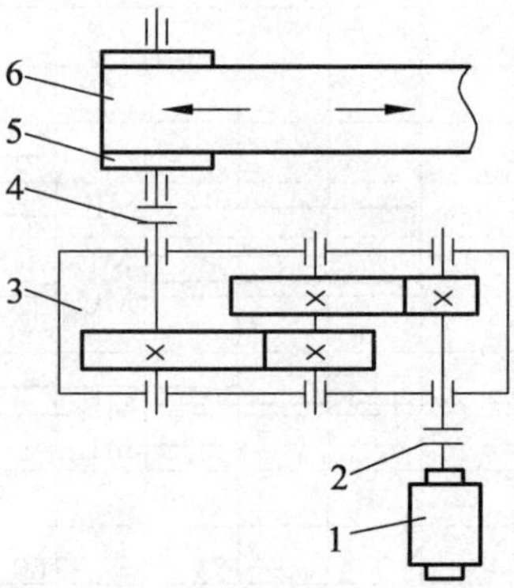

1—电机；2，4—联轴器；3—减速器；5—带轮；6—皮带。

图 6.17　带式输送机运动简图

解： 1. 按选定齿轮类型、精度等级、材料及齿数

（1）普通减速器，速度不高，故选用 7 级精度。

（2）材料选择。由表 6.4 选择小齿轮材料为 40Cr（调质），硬度为 280 HBS，大齿轮材料为 45 钢（调质），硬度为 240 HBS，二者硬度相差 40 HBS。

（3）选小齿轮齿数 $z_1 = 24$，大齿轮齿数 $z_2 = 3.2 \times 24 = 76.8$，取 $z_2 = 77$。

2. 按齿面接触强度设计

$$d_1 \geqslant \sqrt[3]{\frac{2KT_1}{\phi_d} \times \frac{u \pm 1}{u}\left(\frac{Z_H Z_E}{[\sigma_H]}\right)^2}$$

（1）确定公式内的各计算数值。

① 试选载荷系数 $K_t=1.3$。

② 计算小齿轮的转矩。

$$T_1=9.55\times10^6\frac{P_1}{n_1}=9.55\times10^6\times\frac{10}{960}=9.948\times10^4\text{（N·mm）}$$

③ 由表 6.5 选取齿宽系数 $\phi_d=1$。

④ 由表 6.6 查得材料的弹性系数 $Z_E=189.8\sqrt{\text{MPa}}$。

⑤ 由图 6.12 按齿面硬度查得小齿轮的接触疲劳强度极限 $\sigma_{\text{Hlim1}}=600\text{ MPa}$，大齿轮的接触疲劳强度极限 $\sigma_{\text{Hlim2}}=550\text{ MPa}$。

⑥ 由式（6.9）计算应力循环次数。

$$N_1=60n_1jL_h=60\times960\times1\times(2\times8\times300\times15)=4.147\times10^9$$

$$N_2=\frac{4.147\times10^9}{3.2}=1.296\times10^9$$

⑦ 由图 6.13 取接触疲劳寿命系数 $K_{\text{HN1}}=0.9$，$K_{\text{HN2}}=0.95$。

⑧ 计算接触疲劳许用应力。

取失效概率为 1%，接触疲劳安全系数 $S_H=1$，由式（6.8）得

$$[\sigma_{\text{H1}}]=\frac{\sigma_{\text{Hlim1}}K_{\text{HN1}}}{S_H}=0.9\times600=540\text{（MPa）}$$

$$[\sigma_{\text{H2}}]=\frac{\sigma_{\text{Hlim2}}K_{\text{HN2}}}{S_H}=0.95\times550=522.5\text{（MPa）}$$

取较小值 $[\sigma_H]=[\sigma_{\text{H2}}]=522.5\text{ MPa}$。

（2）计算并确定齿轮参数。

① 试算小齿轮分度圆直径 d_1。

$$d_{1t}\geqslant\sqrt[3]{\frac{K_tT_1}{\phi_d}\cdot\frac{u+1}{u}\cdot\left(\frac{Z_HZ_E}{[\sigma_H]}\right)^2}=\sqrt[3]{\frac{1.3\times9.948\times10^4}{1}\cdot\frac{3.2+1}{3.2}\cdot\left(\frac{2.5\times189.8}{522.5}\right)^2}=52\text{（mm）}$$

② 计算圆周速度 υ。

$$\upsilon=\frac{\pi d_{1t}n_1}{60\times1\,000}=\frac{\pi\times52\times960}{60\times1\,000}=2.61\text{（m/s）}$$

③ 计算齿宽 b。

$$b=\phi_d\times d_{1t}=1\times52=52\text{（mm）}$$

④ 计算齿宽与齿高之比 $\dfrac{b}{h}$。

$$\text{模数 } m_t = \frac{d_{1t}}{z_1} = \frac{52}{24} = 2.17\text{（mm）}$$

$$\text{齿高 } h = 2.25m_t = 2.25 \times 2.17 = 4.88\text{（mm）}$$

$$\frac{b}{h} = \frac{52}{4.88} = 10.656$$

⑤ 计算载荷系数 K。

根据圆周速度 $\upsilon = 2.61\ \text{m/s}$ 以及 7 级精度，由图 6.6 查得动载系数 $K_V = 1.06$。

直齿轮 $K_\alpha = K_{H\alpha} = K_{F\alpha} = 1.1$。

由表 6.1 查得使用系数 $K_A = 1$，由图 6.10 用插值法查得 7 级精度、小齿轮相对支撑非对称布置时，由 $\dfrac{b}{h} = 10.656$，按表 6.3 计算 $K_\beta = K_{H\beta} = 1.41$。故载荷系数

$$K = K_A K_V K_\alpha K_\beta = 1 \times 1.06 \times 1.1 \times 1.41 = 1.644$$

⑥ 按实际的载荷系数校正所算得的分度圆直径，由式（6.7）得

$$d_1 = d_{1t}\sqrt[3]{\frac{K}{K_t}} = 52 \times \sqrt[3]{\frac{1.644}{1.3}} = 56.23\text{（mm）}$$

⑦ 计算模数 m。

$$m = \frac{d_1}{z_1} = \frac{56.23}{24} = 2.34\text{（mm）}$$

由标准模数系列查取，$m = 2.5$。

（3）几何尺寸计算。

① 分度圆直径。

$$d_1 = mz_1 = 2.5 \times 24 = 60\text{（mm）}$$

$$d_2 = mz_2 = 2.5 \times 77 = 192.5\text{（mm）}$$

② 中心距。

$$a = \frac{m(z_1 + z_2)}{2} = \frac{2.5(24 + 77)}{2} = 126.25\text{（mm）}$$

③ 齿宽。

$$b = \phi_d d_1 = 1 \times 60 = 60\text{（mm）}$$

取 $b_2 = 60\ \text{mm}$，则 $b_1 = 65\ \text{mm}$。

3. 按齿根弯曲疲劳强度校核

齿根弯曲疲劳强度校核公式为

$$\sigma_F = \frac{2KT_1Y_{Fa}Y_{Sa}}{\phi_d m^3 z_1^2} \leqslant [\sigma_F]$$

（1）确定公式内各计算数值。

① 由图 6.15（c）查得小齿轮的弯曲疲劳强度极限 $\sigma_{Flim1} = 500$ MPa，大齿轮的弯曲疲劳强度极限 $\sigma_{Flim2} = 380$ MPa。

② 由图 6.14 取弯曲疲劳寿命系数 $K_{FN1} = 0.85$，$K_{FN2} = 0.88$。

③ 计算弯曲疲劳许用应力。

取弯曲疲劳寿命安全系数 $S_F = 1.4$

$$[\sigma_{F1}] = \frac{\sigma_{Flim1}K_{FN1}}{S_F} = \frac{500 \times 0.85}{1.4} = 303.57\text{（MPa）}$$

$$[\sigma_{F2}] = \frac{\sigma_{Flim2}K_{FN2}}{S_F} = \frac{380 \times 0.88}{1.4} = 238.86\text{（MPa）}$$

由图 6.10 查得 $K_\beta = K_{F\beta} = 1.4$。

④ 计算载荷系数。

$$K = K_A K_V K_\alpha K_\beta = 1 \times 1.06 \times 1 \times 1.4 = 1.484$$

⑤ 查取齿形系数。

由表 6.6 查得 Y_{Fa1}=2.65；Y_{Fa2}=2.226。

⑥ 查取应力校正系数。

由表 6.6 查得 $Y_{Sa1} = 1.58$；$Y_{Sa2} = 1.76$。

（2）校核计算。

$$\sigma_{F1} = \frac{2KT_1Y_{Fa1}Y_{Sa1}}{\phi_d m^3 z_1^2} = \frac{2 \times 1.484 \times 9.948 \times 10^4 \times 2.65 \times 1.58}{1 \times 2.5^3 \times 24^2} = 13.82\text{（MPa）} < [\sigma_{F1}]$$

$$\sigma_{F2} = \frac{2KT_1Y_{Fa2}Y_{Sa2}}{\phi_d m^3 z_1^2} = \frac{2 \times 1.484 \times 9.948 \times 10^4 \times 2.226 \times 1.76}{1 \times 2.5^3 \times 24^2} = 128.53\text{（MPa）} < [\sigma_{F2}]$$

结论：大小齿轮齿根弯曲疲劳强度均满足要求。

由上述结果可知，软齿面齿轮传动的弯曲强度有相当大的余量。故齿轮通常是按接触强度设计，确定方案后，再按弯曲强度校核，这样计算比较简单。当然也可分别按两种强度设计，分析对比后确定方案。

6.6 标准斜齿圆柱齿轮传动强度计算

由于斜齿轮的螺旋角 $\beta \neq 0$，因此斜齿轮传动的齿面接触线是倾斜的，不等于齿宽，而且重合度系数较大，所以在进行斜齿轮的计算时必须考虑上述两者的影响。斜齿轮的受力分析如图 6.18 所示。

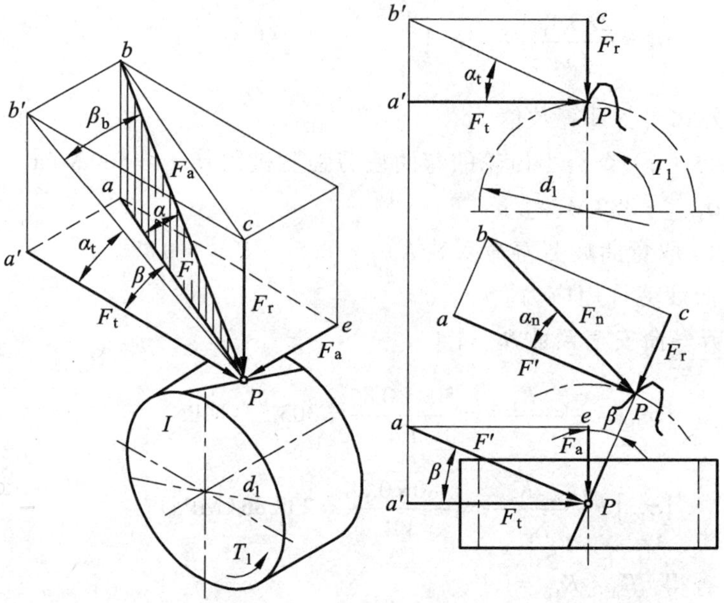

图 6.18　斜齿轮的轮齿受力分析

6.6.1　轮齿的受力分析

所受各力的计算公式如下：

$$\left.\begin{aligned}&\text{周向力}\quad F_t = 2T_1 / \mathrm{d}_1\\&\text{径向力}\quad F_r = F_t \tan\alpha_n / \cos\beta\\&\text{轴向力}\quad F_a = F_t \tan\beta\\&\text{法向力}\quad F_n = \frac{2T_1}{d_1\cos\alpha_n\cos\beta} = \frac{2T_1}{d_1\cos\alpha_t\cos\beta_b}\end{aligned}\right\}\tag{6.11}$$

式中　β——分度圆螺旋角，通常 $\beta = 8° \sim 20°$；

β_b——基圆螺旋角；

α_n——法向压力角，对于标准斜齿轮 $\alpha_n = 20°$；

α_t——端面压力角。

各分力方向如下：圆周力的方向在主动轮上与运动方向相反，从动轮上与运动方向相同；径向力的方向对两齿轮都是指向各自的轴心；轴向力的方向取决于轮齿螺旋方向和齿轮回转方向。对于主动轮，可用左、右手法则判断：左螺旋用左手，右螺旋用右手，拇指伸直与轴线平行，其余四指沿回转方向握住轴线，则拇指的指向即为主动轮的轴向力方向，从动轮所受的轴向力则与主动轮相反。

6.6.2　齿根弯曲疲劳强度计算

斜齿轮齿根弯曲疲劳强度校核公式为

$$\sigma_F = \frac{KF_t Y_{Fa} Y_{Sa} Y_\beta}{bm_n \varepsilon_\alpha} \leqslant [\sigma_F] \tag{6.12}$$

斜齿轮齿根弯曲疲劳强度设计公式为

$$m_n \geqslant \sqrt[3]{\frac{2KT_1 Y_\beta \cos^2\beta}{\phi_d z_1^2 \varepsilon_\alpha} \cdot \frac{Y_{Fa} Y_{Sa}}{[\sigma_F]}} \tag{6.13}$$

式中　Y_{Fa}、Y_{Sa}——斜齿轮的齿形系数和应力校正系数，可近似地按当量齿数 $z_v = \frac{z}{\cos\beta^3}$ 由表 6.6 查取。

Y_β——螺旋角影响系数，即螺旋角对轮齿弯曲强度影响因数，根据斜齿轮的纵向重合度 ε_β 数值由式 6.14 计算确定。

$$Y_\beta = 1 - \varepsilon_\beta \frac{\beta}{120°} \tag{6.14}$$

式中　纵向重合度 $\varepsilon_\beta = \frac{b\sin\beta}{\pi m_n} = 0.318\phi_d z_1 \tan\beta$，当 $\varepsilon_\beta \geqslant 1$ 时按 $\varepsilon_\beta = 1$ 计算；当 $Y_\beta \leqslant 0.75$ 时取 $Y_\beta = 0.75$。

ε_α——斜齿轮传动的端面重合度，可按式（6.15）近似计算。

$$\varepsilon_\alpha = [z_1(\tan\alpha_{at1} - \tan\alpha) + z_2(\tan\alpha_{at2} - \tan\alpha)]/(2\pi) \tag{6.15}$$

由于设计之初齿轮参数未知，齿顶圆压力角 α_{at} 无法确定，所以 ε_α 通常按图 6.19 查取。

用法举例： 已知 $z_1 = 22, z_2 = 70, \beta = 14°$，求 ε_α 的值。

解： 由图 6.19 分别查得 $\varepsilon_{\alpha1} = 0.765$，$\varepsilon_{\alpha2} = 0.87$，得

$$\varepsilon_\alpha = \varepsilon_{\alpha1} + \varepsilon_{\alpha2} = 0.765 + 0.87 = 1.635$$

6.6.3　齿面接触疲劳强度计算

圆柱斜齿轮传动的齿面接触疲劳强度公式与直齿圆柱齿轮传动相似，但有以下两点区别：

（1）斜齿圆柱齿轮的受力方向为法向，故综合曲率半径 ρ_Σ 应在法向求取。

（2）斜齿圆柱齿轮传动由于接触线的倾斜及重合度的增大，接触线长度加大，计算时需要考虑这一影响。

在考虑以上两点并进行修正后，推得斜齿轮传动的接触强度条件如下：

齿面接触疲劳强度校核公式为

$$\sigma_H = \sqrt{\frac{KF_t}{bd_1\varepsilon_\alpha} \frac{u \pm 1}{u}} \cdot Z_H Z_E \leqslant [\sigma_H] \quad \text{(MPa)} \tag{6.16}$$

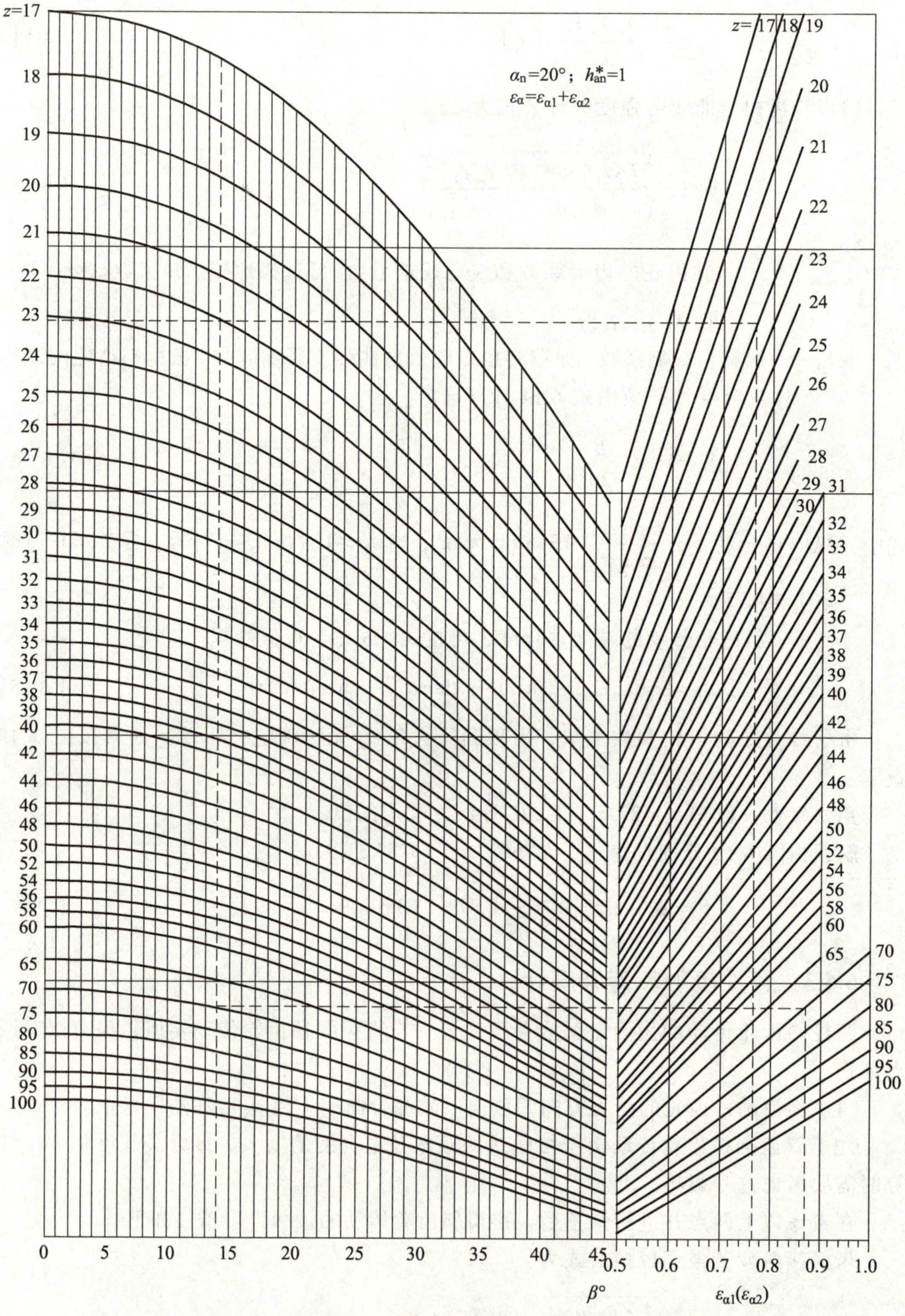

图 6.19 斜齿轮的端面重合度 ε_α

齿面接触疲劳强度设计公式为

$$d_1 \geqslant \sqrt[3]{\frac{2KT_1}{\phi_d \varepsilon_\alpha} \frac{u \pm 1}{u} \left(\frac{Z_H Z_E}{[\sigma_H]} \right)^2} \quad \text{(mm)} \tag{6.17}$$

式中　Z_H——区域系数，$Z_H = \sqrt{\dfrac{2\cos\beta_b}{\sin\alpha_t \cos\alpha_t}}$，也可根据斜齿轮螺旋角 β 的值由图 6.20 查取。

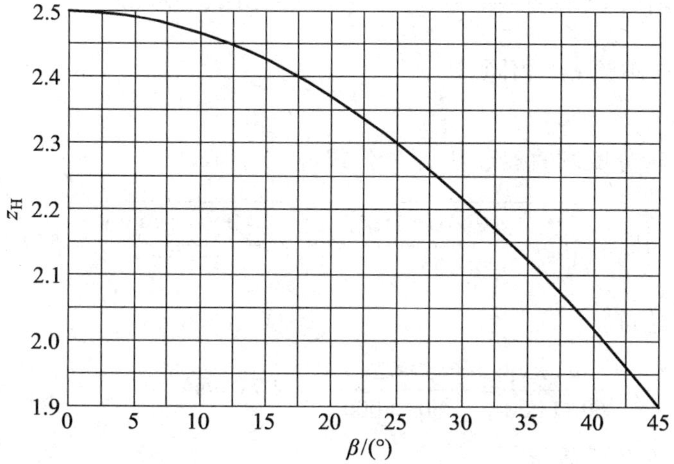

图 6.20　区域系数 Z_H（$\alpha = 20°$）

在斜齿轮传动中，当大齿轮的齿根面产生点蚀时，仅实际承载区由大齿轮的齿根面向齿顶面有所转移而已，并不导致斜齿轮传动的失效（直齿轮传动齿面上的接触线为一平行于轴线的直线，大齿轮齿根面点蚀时，纵然小齿轮不坏，这对齿轮也不能再继续工作了）。斜齿轮传动齿面的接触疲劳强度应同时取决于大、小齿轮。实用中斜齿轮传动的许用接触压力可取为 $[\sigma_H] = \dfrac{[\sigma_{H1}] + [\sigma_{H2}]}{2}$，当 $[\sigma_H] > 1.23[\sigma_{H2}]$ 时，应取 $[\sigma_H] = 1.23[\sigma_{H2}]$。

6.6.4　计算示例

例 6.2　按例 6.1 的数据，改用斜齿圆柱齿轮传动，试设计此传动。

解： 1. 按选定齿轮类型、精度等级、材料及齿数

（1）材料及热处理仍按例题 6.1 选取。

（2）精度等级仍然选用 7 级。

（3）选小齿轮齿数 $z_1 = 24$，大齿轮齿数 $z_2 = 77$。

（4）初选螺旋角 β=14°。

2. 按齿面接触强度设计

$$d_1 \geqslant \sqrt[3]{\frac{2KT_1}{\phi_d \varepsilon_\alpha} \frac{u \pm 1}{u} \left(\frac{Z_H Z_E}{[\sigma_H]} \right)^2}$$

（1）确定公式内各计算数值。

① 试选载荷系数 $K_t = 1.6$。

② 由图 6.20 选取区域系数 $Z_H = 2.433$。

③ 由图 6.19 查得 $\varepsilon_{\alpha1}$=0.78，$\varepsilon_{\alpha2}$=0.87，则 $\varepsilon_\alpha = \varepsilon_{\alpha1} + \varepsilon_{\alpha2} = 1.65$。

④ 许用接触应力

$$[\sigma_H] = \frac{[\sigma_{H1}] + [\sigma_{H2}]}{2} = \frac{540+522.5}{2} = 531.25\text{（MPa）}$$

其余参数均与例题 6.1 相同。

（2）计算。

① 试算小齿轮分度圆直径，由计算公式得

$$d_{1t} \geqslant \sqrt[3]{\frac{2\times1.6\times9.948\times10^4}{1\times1.65}\times\frac{4.2}{3.2}\times\left(\frac{2.433\times189.8}{531.25}\right)^2} = 57.62\text{（mm）}$$

② 计算圆周速度。

$$v = \frac{\pi d_{1t} n_1}{60\times1\,000} = \frac{\pi\times57.62\times960}{60\times1\,000} = 2.9\text{（m/s）}$$

③ 计算齿宽 b 及模数 m_n。

$$b = \phi_d \times d_{1t} = 1\times57.62 = 57.62\text{（mm）}$$

$$\text{模数 } m_{nt} = \frac{d_{1t}\cos\beta}{z_1} = \frac{57.62\times\cos14^\circ}{24} = 2.33\text{（mm）}$$

$$\text{齿高 } h = 2.25 m_{nt} = 2.25\times2.33 = 5.24\text{（mm）}$$

$$\frac{b}{h} = \frac{57.62}{5.24} = 10.99$$

④ 计算纵向重合度。

$$\varepsilon_\beta = 0.318\phi_d z_1 \tan\beta = 0.318\times1\times24\times\tan14^\circ = 1.903$$

⑤ 计算载荷系数。

已知使用系数 $K_A = 1$，根据圆周速度 $\upsilon = 2.9$ m/s 以及 7 级精度，由图 6.6 查得动载系数 $K_v = 1.11$；由表 6.2 查得 $K_{H\alpha} = K_{F\alpha} = 1.2$；由表 6.3 中公式计算得 $K_{H\beta} = 1.411$；查图 6.10 得齿轮 $K_{F\beta} = 1.36$，故载荷系数

$$K = K_A K_V K_\alpha K_\beta = 1\times1.11\times1.2\times1.411 = 1.88$$

⑥ 按实际的载荷系数校正所算得的分度圆直径，由式（6.7）得

$$d_1 = d_{1t}\sqrt[3]{\frac{K}{K_t}} = 57.62\times\sqrt[3]{\frac{1.88}{1.6}} = 60.8\text{（mm）}$$

⑦ 计算模数 m_{nt}。

$$m_{nt}=\frac{d_{1t}\cos\beta}{z_1}=\frac{60.8\times\cos 14^\circ}{24}=2.46\text{（mm）}$$

3. 按齿根弯曲强度计算

由式（6.13）得弯曲强度设计公式为

$$m_n \geqslant \sqrt[3]{\frac{2KT_1Y_\beta\cos^2\beta}{\phi_d z_1^2\varepsilon_\alpha}\frac{Y_{Fa}Y_{Sa}}{[\sigma_F]}}$$

（1）确定公式内各计算数值。

① 计算载荷系数。

$$K=K_AK_VK_\alpha K_\beta=1\times1.11\times1.2\times1.36=1.81$$

② 根据纵向重合度 $\varepsilon_\beta=1.903$，从式（6.14）计算得到螺旋角影响系数。

$$Y_\beta=1-\varepsilon_\beta\frac{\beta}{120^\circ}=1-1.903\times\frac{14^\circ}{120^\circ}=0.778$$

③ 计算当量齿数。

$$z_{v1}\approx\frac{z_1}{\cos\beta^3}=\frac{24}{\cos^3 14^\circ}=26.27$$

$$z_{v2}\approx\frac{z_2}{\cos\beta^3}=\frac{77}{\cos^3 14^\circ}=84.29$$

④ 查取齿形系数。

由表 6.6 查得 $Y_{Fa1}=2.592$； $Y_{Fa2}=2.211$

⑤ 查取应力校正系数。

由表 6.6 查得 $Y_{Sa1}=1.596$； $Y_{Sa2}=1.774$

其余参数与例题 6.1 相同

⑥ 计算大小齿轮的 $\frac{Y_{Fa}Y_{Sa}}{[\sigma_F]}$ 并加以比较。

$$\frac{Y_{Fa1}Y_{Sa1}}{[\sigma_{F1}]}=\frac{2.592\times1.596}{303.57}=0.013\,63$$

$$\frac{Y_{Fa2}Y_{Sa2}}{[\sigma_F]_2}=\frac{2.211\times1.774}{238.86}=0.016\,42$$

大齿轮数值大，其值代入公式计算。

（2）设计计算。

$$m_n\geqslant\sqrt[3]{\frac{2\times1.81\times9.948\times10^4\times0.778\times(\cos 14^\circ)^2}{1\times24^2\times1.65}\times0.016\,42}=1.66\text{（mm）}$$

对比两种强度的计算结果，最后取定标准模数值 $m_n=2.5\text{ mm}$。

4. 几何尺寸计算

（1）计算中心距。

初算：$a_t = \frac{(z_1+z_2)m_n}{2\cos\beta} = \frac{(24+77)\times 2.5}{2\cos 14^\circ} = 130.115$（mm）

将中心距圆整为 $a = 130$ mm。

（2）将圆整后的中心距修正螺旋角。

$$\beta = \arccos\frac{(z_1+z_2)m_n}{2a} = \arccos\frac{(24+77)\times 2.5}{2\times 130} = 13.8^\circ$$

因 β 值改变不多，故参数 ε_α、K_β、Z_H 等不必修正。

（3）计算大、小齿轮分度圆直径。

$$d_1 = \frac{z_1 m_n}{\cos\beta} = \frac{24\times 2.5}{\cos 13.8^\circ} = 61.78\text{（mm）}$$

$$d_2 = \frac{z_2 m_n}{\cos\beta} = \frac{77\times 2.5}{\cos 13.8^\circ} = 198.22\text{（mm）}$$

（4）计算齿轮宽度。

$$b = \phi_d \times d_1 = 1\times 61.78 = 61.78\text{（mm）}$$

取 $B_2 = 65$ mm，$B_1 = 70$ mm。

6.7　标准锥齿轮及其传动

渐开线圆锥齿轮传动有多种类型，主要用于传递两相交轴间的旋转运动和转矩。按两轴交角可分为正交齿轮和非正交齿轮传动；按节面齿线可分为直齿圆锥齿轮、斜齿圆锥齿轮、弧齿圆锥齿轮、零度弧齿圆锥齿轮、摆线齿圆锥齿轮传动；按齿高可分为不等顶隙收缩齿齿轮、等顶隙收缩齿齿轮、双重收缩齿齿轮、等高齿齿轮传动。

直齿锥齿轮：主要用于低速传动，如手动起重机传动、防护卷扬机、千斤顶或较小功率的一般传动（通常 $\upsilon \leqslant 6$ m/s，对于磨齿 $\upsilon \leqslant 20$ m/s）。

斜齿锥齿轮：由于其重合度较大，比直齿锥齿轮运转更平稳、噪声较小。它主要用于高功率和高转速的场合，如通用传动，作为多级圆锥齿轮传动高速输入级，也用于机床传动（铣齿或刨齿 $\upsilon \leqslant 40$ m/s，磨齿 $\upsilon \leqslant 60$ m/s，极限可达 $\upsilon \leqslant 100$ m/s）。

曲齿锥齿轮：主要用于运转噪声、齿根承载能力要求特别高的场合。由于齿廓的几何形状，曲齿锥齿轮只有一部分齿宽承受载荷，对轴向位移误差不敏感。可用在大功率传动装置和汽车的差速装置上（$\upsilon \leqslant 30$ m/s，磨齿可达 $\upsilon \leqslant 60$ m/s）。锥齿轮传动装置在制造、安装（齿轮位置调整）和支承中需要非常谨慎，因为它很大程度上决定了运转噪声和寿命。对于曲齿锥齿轮的计算和设计，可根据机床制造商的相关资料实施。

下面着重介绍最常用的、轴交角为 $\Sigma = 90^\circ$ 的标准直齿圆锥齿轮的强度设计。

6.7.1 标准直齿锥齿轮传动主要几何尺寸计算

直齿锥齿轮传动是以大端参数为标准值的。在强度计算时，则以齿宽中点处的当量齿轮作为计算的依据。图 6.21 给出了 $\Sigma = 90°$ 的不等顶隙和等顶隙收缩齿直齿圆锥齿轮的主要几何参数之间的关系。表 6.8 给出了锥齿轮标准模数系列，直齿锥齿轮传动几何尺寸计算见表 6.9。

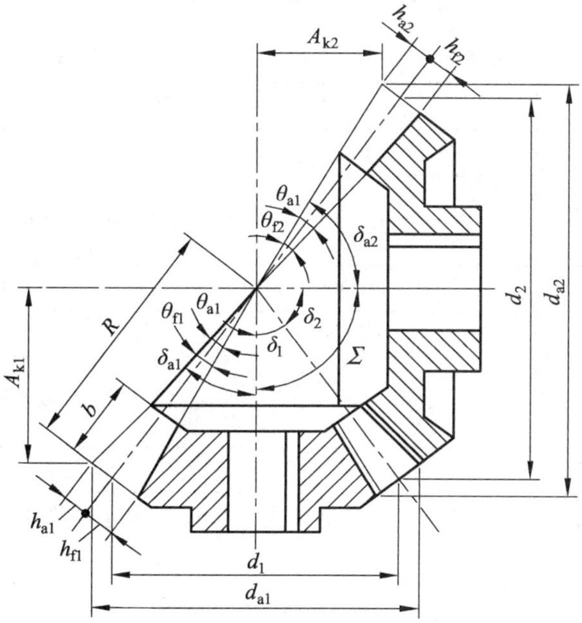

（a）不等顶隙收缩齿

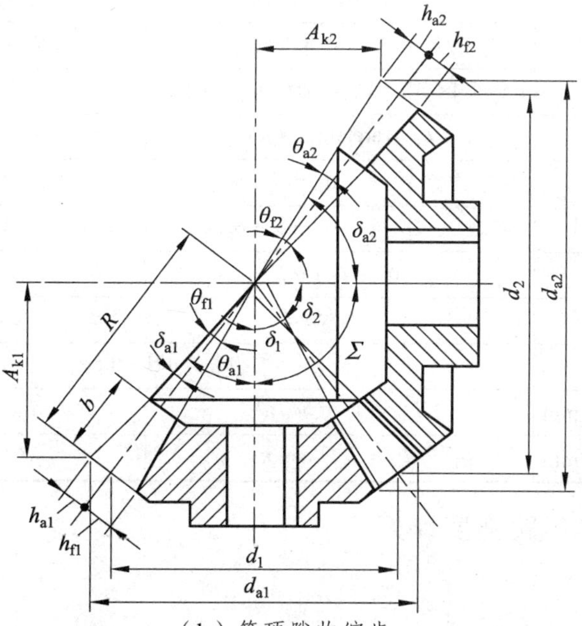

（b）等顶隙收缩齿

图 6.21 直齿锥齿轮传动的几何参数

表 6.8　锥齿轮标准模数系列（摘自 GB/T 12368—1990）　　单位：mm

0.4	0.5	0.6	0.7	0.8	0.9	1	1.125	1.25	1.375	1.5	1.75	2	2.25	2.5
2.75	3	3.25	3.5	3.75	4	4.5	5	5.5	6	6.5	7	8	9	10
11	12	14	16	18	20	22	25	28	30					

对于轴交角 $\Sigma = 90°$ 的直齿圆锥齿轮，各参数之间的相互关系见表 6.9。

表 6.9　标准直齿锥齿轮传动几何尺寸计算

名　称		计算公式	
		小齿轮	大齿轮
齿数比		$u = \dfrac{z_2}{z_1} = \dfrac{d_2}{d_1} = \cot\delta_1 = \tan\delta_2$	
分度圆锥角/（°）		$\delta_1 = \arctan(z_1 / z_2)$	$\delta_2 = 90° - \delta_1$
分度圆直径/mm		$d_1 = mz_1$	$d_2 = mz_2$
锥距/mm		$R = \dfrac{1}{2}\sqrt{d_1^2 + d_2^2} = \dfrac{d_1}{2}\sqrt{u^2+1}$，应计算至小数点后两位	
齿宽系数		$\phi_R = b / R$	
齿宽/mm		$b = \phi_R R$，通常取齿宽系数 $\phi_R = 0.25 \sim 0.35$（常用值为 $\phi_R = 1/3$）	
齿顶高/mm		$h_a = h_a^* m$	
齿根高/mm		$h_f = (h_a^* + c^*)m$，注：$h_a^* = 1$,　$c^* = 0.2$	
齿顶圆直径/mm		$d_{a1} = d_1 + 2h_a^* m\cos\delta_1$	$d_{a2} = d_2 + 2h_a^* m\cos\delta_2$
齿顶角/（°）	不等顶隙	$\theta_{a1} = \arctan(h_{a1} / R)$	$\theta_{a2} = \arctan(h_{a2} / R)$
	等顶隙	$\theta_{a1} = \arctan(h_{f2} / R)$	$\theta_{a2} = \arctan(h_{f1} / R)$
齿根角/（°）		$\theta_{f1} = \arctan(h_{f1} / R)$	$\theta_{f2} = \arctan(h_{f2} / R)$
顶锥角/（°）	不等顶隙	$\delta_{a1} = \delta_1 + \theta_{a1}$	$\delta_{a2} = \delta_2 + \theta_{a2}$
	等顶隙	$\delta_{a1} = \delta_1 + \theta_{f2}$	$\delta_{a2} = \delta_2 + \theta_{f1}$
根锥角/（°）		$\delta_{f1} = \delta_1 + \theta_{f1}$	$\delta_{f2} = \delta_2 + \theta_{f2}$
当量齿数		$z_{v1} = z_1 / \cos\delta_1$	$z_{v2} = z_2 / \cos\delta_2$
平均模数/mm		$m_m = m(1 - 0.5\phi_R)$	
齿宽中点分度圆直径/mm		$d_{m1} = (1 - 0.5\phi_R)d_1$	$d_{m2} = (1 - 0.5\phi_R)d_2$
当量齿轮分度圆直径/mm		$d_{v1} = d_{m1} / \cos\delta_1$	$d_{v2} = d_{m2} / \cos\delta_2$

6.7.2　直齿锥齿轮强度计算

1. 受力分析

直齿锥齿轮齿面上所受的法向载荷通常都视为集中作用在平均分度圆上，即在齿宽中点的法向截面 N—N（$Pabc$ 平面）内（图 6.22）。与圆柱齿轮一样，将法向载荷分解为切于分度圆锥面的周向分力，即圆周力 F_t（主动轮上，圆周力与转动方向相反，从动轮上与其转动方向一致），径向分力 F_r（始终垂直于轴线指向轮心）和轴向分力 F_a（小端指向大端）。小锥齿轮轮齿上所受各力的方向如图 6.22 所示，各力的大小分别为

$$\left.\begin{aligned} F_{t1} &= \frac{2T_1}{d_{m1}} = F_{t2} \\ F_{r1} &= F_{t1}\tan\alpha\cos\delta_1 = F_{a2} \\ F_{a1} &= F_{t1}\tan\alpha\sin\delta_1 = F_{r2} \\ F_n &= \frac{F_{t1}}{\cos\alpha} \end{aligned}\right\} \tag{6.18}$$

式中，F_{t1} 与 F_{t2}、F_{r1} 与 F_{a2}、F_{a1} 与 F_{r2} 大小相等，方向相反。

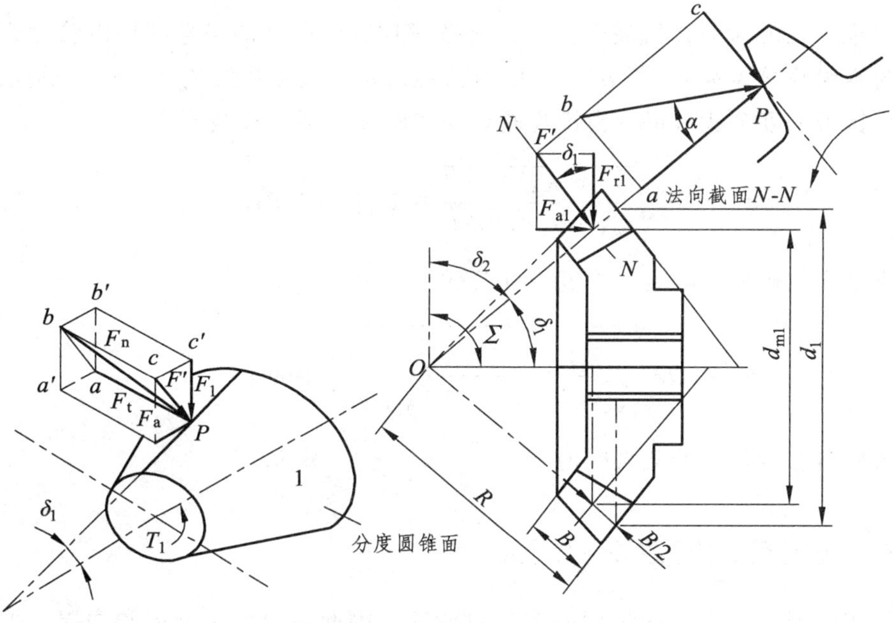

图 6.22　直齿锥齿轮的轮齿受力分析

2. 直齿圆锥齿轮的弯曲强度

直齿锥齿轮的弯曲疲劳强度可近似地按平均分度圆处的当量圆柱齿轮进行计算，因而可依据直齿圆柱齿轮的强度公式推得直齿锥齿轮齿根弯曲疲劳强度校核公式

$$\sigma_F = \frac{KF_tY_{Fa}Y_{Sa}}{bm(1-0.5\phi_R)} \leqslant [\sigma_F] \quad \text{(MPa)} \tag{6.19}$$

式中　Y_{Fa}，Y_{Sa}——齿形系数及应力校正系数，按当量齿数 z_v 查表 6.6；

K——载荷系数，与前面直齿圆柱齿轮相同，$K = K_AK_VK_\alpha K_\beta$，其中使用系数 K_A 查表 6.1；动载系数 K_V 可按图 6.6 中低一级精度及平均分度圆处的线速度 v_m 查取，齿间载荷分配系数可取 $K_{F\alpha}=K_{H\alpha}=1$，齿向载荷分布系数 $K_{F\beta}=K_{Hb}^{'}=1.5K_{H\beta be}$。$K_{H\beta be}$ 为轴承载荷系数，可从表 6.10 中查取。

表 6.10　轴承载荷系数 $K_{H\beta be}$

应用范围	锥齿轮副支承情况		
	两轮均用两端支承	一轮两端支承一轮悬臂支承	两轮均用悬臂支承
工业机器、船舶	1.10	1.25	1.50
车辆、飞机	1.00	1.10	1.25

直齿锥齿轮齿根弯曲疲劳强度设计公式

$$m \geqslant \sqrt[3]{\frac{4KT_1}{\phi_R(1-0.5\phi_R)^2 z_1^2\sqrt{u^2+1}}\cdot\frac{Y_{Fa}Y_{Sa}}{[\sigma_F]}} \quad \text{(mm)} \tag{6.20}$$

3．直齿锥齿轮的齿面接触强度

直齿锥齿轮的齿面接触疲劳强度，仍按平均分度圆处的当量圆柱齿轮计算，工作齿宽即为锥齿轮的齿宽 b。对 $\alpha=20°$ 的直齿锥齿轮，区域系数 $Z_H=2.5$，于是依据直齿圆柱齿轮接触强度公式可得直齿锥齿轮齿面接触疲劳强度校核公式

$$\sigma_H = 5Z_E\sqrt{\frac{KT_1}{\phi_R(1-0.5\phi_R)^2 d_1^3 u}} \leqslant [\sigma_H] \quad \text{(MPa)} \tag{6.21}$$

直齿锥齿轮齿面接触疲劳强度设计公式

$$d_1 \geqslant 2.92\sqrt[3]{\left(\frac{Z_E}{[\sigma_H]}\right)^2\frac{KT_1}{\phi_R\left(1-0.5\phi_R\right)^2 u}} \quad \text{(mm)} \tag{6.22}$$

公式中各参数符号的意义同前。

6.8　齿轮传动的效率和润滑

齿轮传动时，相啮合的齿面间有相对滑动，因此就会产生摩擦和磨损，增加动力消耗，降低传动效率。

6.8.1　齿轮传动的效率

闭式齿轮传动的功率损耗一般包括三部分，即啮合摩擦损失、搅动润滑油的油阻损失和轴承中的摩擦损失。因此总效率为

$$\eta = \eta_1\eta_2\eta_3 \tag{6.23}$$

式中　η_1——考虑齿轮啮合损失的效率；

η_2——考虑搅油损失的效率；

η_3——轴承的效率。

当齿轮速度不高且采用滚动轴承时，计入上述三种损失后的传动效率可查表 6.11。

表 6.11　采用滚动轴承时齿轮传动的效率

传动类型	闭式传动（油润滑）		开式传动（脂润滑）
	6 级或 7 级精度	8 级精度	
圆柱齿轮传动	0.98	0.97	0.95
圆锥齿轮传动	0.97	0.96	0.94

6.8.2　齿轮传动的润滑

轮齿啮合面加注润滑剂，可避免金属直接接触，减少摩擦磨损，同时还可以起到散热和防锈蚀的目的。因此，对齿轮传动进行适当地润滑，可以大为改善轮齿的工作状况，确保运转正常及预期的寿命。

开式及半开式齿轮传动或速度较低的闭式齿轮传动，因圆周速度低，通常采用人工周期性加油润滑及油杯滴油润滑。一般的闭式齿轮传动的润滑方式根据齿轮的圆周速度大小而定。

1. 浸油润滑

当齿轮的圆周速度 $\upsilon<12$ m/s时，常将大齿轮的轮齿浸入油池中进行浸油润滑（图6.23）。这样，齿轮在传动时，就把润滑油带到啮合的齿面上，同时也将油甩到箱壁上，借以散热。齿轮浸入油中的深度可视齿轮的圆周速度大小而定，对圆柱齿轮通常不宜超过一个齿高，但一般亦不应小于 10 mm；对圆锥齿轮应浸入全齿宽，至少应浸入齿宽的一半。在多级齿轮传动中，可借带油轮将油带到未浸入油池内的齿轮的齿面上（图 6.24）。

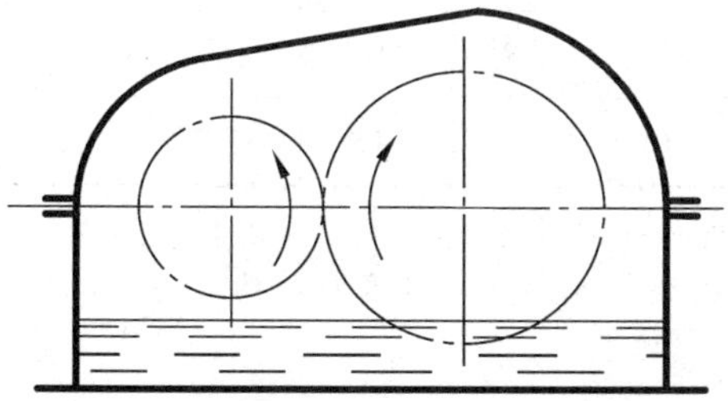

图 6.23　浸油润滑

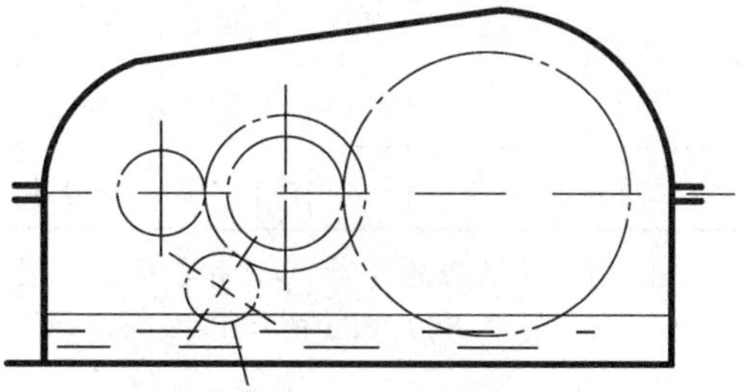

图 6.24　用带油轮带油

2. 喷油润滑

当齿轮的圆周速度 $\upsilon>12$ m/s 时，应采用喷油润滑（图 6.25），即由油泵或中心油站以一定的压力供油，借喷嘴将润滑油喷到轮齿的啮合面上。当 $\upsilon\leqslant 25$ m/s 时，喷嘴位于轮齿啮入边或啮出边均可；当 $\upsilon>25$ m/s 时，喷嘴应位于轮齿啮出的一边，以便借润滑油及时冷却刚啮合过的轮齿，同时亦对轮齿进行润滑。

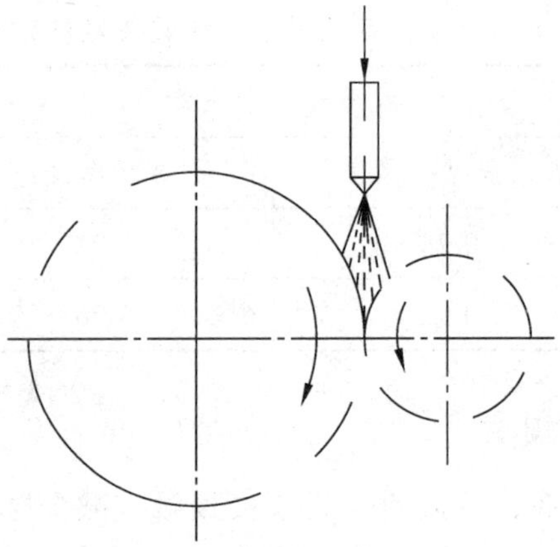

图 6.25　喷油润滑

6.8.3　润滑剂的选择

齿轮传动常用的润滑剂为润滑油或润滑脂。选用时，应根据齿轮的工作情况（转速高低、载荷大小、环境温度等），选择润滑剂的黏度、牌号。表 6.12 为齿轮传动润滑油黏度推荐用值。

表 6.12　齿轮传动润滑油黏度推荐用值

齿轮材料	强度极限 σ_b / MPa	圆周速度 υ /（m/s）						
		<0.5	0.51	12.5	2.55	512.5	12.525	>25
		运动黏度 ν / $(mm^2 \cdot s^{-1})$ (40°)						
塑料、铸铁、青铜	—	177	118	81.5	59	44	32.4	—
钢	450 ~ 1 000	266	177	118	81.5	59	44	32.4
	1 000 ~ 1 250	266	266	177	118	81.5	59	44
渗碳或表面淬火钢	1 250 ~ 1 580	444	266	266	117	118	81.5	59

注：1. 多级齿轮传动，采用各级齿轮传动圆周速度的平均值来选取润滑油的黏度。
2. 对于 800 MPa 的镍铬钢制齿轮（不渗碳）的润滑油黏度应取高一档的数值。

6.9　齿轮的结构设计

齿轮的结构设计与齿轮的几何尺寸、毛坯、材料、加工方法、使用要求及经济性等因素有关。进行齿轮的结构设计时，必须综合考虑上述各方面的因素。通常是按齿轮的直径大小，选定合适的结构形式，然后再根据推荐用的经验数据，进行结构设计。齿轮结构设计通常有以下几种。

6.9.1　齿轮轴

对于直径很小的圆柱齿轮时[图 6.26（a）]，若齿根圆到键槽底部的距离 $e < 2m$（m

为端面模数）；当为锥齿轮时[图 6.26（b）]，按齿轮小端尺寸计算而得的 $e<1.6m$ 时，均应将齿轮和轴做成一体，叫作齿轮轴（图 6.27）。当 e 值超过上述尺寸时，齿轮与轴以分开制造为合理。

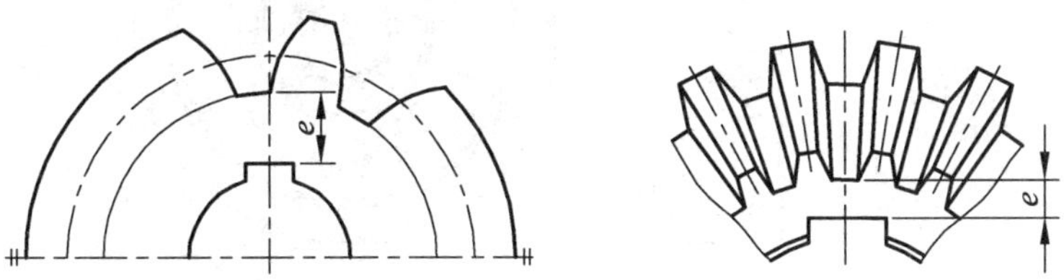

（a）　　（b）

图 6.26　齿轮的结构

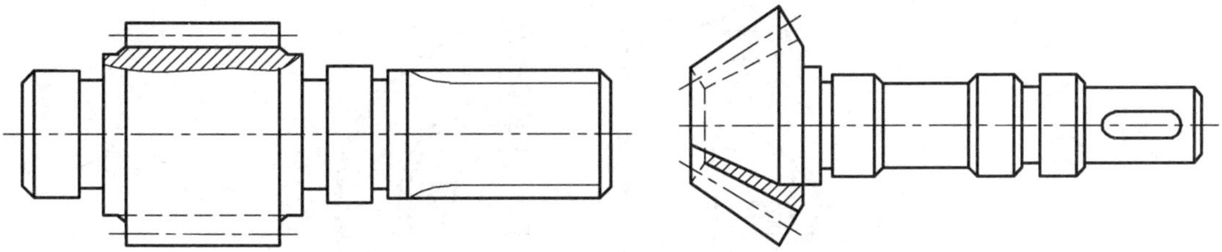

（a）圆柱齿轮轴　　（b）锥齿轮轴

图 6.27　齿轮轴

6.9.2　实心式齿轮

当齿顶圆直径 $d_a \leqslant 160$ mm 或高速传动且要求低噪声时，可以做成实心结构的齿轮，如图 6.28 所示。

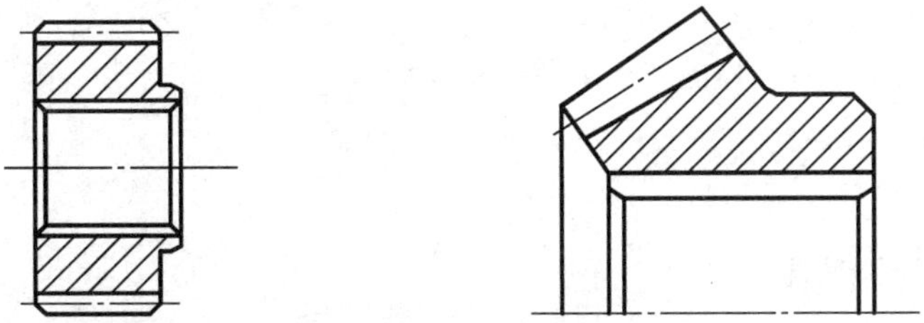

（a）实心式圆柱齿轮　　（b）实心式圆锥齿轮

图 6.28　实心齿轮（$d_a<160$ mm）

6.9.3　腹板式齿轮

当齿顶圆直径 $d_a \leqslant 500$ mm 时，通常做成腹板式结构的齿轮（图 6.29），以减轻质量（通常用锻钢毛坯）。腹板上开孔的数目按结构尺寸大小及需要而定。

尺寸 J 由结构设计而定，常用齿轮的 C 值不应小于 10 mm，航空用齿可取 $C=3\sim6$ mm。

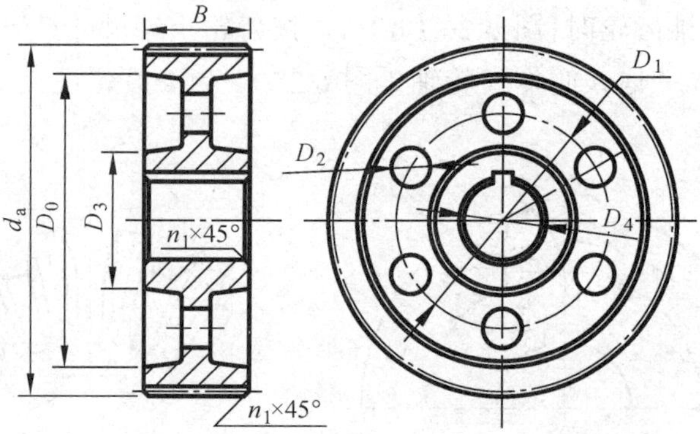

（a）

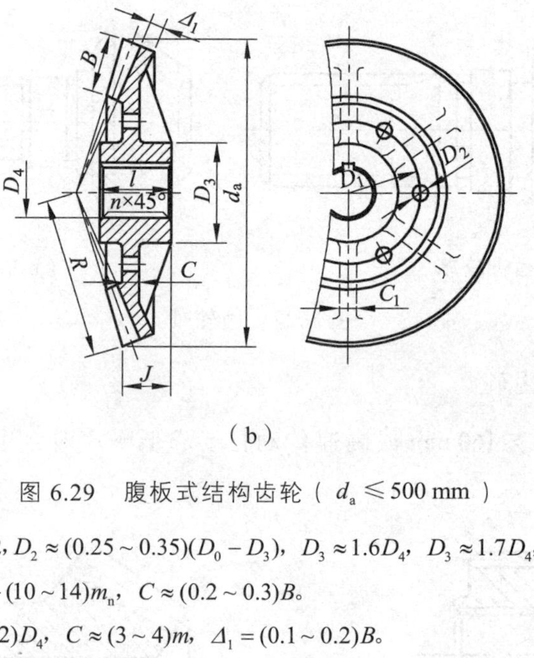

（b）

图 6.29　腹板式结构齿轮（ $d_a \leqslant 500\ \text{mm}$ ）

注： $D_1 \approx (D_0 + D_3)/2, D_2 \approx (0.25 \sim 0.35)(D_0 - D_3)$， $D_3 \approx 1.6D_4$， $D_3 \approx 1.7D_4$， $n_1 \approx 0.5m_n$。

圆柱齿轮： $D_0 \approx d_a - (10 \sim 14)m_n$， $C \approx (0.2 \sim 0.3)B$。

圆锥齿轮： $l \approx (1 \sim 1.2)D_4$， $C \approx (3 \sim 4)m$， $\varDelta_1 = (0.1 \sim 0.2)B$。

6.9.4　轮辐式齿轮

当齿顶圆直径 $400\ \text{mm} < d_a \leqslant 1\,000\ \text{mm}$，常做成轮辐式结构的齿轮（图 6.30），不宜锻造毛坯，常用铸铁或铸钢的铸造毛坯。轮辐剖面形状可采用椭圆形（轻载）、十字形（中载）、工字形（重载）等。

6.9.5　镶套式齿轮

对于大直径齿轮，为了节省材料可采用镶套式结构的齿轮（图 6.31）。如用优质锻钢做轮缘，用铸钢或铸铁做轮芯，两者用过盈配合，再在接缝处用紧定螺钉连接起来。

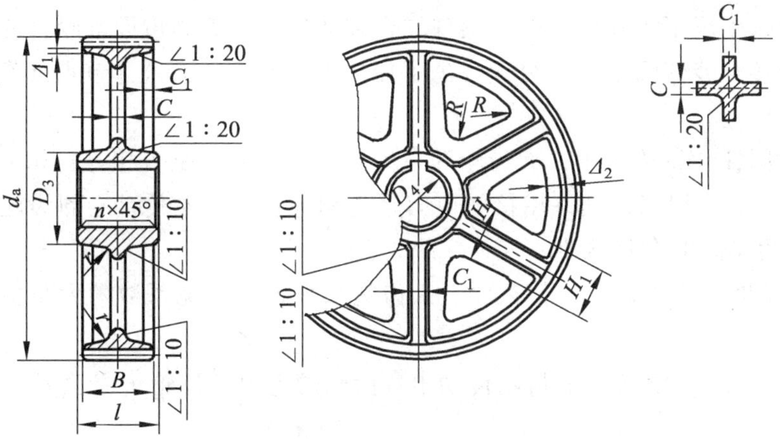

图 6.30　轮辐式结构齿轮（ $400\ \text{mm} < d_a \leqslant 1\,000\ \text{mm}$ ）

注：$B < 240$ mm；$D_3 \approx 1.6D_4$（钢材）；$D_3 \approx 1.7D_4$（铸铁）；$\varDelta_1 = (3 \sim 4)m_n$，但不应小于 8 mm；$\varDelta_2 \approx (1 \sim 1.2)\varDelta_1$；$H \approx 0.8D_4$（铸钢）；$H \approx 0.9D_4$（铸铁）；$H_1 \approx 0.8H$；$C \approx \dfrac{H}{5}$；$C_1 \approx \dfrac{H}{6}$；$R \approx 0.5H$；$1.5D_4 > l \geqslant B$；轮辐数常取为 6。

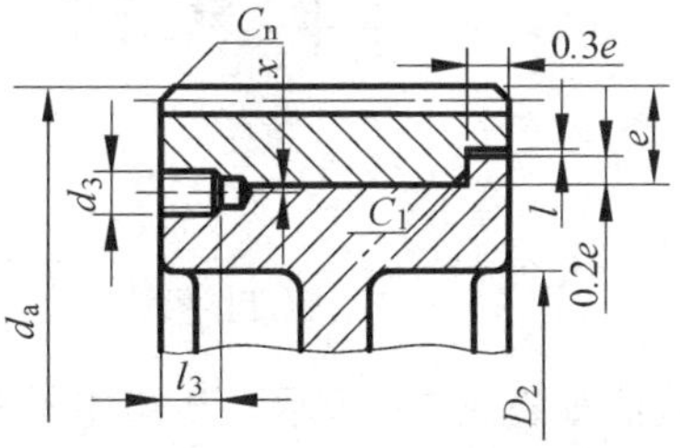

图 6.31　镶套式结构齿轮

注：$e \approx 5m$，$d_3 \approx 0.05d_0$（d_0 为孔的直径），$D_2 \approx d_a - 18m$，$l_3 \approx 0.15d_0$，$x \approx (1 \sim 3)$mm，接缝螺钉数为 4～8 个。

思考与习题

1. 点蚀通常发生在齿面的什么部位？为什么？可采取哪些措施增加齿轮抗点蚀的能力？

2. 齿轮发生弯曲疲劳失效的危险截面是齿根，请问疲劳裂纹通常发生在哪一侧？为什么？可采取哪些措施提高轮齿弯曲强度？

3. 在设计齿轮传动时，确定齿轮的模数 m 和小齿轮齿数 z_1 需要遵循哪些原则？

4. 设计齿轮传动时为什么引入动载系数 K_V？减小动载荷的措施有哪些？

5. 开式齿轮传动应按何种强度条件进行计算？与闭式齿轮传动有何不同？为什么？怎样考虑开式齿轮工作过程中磨损对强度的影响问题？

6. 设计圆柱齿轮传动时，常取小齿轮的齿宽 b_1 大于大齿轮的齿宽 b_2，为什么？在强度计算公式中，齿宽 b 应代入 b_1，还是 b_2？

7. 在什么工况下工作的齿轮易出现胶合破坏？如何提高齿面抗胶合的能力？

8. 齿面接触疲劳强度计算公式考虑了什么因素？为什么选择节点处作为齿面接触应力的计算点？

9. 一对圆柱齿轮传动中，大齿轮和小齿轮的接触应力是否相等？如大、小齿轮的材料及热处理情况相同，其许用接触应力是否相等？直齿轮传动与斜齿轮传动在确定许用接触应力$[\sigma_H]$时有何区别？

10. 在齿轮设计公式中为什么要引入齿宽系数ϕ_d？齿宽系数的大小主要与哪两方面因素有关？

11. 标注如图 6.32 所示的齿轮传动中各齿轮的受力（齿轮 1 主动）

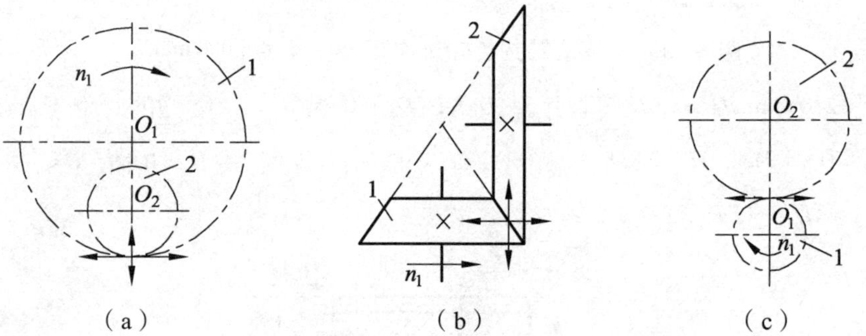

1—主动轮；2—从动轮。

图 6.32　题 11 图

12. 两级展开式齿轮减速器如图 6.33 所示。已知主动轮 1 为左旋，转向 n_1 如图示，为使中间轴上两齿轮所受的轴向力相互抵消一部分，试在图中标出各齿轮的螺旋线方向，并在各齿轮分离体的啮合点处标出齿轮的轴向力 F_a、径向力 F_r 和圆周力 F_t 的方向（圆周力 F_t 的方向分别用符号⊗或⊙表示向内或向外）。

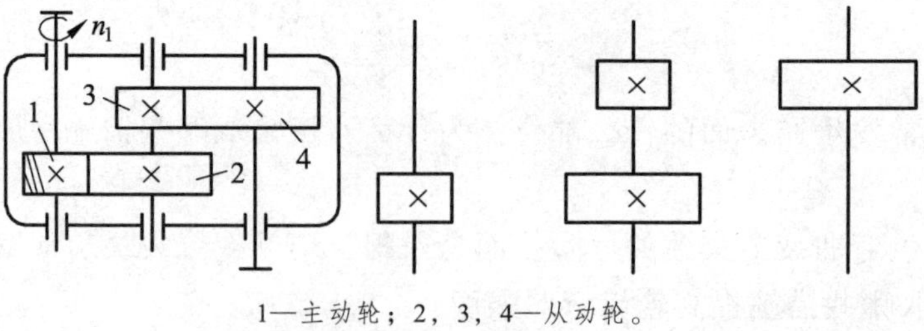

1—主动轮；2，3，4—从动轮。

图 6.33　题 12 图

第7章 蜗杆传动

本章介绍圆柱蜗杆传动的工作特点及有关的设计问题，主要包括蜗杆传动的使用场合、失效形式、传动比范围、主要参数和几何尺寸计算、常见的结构形式和材料选择等。本章的重点是蜗杆传动工作时的主要失效形式与参数、工作情况的关系，蜗杆传动的力分析和运动分析，以及强度和热平衡计算的必要性和重要性等。

蜗杆传动（图 7.1）是一种齿轮传动，两轴一般直角交错（交错角$\sum=90°$）。蜗杆传动由蜗杆[圆柱蜗杆或环面（圆弧面）蜗杆，大多数情况为主动件]和从属的蜗轮组成。斜齿轮构成的螺旋滚动传动为点接触，而蜗杆传动与之不同，其在啮合区域为线接触。蜗杆可以是单齿或者多齿，它如螺旋线一样以相等的导程绕在蜗杆轴上。蜗杆的头数 z_1 为端面截面上的齿数。根据齿廓方向分为右旋和左旋蜗杆，一般偏向于采用右旋齿廓方向。

与其他齿轮传动相比，其优点为传动平稳，噪声小，传动比大，单级传动比（一般只用于减速）可达 $i=8:100$，在特殊的场合，如分度机构传动比 i 可以达到 1 000。

缺点：齿面间的相对滑动会导致剧烈磨损、功率损耗大，效率低（与圆柱齿轮传动和锥齿轮传动相比）；轴向力很大，尤其是在蜗杆上，因此对轴的支承要求很高；蜗杆传动对于中心距的误差很敏感。

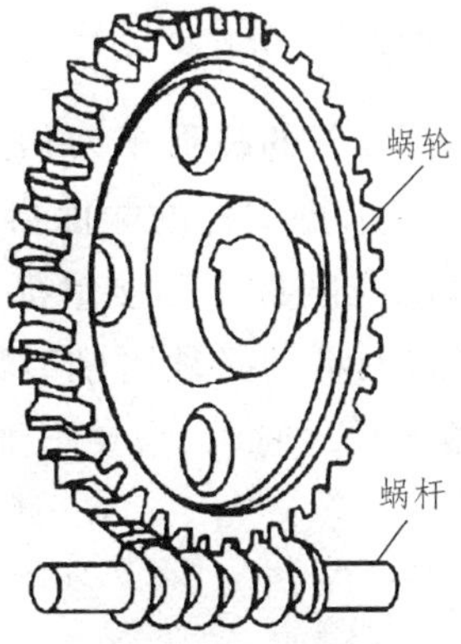

图 7.1　蜗杆传动

7.1　蜗杆传动的类型

根据蜗杆形状的不同，蜗杆传动可分为圆柱蜗杆传动[图 7.2（a）]、环面蜗杆传动[图 7.2（b）]和锥面蜗杆传动[图 7.2（c）]。圆柱蜗杆传动按照蜗杆齿廓形状又分为普通圆柱蜗杆传动和圆弧圆柱蜗杆传动等。普通圆柱蜗杆传动结构简单应用较为广泛，本章主要介绍这种类型。

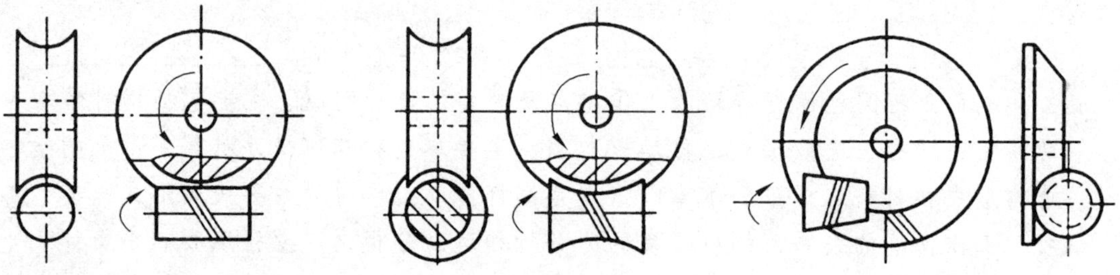

（a）圆柱蜗杆传动　（b）环面蜗杆传动　（c）锥面蜗杆传动

图 7.2　蜗杆传动的类型

7.1.1　普通圆柱蜗杆传动

普通圆柱蜗杆的齿面（ZK 型除外）一般是在车床上用直线刀刃的车刀车制而成的。刀具安装位置不同，蜗杆不同截面的齿廓曲线也不同。常用的普通圆柱蜗杆分为阿基米德蜗杆（ZA 型）、法向直廓蜗杆（ZN 型）、渐开线蜗杆（ZI 型）和锥面包络圆柱蜗杆（ZK 型）四种，括号内蜗杆型号标记中，Z 表示圆柱蜗杆，A、N、I、K 分别是蜗杆的齿形标记。

选择普通圆柱蜗杆齿形时应考虑的主要问题是蜗杆加工的便利性和磨削的可能性。由于蜗轮是用与其相啮合的蜗杆完全相同的刀具切削的（齿廓一致、分度圆直径一致、外径大 $2c$，c 为径向间隙），所以是否能实现高精度的蜗杆加工也间接地影响着蜗轮的加工精度。

1. 阿基米德蜗杆（ZA 蜗杆）

阿基米德蜗杆在车床上用直线刀刃的梯形车刀切削而成，这时刀刃的顶面必须通过蜗杆的轴线，如图 7.3 所示。阿基米德蜗杆的端面齿廓是阿基米德螺旋线，轴面齿廓（I—I 面）为直廓。阿基米德蜗杆的车削加工和测量都比较方便，在无须磨削加工的情况下被广泛应用；但该类蜗杆磨削困难，必须磨削时需采用特制剖面形状的砂轮。图 7.3（a）所示为单刀加工（导程角 $\gamma \leqslant 3°$ 时），当导程角 $\gamma > 3°$ 时常采用双刀加工，如图 7.3（b）所示。

2. 法向直廓蜗杆（ZN 蜗杆）

如果蜗杆的导程角很大，在加工时最好使刀具的刀刃顶面位于垂直于齿槽（或齿厚）中点螺旋线的法面内，这样切制出的蜗杆称为法向直廓蜗杆。法向直廓蜗杆的法向齿廓为直线，端面齿廓极接近延伸渐开线，如图 7.4 所示。这种蜗杆加工简单，可用直母线砂轮在普通螺纹磨床上磨齿，一般用于头数较多（3 头以上）、转速较高和要求精密传动的场合，传动效率可达 90%。法向直廓蜗杆也有单刀和双刀两种加工方式。

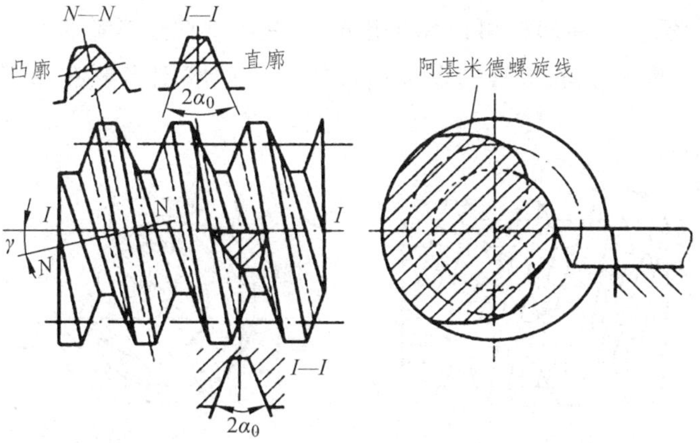

（a）单刀加工

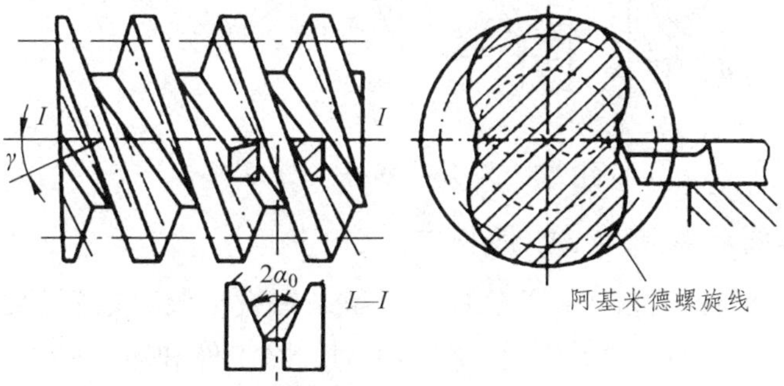

（b）双刀加工

图 7.3　阿基米德蜗杆（ZA 蜗杆）

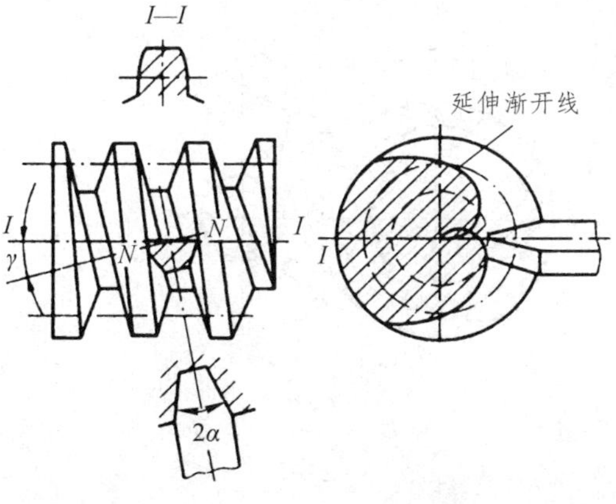

（a）单刀加工

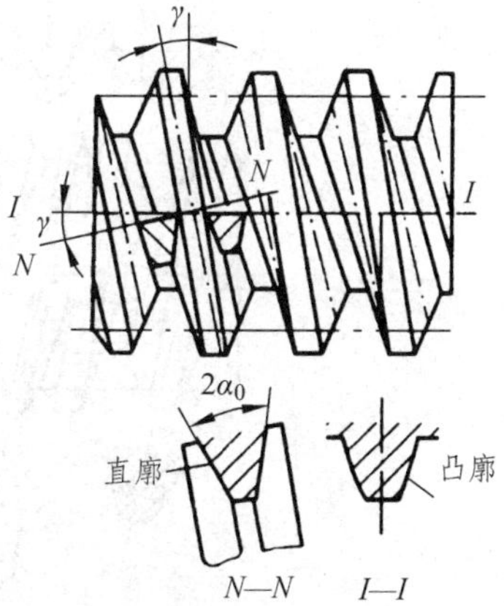

（b）双刀加工

图 7.4　法向直廓蜗杆（ZN 蜗杆）

3. 渐开线蜗杆（ZI 蜗杆）

渐开线蜗杆用两把直线刀刃的车刀在车床上加工。加工时，刀刃的顶面与基圆柱相切，一把刀高于蜗杆轴线，另一把低于蜗杆轴线。这样切制出的蜗杆端面齿廓为渐开线，如图 7.5 所示。这种蜗杆可以用平面砂轮沿着直线形螺旋齿面磨削，精度高，可用于高转速、大功率和要求精密的多头蜗杆传动，但磨削需要在专用机床上进行，传动效率可达 90%。

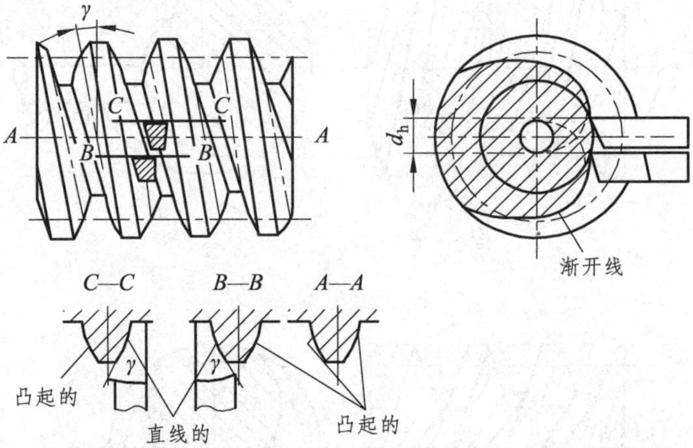

图 7.5 渐开线蜗杆（ZI 蜗杆）

4. 锥面包络圆柱蜗杆（ZK 蜗杆）

锥面包络圆柱蜗杆不能用车床车制，而需采用直母线双锥面盘铣刀（或砂轮）等置于蜗杆齿槽内加工，如图 7.6 所示。在加工时，除工件和刀具间的螺旋运动外，刀具还绕其轴线转动，蜗杆齿面是圆锥族面的包络面。这种蜗杆齿形曲线复杂，设计、测量困难，但磨削加工便利，无理论误差，能获得较高精度，传动效率可达 90%。

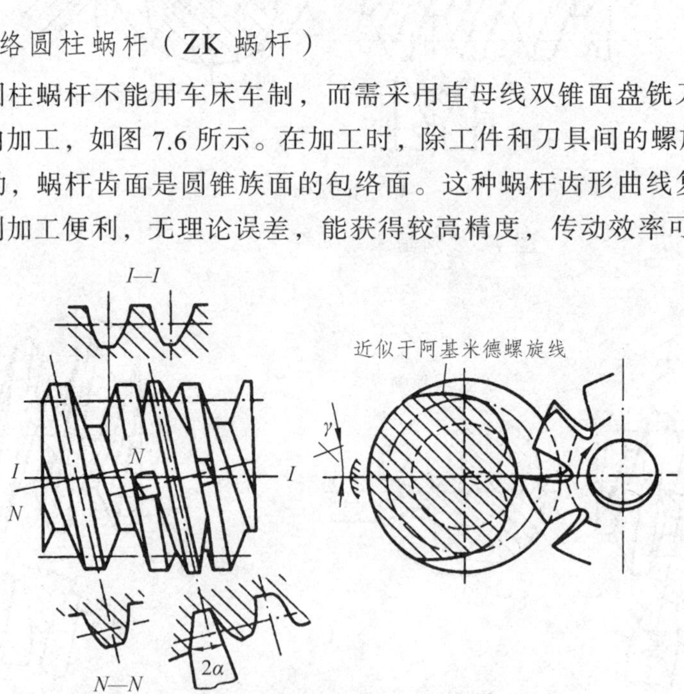

图 7.6 锥面包络蜗杆（ZK 蜗杆）

7.1.2 圆弧齿圆柱蜗杆传动

圆弧齿圆柱蜗杆是用刃边为凸圆弧形的刀具切削而成的，其加工方法和刀具的安装方式与车制 ZA 蜗杆一样，如图 7.7 所示。所以，在中间平面上圆弧圆柱蜗杆的齿廓为凹圆弧形，与其配对的蜗轮的齿廓为凸圆弧形，如图 7.8 所示。啮合时蜗杆的凹圆弧齿面与蜗轮的凸圆弧齿面线接触，接触应力小，齿根弯曲强度高，同时蜗杆可用轴向截面为圆弧形的砂轮精磨，所以具有承载能力大（是普通圆柱蜗杆传动的 1.5 ~ 2.5 倍），传动效率高（90%以上），传动比范围大（最大传动比可达 100）及精度高等优点。这种传动已广泛应用于冶金、矿山、化工、建筑、起重等机械设备的减速装备中。

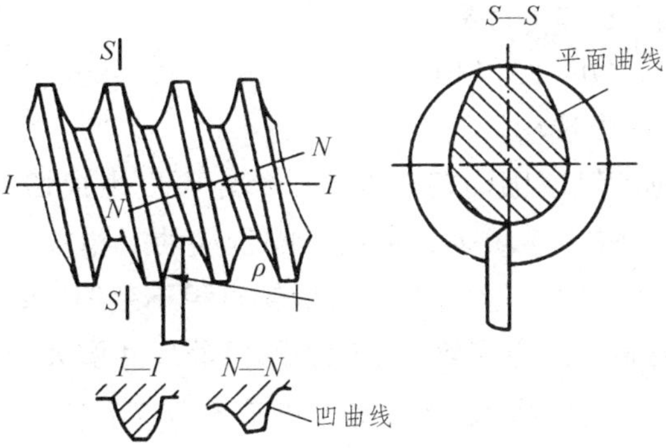

图 7.7　圆弧齿圆柱蜗杆

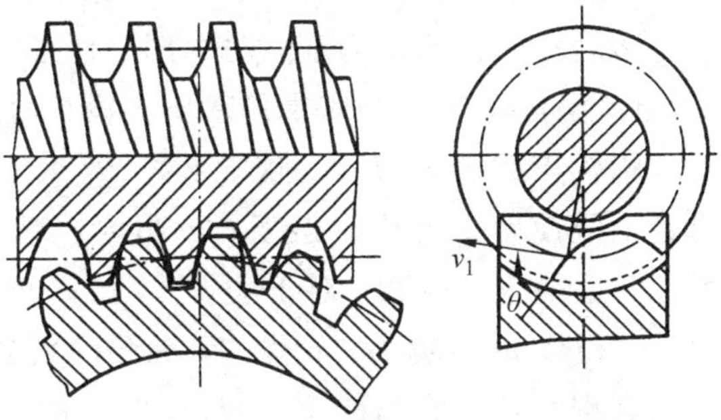

图 7.8　圆弧齿圆柱蜗杆传动

7.2　圆柱蜗杆传动的主要参数和尺寸计算

7.2.1　普通圆柱蜗杆传动的主要参数及其选择

蜗杆传动的主要参数有模数 m、压力角 α、蜗杆头数 z_1、蜗轮齿数 z_2、蜗杆直径 d_1、中心距 a 等。

1. 模数 m 和压力角 α

普通圆柱蜗杆与蜗轮啮合时，在中间平面上类似于齿轮和齿条传动，因此，传动的基本参数和几何尺寸计算均以中间平面为基准面。为保证正确啮合，蜗杆中间平面上的轴面模数 m_a、轴面压力角 α_a 应该与蜗轮的端面模数 m_t、端面压力角 α_t 分别相等，即

$$m_a = m_t = m，\ \alpha_a = \alpha_t = \alpha \tag{7.1}$$

蜗杆的轴面模数（蜗轮的端面模数）是标准值 m，ZA 蜗杆的轴向压力角为标准值 $\alpha = 20°$，ZN、ZI、ZK 蜗杆的法向压力角 α_n 为标准值。

2. 蜗杆头数 z_1 和蜗轮齿数 z_2

蜗杆头数 z_1 主要根据传动比和效率选定。在需要自锁或大传动比（如自锁机构或分度机构）时，多采用单头蜗杆，但效率低；为提高效率，应增加蜗杆头数，但头数过多会给加工带来困难，常取 $z_1 = 1$、2、4、6。

在蜗杆传动减速装置中，蜗杆为主动件。蜗杆传动的传动比不仅可以通过转速和齿数表达，在力传动时也经常用转矩来表达。考虑到效率 η，主动件为蜗杆的传动比 i 或齿数比 u 有

$$i = u = \frac{n_1}{n_2} = \frac{z_2}{z_1} = \frac{T_2}{T_1 \times \eta} \tag{7.2}$$

式中　n_1, n_2——蜗杆、蜗轮的转速（r/min）；

T_1, T_2——蜗杆、蜗轮上的转矩（N·mm）；

η——蜗杆传动的总效率，按第 6 章式（6.23）计算。

传动比的公称值为 5、7.5、10、12.5、15、20、25、30、40、50、60、70、80。其中 10、20、40、80 为基本传动比，设计时应优先选用。

蜗轮齿数 $z_2 = i \cdot z_1$，一般取 $z_2 = 29 \sim 82$。为了保证用蜗轮滚刀滚制蜗轮不发生根切，理论上应使 $z_{2\min} \geqslant 17$，但当 $z_2 < 26$ 时，啮合区将明显减少，从而影响传动的平稳性，所以一般规定 $z_2 > 28$。对于动力传动，一般不大于 82。这是由于当蜗轮直径不变时，z_2 越大，模数 m 就越小，轮齿的弯曲强度就会削弱；而当模数一定时，蜗轮的尺寸增大会使与其配对啮合的蜗杆长度增长，蜗杆的弯曲刚度将降低。z_1、z_2 值可参考表 7.1 选定。

表 7.1　蜗杆头数和蜗轮齿数的推荐值

传动比 i	≈5	7~15	14~30	29~82
蜗杆头数 z_1	6	4	2	1
蜗轮齿数 z_2	29~31	29~61	29~61	29~82

3. 蜗杆分度圆直径 d_1 和直径系数 q

如前所述，加工蜗轮的蜗轮滚刀与蜗杆具有同样的参数。所以，一种尺寸的蜗杆就必须有一种对应的蜗轮滚刀。然而，同一模数 m 会对应很多不同直径的蜗杆，这就意味着对同一模数的蜗轮，需要配备很多的蜗轮滚刀。为了限制滚刀的数量，国标规定滚刀分度圆直径 d_1 取为标准值，同时引入蜗杆直径系数 q。

$$q = d_1 / m \tag{7.3}$$

常用的标准模数 m、蜗杆的分度圆直径 d_1 和直径系数 q 见表 7.2。如果采用非标准滚刀或飞刀切制蜗轮，d_1 和 q 可不受标准限制。

4. 蜗杆的导程角 γ

与螺杆类似，蜗杆分度圆柱面上螺旋线的升角为其导程角。蜗杆的直径系数 q 和蜗杆头数 z_1 选定之后，蜗杆分度圆柱上的导程角 γ 就确定了。由图 7.9 可知：

$$\tan\gamma = z_1 p_x / (\pi d_1) = z_1 m / d_1 = z_1 / q \tag{7.4}$$

式中　p_x——轴向齿距。

导程角 γ 大小的选择与效率及加工工艺性有关：导程角大，效率高，但加工困难；导程角小，效率低，但加工方便。当 $\gamma > 28°$ 时，加大导程角对提高效率的效果不再明显，所以常取 $\gamma < 28°$；对于有自锁要求的蜗杆传动，导程角应小于摩擦角。

表 7.2　普通圆柱蜗杆基本尺寸和参数（摘自 GB/T 10085—1988）

模数 m / mm	分度圆直径 d_1	蜗杆头数 z_1	直径系数 q	m^2d_1
1	18	1	18.000	18
1.25	20	1	16.000	31.25
	22.4	1	17.920	35
1.6	20	1、2、4	12.500	51.2
	28	1	17.500	71.68
2	（18）	1、2、4	9.000	72
	22.4	1、2、4、6	11.200	89.6
	（28）	1、2、4	14.000	112
	35.5	1	17.750	142
2.5	（22.4）	1	8.960	140
	28	1、2、4	11.200	175
	（35.5）	1、2、4、6	14.200	221.9
	45	1	18.000	281
3.15	（28）	1、2、4	8.889	278
	35.5	1、2、4、6	11.27	352
	45	1、2、4	14.286	447.5
	56	1	17.778	556
4	（31.5）	1、2、4	7.875	504
	40	1、2、4、6	10.00	640
	（50）	1、2、4	12.50	800
	71	1	17.75	1 136
5	（40）	1、2、4	8.000	1 000
	50	1、2、4、6	10.00	1 250
	（63）	1、2、4	12.60	1 575
	90	1	18.00	2 250
6.3	（50）	1、2、4	7.936	1 985
	63	1、2、4、6	10.00	2 500

模数 m / mm	分度圆直径 d_1	蜗杆头数 z_1	直径系数 q	m^2d_1
6.3	（80）	1、2、4	12.698	3 175
	112	1	17.778	4 445
8	（63）	1、2、4	7.875	4 032
	80	1、2、4、6	10.000	5 376
	（100）	1、2、4	12.500	6 400
	140	1	17.500	8 960
10	（71）	1、2、4	7.100	7 100
	90	1、2、4、6	9.000	9 000
	（112）	1、2、4	11.200	11 200
	160	1	16.000	16 000
12.5	（90）	1、2、4	7.200	14 062
	112	1、2、4	8.960	17 500
	（140）	1、2、4	11.200	21 875
	200	1	16.000	31 250
16	（112）	1、2、4	7.000	28 672
	140	1、2、4	8.750	35 840
	（180）	1、2、4	11.250	46 080
	250	1	15.625	64 000
20	（140）	1、2、4	7.000	14 062
	160	1、2、4	8.000	64 000
	（224）	1、2、4	11.200	89 600
	315	1	15.750	126 000
25	（180）	1、2、4	7.200	112 500
	200	1、2、4	8.000	125 000
	（280）	1、2、4	11.200	175 000
	400	1	16.000	250 000

注：1. 表中模数和分度圆直径仅列出第一系列的较常用数据。
　　2. 括号内的数字尽可能不用。

对于交错角为 90°的蜗杆传动，在中间平面上蜗杆的导程角与蜗轮的螺旋角数值相等，且蜗杆与蜗轮的螺旋角旋向相同，即 $\gamma=\beta$ 。

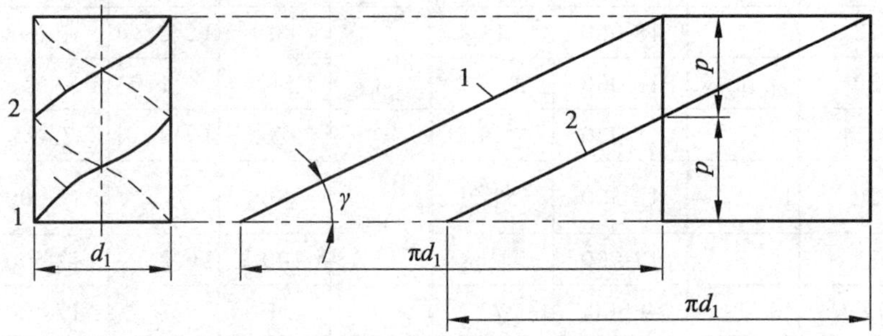

图 7.9　蜗杆分度圆柱面展开图

5. 中心距 a

圆柱蜗杆传动的标准中心距为

$$a=\frac{1}{2}(d_1+d_2)=\frac{1}{2}m(q+z_2) \tag{7.5}$$

圆柱蜗杆传动的中心距按 GB/T 10085—2018 规定标准值如下（单位：mm）：40、50、63、80、100、125、160、（180）、200、（225）、250、（280）、315、（355）、400、（450）、500。括号内的数字尽可能不用。大于 500 mm 时，可以按照 $R20$ 优先系数选用。

7.2.2　蜗杆传动的几何尺寸计算

1. 蜗杆的主要几何尺寸

如图 7.10 所示，蜗杆和涡轮的主要几何尺寸如下。

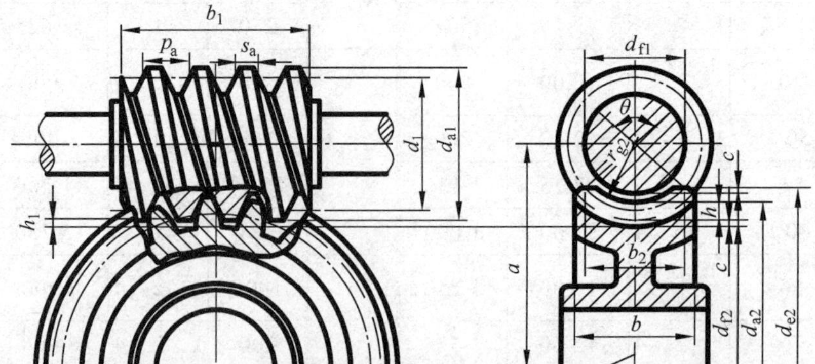

图 7.10　普通圆柱蜗杆传动的基本几何尺寸

蜗杆轴向齿距 $p_a=\pi m$ 。

蜗杆导程 $p_z=\pi m z_1$ 。

蜗杆分度圆直径 $d_1 = qm$ 。

蜗杆齿顶圆直径 $d_{a1} = d_1 + 2h_a^* m$ 。

蜗杆齿根圆直径 $d_{f1} = d_1 - 2(h_a^* m + c)$ 。

蜗杆齿宽建议取 $\begin{cases} z_1 = 1、2, & b_1 \geqslant (11 + 0.06z_2)m \\ z_1 = 3、4, & b_1 \geqslant (12.5 + 0.09z_2)m \end{cases}$ 。

2. 蜗轮的主要几何尺寸

蜗轮分度圆直径 $d_2 = mz_2 = 2a - d_1 - 2x_2 m$ 。

蜗轮喉圆直径 $d_{a2} = d_2 + 2h_{a2} = d_2 + 2m(h_a^* + x_2)$ 。

蜗轮齿根圆直径 $d_{f2} = d_2 - 2h_{f2} = d_2 - 2m(h_a^* - x_2 + c^*)$ 。

蜗轮齿宽 $0.75d_{a1} \geqslant b_2 \geqslant 0.65d_{a1}$ 。

蜗轮齿宽角 $\theta = 2\arcsin(b_2 / d_1)$ 。

注：取齿顶高系数 $h_a^*=1$，径向间隙系数 $c^* = 0.2$ 。

7.3 蜗杆传动的主要失效形式和材料选择

7.3.1 蜗杆传动的主要失效形式和计算准则

蜗杆传动属于线接触（接触线通常为复杂的空间曲线），在传动中蜗杆和蜗轮的啮合齿面间存在着较大的相对滑动速度。相对滑动速度的大小 υ_s（图 7.11）为

$$\upsilon_s = \frac{\upsilon_1}{\cos\gamma} = \frac{\upsilon_2}{\sin\gamma} = \frac{\pi d_1 n_1}{60 \times 1\,000 \times \cos\gamma} \tag{7.6}$$

式中　υ_1——蜗杆分度圆的圆周速度（m/s）；

υ_2——蜗杆分度圆的轴向速度（m/s）；

d_1——蜗杆分度圆直径（mm）；

γ——蜗杆分度圆的导程角。

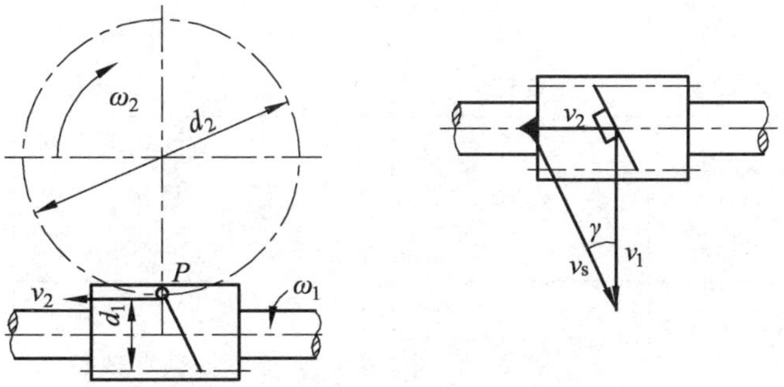

图 7.11　蜗杆传动的运动特点

蜗杆传动的特点决定了它的失效形式与齿轮传动既有相似性也有相异性。蜗杆传

动的主要失效形式也包括点蚀、弯曲折断、磨损及胶合等，但各种失效的比重却与齿轮传动不同。如蜗轮发生点蚀的情况很少，只有在润滑状态特别良好且蜗轮材料强度 $\sigma_b < 300$ MPa 时才有可能发生，而胶合则成为最需要关注的失效形式。为避免胶合发生，蜗轮常采用较软的材料。

由于磨损、断裂以及可能的点蚀通常发生在蜗轮轮齿上，设计时一般只需对蜗轮进行承载能力的计算。蜗轮的失效与布置有关：开式蜗杆传动中，蜗轮轮齿磨损严重；而在闭式蜗杆传动中，则更容易发生胶合失效。尽管磨损和胶合是蜗杆传动最重要的失效形式，但由于磨损和胶合尚没有精确的计算公式（胶合有一些经验公式），所以在工程实际中采用的蜗杆传动的设计准则为保证蜗轮齿根弯曲疲劳强度并将其接触应力控制在一定的范围内，以避免弯曲断裂、点蚀、过度磨损和胶合的发生。其基本原则是开式蜗杆传动按蜗轮齿根弯曲疲劳强度设计；闭式蜗杆传动按齿面接触疲劳强度设计，且按齿根弯曲疲劳强度校核，并进行热平衡计算；当蜗杆轴细长且支承跨距较大时，还应进行蜗杆轴的刚度计算。

7.3.2 材料选择

由于蜗杆传动具有较大的滑动速度，所以蜗杆、蜗轮应选用减摩性好的配对材料，以保证良好的减摩性和耐磨性。一般蜗轮材料选择减摩性较好的软材料，如青铜等。而蜗杆常选择碳素钢或合金钢制造，并采用适当的热处理。表 7.3 所示为蜗轮的常用材料，表 7.4 所示为蜗杆常用材料。

表 7.3 蜗轮常用材料及应用

蜗轮材料	铸造方法	适用的滑动速度 υ_s(m/s)	特性	应用
ZCuSn10P1	砂模 金属模	≤12 ≤25	减摩性和耐磨性好，抗胶合能力强	连续工作的高速、重载的重要传动
ZCuSn5Pb5Zn5	砂模 金属模	≤10 ≤12	切削性能好，但强度较低、价格较贵、易点蚀	速度较高的一般传动
ZCuAl10Fe3	砂模 金属模	≤10	耐冲击、强度较高、切削性能好、价格便宜，但抗胶合能力差	连续工作的速度较低、载荷稳定的重要传动
HT150 HT200	砂模	≤2 ≤2～5	铸造性能和切削性能好，价格低，抗点蚀和抗胶合能力强，但抗弯强度低，冲击韧度低	低速、不重要的开式传动、蜗轮尺寸较大的传动，手动传动

表 7.4　蜗杆常用材料及应用

蜗杆材料	热处理	硬　度	齿面粗糙度 Ra / μm	应　用
40、45、40Cr 40CrNi、42SiMn	表面淬火	40 ~ 55 HRC	1.6 ~ 0.8	中速、中载、一般传动、载荷稳定
15Cr、20Cr、20CrMnTi 12CrNi3A、15CrMn、20CrNi	渗碳淬火	58 ~ 63 HRC	1.6 ~ 0.8	高速、重载、重要传动、载荷变化大
40、45、40Cr	调质	220 ~ 300 HBW	6.3	低速、中轻载、不重要传动

7.4　普通圆柱蜗杆传动承载能力计算

7.4.1　圆柱蜗杆传动受力分析

蜗杆传动受力分析与斜齿圆柱齿轮类似。在进行蜗杆传动的受力分析时，通常不考虑摩擦力的影响。

如图 7.12 所示，是以右旋蜗杆为主动件，并沿图示的方向旋转时，蜗杆螺旋面上的受力情况。设为集中作用于节点处的法向载荷，它作用于法向截面内。可分解为三个相互垂直的分力，即圆周力 F_t、径向力 F_r 和轴向力 F_a。显然，在蜗轮蜗杆间，相互作用着 F_{t1} 与 F_{a2}、F_{r1} 与 F_{r2} 和 F_{a1} 与 F_{t2} 这三对大小相等、方向相反的力。由于蜗杆传动的效率 η 通常较低，也就是说作用于蜗杆处的输入功率与最终由蜗轮输出的功率之间存在着较大的差异，所以蜗杆和蜗轮的周向力应根据各自的公称转矩 T_1 和 T_2 进行计算（$T_2 = \eta T_1 d_2 / d_1$）。在不考虑摩擦力影响时，各力的大小分别为

$$\left.\begin{aligned} F_{t1} &= F_{a2} = \frac{2T_1}{d_1} \\ F_{t2} &= F_{a1} = \frac{2T_2}{d_2} \\ F_{r1} &= F_{r2} = F_{t2}\tan\alpha \\ F_n &= \frac{F_{a1}}{\cos\alpha_n\cos\gamma} = \frac{F_{t2}}{\cos\alpha_n\cos\gamma} = \frac{2T_2}{d_2\cos\alpha_n\cos\gamma} \end{aligned}\right\} \tag{7.7}$$

式中　T_1，T_2——蜗杆、蜗轮上的转矩（N·mm）；

d_1，d_2——蜗杆、蜗轮的分度圆直径（mm）。

7.4.2　蜗轮齿面接触疲劳强度计算

1. 蜗轮齿面接触疲劳强度计算

为防止蜗轮齿面的点蚀或胶合，应限制其接触应力 σ_H。蜗轮齿面接触疲劳强度计算与斜齿轮传动相似，其校核公式和设计公式如下。

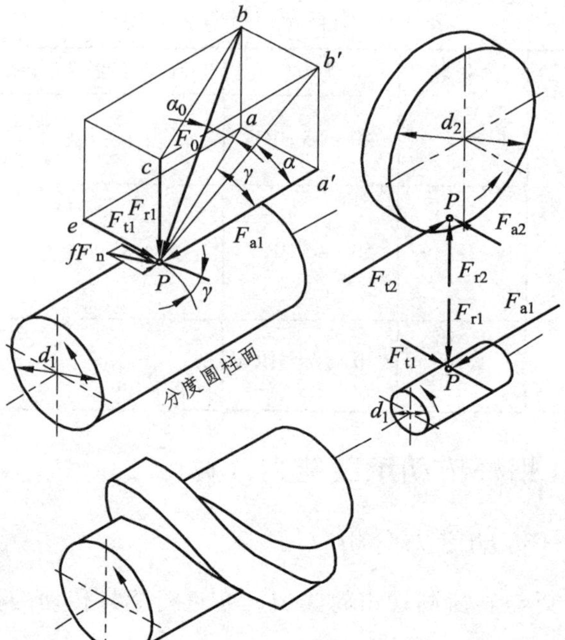

图 7.12　蜗杆传动的受力分析

校核公式：

$$\sigma_H = 3.25Z_E\sqrt{\frac{KT_2}{m^2 d_1 z_2^2}} \leqslant [\sigma_H] \tag{7.8}$$

设计公式：

$$m^2 d_1 \geqslant KT_2\left(\frac{3.25Z_E}{[\sigma_H]z_2}\right)^2 \tag{7.9}$$

式中　Z_E——材料的弹性影响系数（$\sqrt{\text{MPa}}$），见表 7.5。

K——载荷系数，$K = K_A K_\beta K_v$，其中使用系数 K_A 查表 7.6；齿向载荷分布系数 K_β，当蜗杆传动在平稳载荷下工作时，载荷分布不均现象将由工作表面良好的磨合而得到改善，此时可取 $K_\beta = 1$；当载荷变化较大或有冲击、振动时，可取 $K_\beta = 1.3 \sim 1.5$；K_v 为动载系数，由于蜗杆传动一般较平稳，动载荷要比齿轮传动小得多，故值可取定如下：对于精确制造，且蜗轮圆周速度 $\upsilon_2 \leqslant 3\ \text{m/s}$ 时，取 $K_v = 1.0 \sim 1.1$；$\upsilon_2 > 3\ \text{m/s}$ 时，取 $K_v = 1.1 \sim 1.2$。

表 7.5　材料的弹性影响系数 Z_E　　　单位：$\sqrt{\text{MPa}}$

蜗杆材料	蜗轮材料			
	铸锡青铜	铸铝青铜	灰铸铁	球墨铸铁
钢	155.0	156.0	162.0	181.4
球墨铸铁	—	—	156.6	173.9

表 7.6　使用系数 K_A

工作类型	I	II	III
载荷性质	均匀、无冲击	不均匀、小冲击	不均匀、大冲击
每小时启动次数	<25	25 ~ 50	>50
启动载荷	小	较大	大
K_A	1	1.15	1.2

2. 许用接触应力 $[\sigma_H]$

当蜗轮材料为灰铸铁或铝青铜时（$\sigma_b \geqslant 300$ MPa）时，材料的抗点蚀能力强，蜗杆传动的主要失效形式为齿面胶合。因尚无完善的胶合强度计算公式，则按接触疲劳强度进行条件性计算，在查取蜗轮齿面的许用接触应力时，要考虑相对滑动速度大小。由于胶合不属于疲劳失效，$[\sigma_H]$ 的值与应力循环次数 N 无关，但与滑动速度 υ_s 有关，因而可直接从表 7.7 中查出许用接触应力的值。

表 7.7　青铜及灰铸铁蜗轮的许用接触应力 $[\sigma_H]$　　单位：MPa

材料		滑动速度 υ_s /（m/s）						
蜗杆	蜗轮	<0.25	0.25	0.5	1	2	3	4
20 或 20Cr 渗碳、淬火、45 钢淬火，齿面硬度大于 45 HRC	灰铸铁 HT150	206	166	150	127	95		
	灰铸铁 HT200	250	202	182	154	115		
	铸铝铁青铜 ZCuAl10Fe3			250	230	210	180	160
45 钢或 Q275	灰铸铁 HT150	172	139	125	106	79		
	灰铸铁 HT200	208	168	152	128	96		

若蜗轮材料为强度极限 $\sigma_b < 300$ MPa 的锡青铜，因蜗轮主要失效形式为接触疲劳，故应先从表 7.8 中查出蜗轮的基本许用接触应力 $[\sigma_H]'$，再按 $[\sigma_H] = K_{HN}[\sigma_H]'$ 算出许用接触应力的值。式中 K_{HN} 为接触强度的寿命系数，$K_{HN} = \sqrt[8]{\frac{10^7}{N}}$。其中，应力循环次数 $N = 60jn_2L_h$，此处 n_2 为蜗轮转速（r/min）；L_h 为工作寿命（h）；j 为蜗轮每转一圈，每个轮齿啮合的次数。

表 7.8　铸锡青铜蜗轮的基本许用接触应力 $[\sigma_H]'$　　单位：MPa

蜗轮材料	铸造方法	蜗杆螺旋面的硬度	
		≤45 HRC	>45 HRC
铸锡青铜 ZCuSn10P1	砂模铸造	150	180
	金属模铸造	220	268
铸锡锌铅青铜 ZCuSn5Pb5Zn5	砂模铸造	113	135
	金属模铸造	128	140

注：锡青铜的基本许用接触应力 $[\sigma_H]'$ 为应力循环次数时 $N = 10^7$ 之值，当 $N \neq 10^7$ 时，需将表中数值乘以寿命系数 K_{HN}；当 $N > 25\times10^7$，取 $N = 25\times10^7$；当 $N < 2.6\times10^5$ 时，取 $N = 2.6\times10^5$。

7.4.3　蜗轮齿根弯曲疲劳强度计算

蜗轮轮齿的弯曲疲劳强度的计算方法与斜齿轮相似，但由于蜗轮轮齿呈圆弧形（弧形长度为 b），且离开中间平面越远的平行截面上的蜗轮轮齿齿厚越大（相当于具有正变位的变位齿），所以蜗轮轮齿的齿形复杂，弯曲疲劳强度难于计算。通常借助斜齿轮公式，并在计算中引入修正系数：① 蜗轮的弯曲疲劳强度要比斜齿轮高约 40%，引入强度增量系数 1.4；② 如允许齿根厚度最大磨损量为 20%，引入补偿齿磨损系数 1.5；③ 假设蜗轮的齿宽角为 100°。可得蜗轮轮齿弯曲疲劳强度条件：

校核公式为

$$\sigma_F = \frac{1.7KT_2}{d_1 d_2 m} Y_F Y_\beta \leqslant [\sigma_F] \tag{7.10}$$

设计公式为

$$m^2 d_1 \geqslant \frac{1.7KT_2}{z_2[\sigma_F]} Y_F Y_\beta \tag{7.11}$$

式中　σ_F——蜗轮齿根弯曲应力（MPa）；

Y_β——螺旋角影响系数，$Y_\beta = 1 - \frac{\gamma}{140°}$。

Y_F——蜗轮齿形系数，可由蜗轮的当量齿数 $z_{v2} = \frac{z_2}{\cos^3\gamma}$ 从表 7.9 中查取。

$[\sigma_F]$——蜗轮的许用弯曲应力（MPa）。$[\sigma_F] = [\sigma_F]' K_{FN}$，其中 $[\sigma_F]'$ 为计入齿根应力校正系数 Y_{S2} 后蜗轮的基本许用弯曲应力，从表 7.10 中选取；K_{FN} 为寿命系数，$K_{FN} = \sqrt[9]{\frac{10^6}{N}}$，其中应力循环次数 N 的计算方法同前。

表 7.9　蜗轮的齿形系数 Y_F

γ°	z_v															
	20	24	26	28	30	32	35	37	40	45	56	60	80	100	150	300
4	2.79	2.65	2.60	2.55	2.52	2.49	2.45	2.42	2.39	2.35	2.32	2.27	2.22	2.18	2.14	2.09
7	2.75	2.61	2.56	2.51	2.48	2.44	2.40	2.38	2.35	2.31	2.28	2.23	2.17	2.14	2.09	2.05
11	2.66	2.52	2.47	2.42	2.39	2.35	2.31	2.29	2.26	2.22	2.19	2.14	2.08	2.05	2.00	1.96
16	2.49	2.35	2.30	2.26	2.22	2.19	2.15	2.13	2.10	2.06	2.02	1.98	1.92	1.88	1.84	1.79
20	2.33	2.19	2.14	2.09	2.06	2.02	1.98	1.96	1.93	1.89	1.86	1.81	1.75	1.72	1.67	1.63
23	2.18	2.05	1.99	1.95	1.91	1.88	1.84	1.82	1.79	1.75	1.72	1.67	1.61	1.58	1.53	1.49
26	2.03	1.89	1.84	1.80	1.76	1.73	1.69	1.67	1.64	1.60	1.57	1.52	1.46	1.43	1.38	1.34
27	1.98	1.84	1.70	1.75	1.71	1.68	1.64	1.62	1.59	1.55	1.52	1.47	1.41	1.38	1.33	1.29

表 7.10　蜗轮的基本许用弯曲应力 $[\sigma_F]'$　　单位：MPa

蜗轮材料		铸造方法	蜗杆硬度 < 45 HRC		蜗杆硬度 ≥ 45 HRC	
			单侧工作	双侧工作	单侧工作	双侧工作
铸锡青铜 ZCuSn10P1		砂模	51	32	64	40
		金属模	58	40	73	50
铸锡锌铅青铜 ZCuSn5Pb5Zn5		砂模	37	29	46	36
		金属模	39	32	49	40
铸铝铁青铜 ZCuAl10Fe3		金属模	90	80	113	100
灰铸铁	HT150	砂模	38	24	48	30
	HT200	砂模	48	30	60	38

由设计式（7.9）、（7.11）计算出 m^2d_1（单位：mm^3）后，可根据 z_1 从表 7.2 中选择合适的 m^2d_1 值，并确定出相应的蜗杆参数。

7.5　蜗杆传动的效率、润滑及热平衡

7.5.1　蜗杆传动的效率

闭式蜗杆传动效率包括轮齿的啮合损耗、轴承的损耗、轮齿的搅油损耗效率。因此闭式蜗杆传动的总效率 η 为

$$\eta = \eta_1\eta_2\eta_3 \tag{7.12}$$

式中　η_1——轮齿的啮合效率；

η_2——轴承效率；

η_3——搅油损耗效率。

当蜗杆主动时，η_1 可近似按螺旋副效率计算，即

$$\eta_1 = \frac{\tan\gamma}{\tan(\gamma+\varphi_v)} \tag{7.13}$$

式中　γ——蜗杆的导程角，它是影响啮合效率的主要因素；

φ_v——当量摩擦角，$\varphi_v = \arctan f_v$，与蜗杆、蜗轮的材料及滑动速度有关。在润滑良好的条件下，较高的滑动速度有助于润滑油膜的形成，从而降低 f_v 值。在此情况下的当量摩擦角数值参见表 7.11。

由于轴承摩擦及浸入油中零件搅油所损耗的功率不大，一般取 $\eta_2\eta_3 = 0.96 \sim 0.98$，所以蜗杆传动的总效率 η 为

$$\eta = (0.96 \sim 0.98)\times\frac{\tan\gamma}{\tan(\gamma+\varphi_v)} \tag{7.14}$$

在设计之初，可根据蜗杆头数 z_1 进行效率估计：当 $z_1=1$ 时，$\eta=0.7$；当 $z_1=2$ 时，$\eta=0.8$；当 $z_1=3$ 时，$\eta=0.85$；当 $z_1=4$ 时，$\eta=0.9$。

表 7.11　蜗杆传动的当量摩擦系数 f_v 和当量摩擦角 φ_v

蜗轮材料	锡青铜				铝青铜		灰铸铁			
蜗杆齿面硬度	≥45 HRC		其他		≥45 HRC		≥45 HRC		其他	
滑动速度 v_s	f_v	φ_v	f_v	φ_v	f_v	φ_v	f_v	φ_v	f_v	φ_v
0.01	0.11	6°17′	0.120	6°51′	0.180	10°12′	0.180	10°12′	0.19	10°45′
0.05	0.09	5°09′	0.100	5°43′	0.140	7°58′	0.140	7°58′	0.16	9°05′
0.10	0.08	4°34′	0.090	5°09′	0.130	7°24′	0.130	7°24′	0.14	7°58′
0.25	0.065	3°43′	0.075	4°17′	0.100	5°43′	0.100	5°43′	0.12	6°51′
0.50	0.055	3°09′	0.065	3°43′	0.090	5°09′	0.090	5°09′	0.10	5°43′
1.00	0.045	2°35′	0.055	3°09′	0.070	4°00′	0.070	4°00′	0.09	5°09′
1.50	0.040	2°17′	0.050	2°52′	0.065	3°43′	0.065	3°43′	0.08	4°34′
2.00	0.035	2°00′	0.045	2°35′	0.055	3°09′	0.055	3°09′	0.07	4°00′
2.50	0.030	1°43′	0.040	2°17′	0.050	2°52′				
3.00	0.028	1°36′	0.035	2°00′	0.045	2°35′				
4.00	0.024	1°22′	0.031	1°47′	0.040	2°17′				
5.00	0.022	1°16′	0.029	1°40′	0.035	2°00′				
8.00	0.018	1°02′	0.026	1°29′	0.030	1°43′				
10.0	0.016	0°55′	0.024	1°22′						
15.0	0.014	0°48′	0.020	1°09′						
24.0	0.013	0°45′								

注：蜗杆齿面粗糙度轮廓算术平均值 *Ra* 偏差为 1.6～1.4 μm，经过仔细跑合，正确安装，并采用黏度合适的润滑油进行充分润滑。

7.5.2　蜗杆传动的润滑

蜗杆传动时相对滑动速度很大，发生磨损和胶合的可能性较大，所以润滑对蜗杆传动特别重要。有效的润滑可以提高传动效率，降低齿面的工作温度，减少磨损和胶合失效的可能性。蜗杆传动常采用高黏度的矿物油进行润滑，为了提高抗胶合能力还需加入油性添加剂和极压添加剂。蜗杆传动推荐使用的润滑油黏度和润滑方法见表 7.12。

当 $v_s<5$ m/s 时，采用油池浸油润滑，蜗杆下置，浸油深度约为一个齿高，但油面不得超过蜗杆轴承的最低滚动体中心；当 $v_s>5$ m/s 时，搅油阻力太大，一般蜗杆应上置，油面运行达到蜗轮半径的 1/3。如果采用喷油润滑，喷油嘴要对准蜗杆啮入端。蜗杆正反转时，两边都要装有喷油嘴，而且要控制一定的油压。

表 7.12　蜗杆传动的润滑油黏度及润滑方式

滑动速度 v_s / (m/s)	≤1	1~2.5	2.5~5	5~10	10~15	15~25	>25
工作条件	重载	重载	中载	—	—	—	—
运动黏度 ν_{40}/cSt	1 000	680	320	220	150	100	68
润滑方式	油池润滑			喷油润滑或油池润滑	压力喷油润滑，喷油压力/MPa		
					0.7	2	3

7.5.3　蜗杆传动的热平衡计算

由于蜗杆传动效率低、发热量大，若不及时散热，会引起箱体内油温升高、润滑失效，导致轮齿磨损加剧，甚至出现胶合。所以，必须根据单位时间内的发热量等于同时间内的散热量的条件进行热平衡计算，以保证油温稳定地处于规定的范围内。

由于摩擦损耗的功率 $P_f = P(1-\eta)$，则产生的热流量（1 W=1 J/s）为

$$\Phi_1 = 1\,000P(1-\eta) \tag{7.15}$$

式中　η——蜗杆传递的功率。

以自然冷却的方式，从箱体外壁散发到周围空气中取的热流量为

$$\Phi_2 = \alpha_d S(t_0 - t_a) \tag{7.16}$$

式中　α_d——箱体的表面传热系数，可取 $\alpha_d = (8.15 \sim 17.45)\mathrm{W/(m^2 \cdot {}^\circ C)}$，当周围空气流通良好时，取偏大值；

S——内表面能被润滑油飞溅到，而外表面又可为周围空气冷却的箱体表面面积 $\mathrm{mm^2}$；

t_0——油的工作温度，一般限制在 60 ~ 70 °C，最高不应超过 80 °C；

t_a——周围空气的温度，通常情况可取为 20 °C；

根据热平衡条件 $\Phi_1 = \Phi_2$，可求得在既定工作条件下的油温 t_0 为

$$t_0 = t_a + \frac{1\,000P(1-\eta)}{\alpha_d S} \tag{7.17}$$

或在既定条件下，保持正常工作温度所需要的散热面积 S（$\mathrm{mm^2}$）为

$$S = \frac{1\,000P(1-\eta)}{\alpha_d (t_0 - t_a)} \tag{7.18}$$

如果 $t_0 > 80\ ^\circ\mathrm{C}$ 或有效的散热面积不足时，则必须采取措施以提高散热能力。通常可采取以下措施：

（1）在箱体外增加散热片以增加散热面积。

（2）在蜗杆轴端加装风扇以加速空气的流通，如图 7.13（a）所示。

（3）在传动箱内装循环冷却管路，如图 7.13（b）所示。

（4）采用压力喷油润滑冷却，如图 7.13（c）所示。

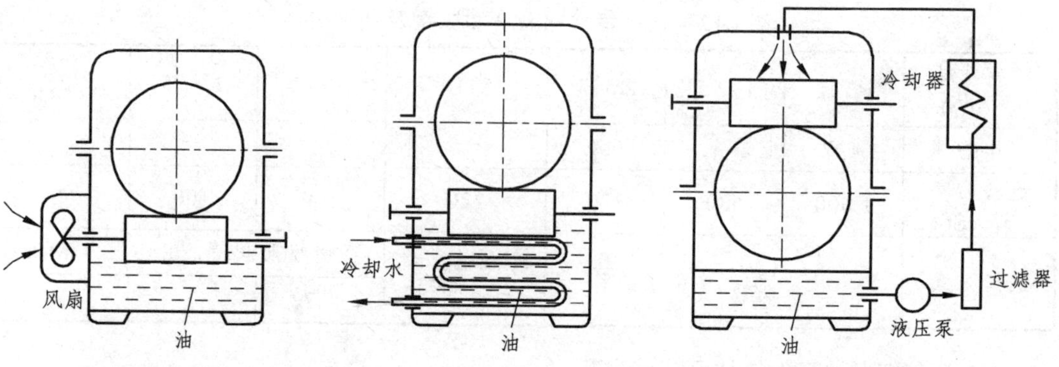

（a）风扇冷却　（b）冷却水管冷却　（c）压力喷油润滑冷却

图 7.13　蜗杆减速器的散热方法

7.6　圆柱蜗杆和蜗轮的结构设计

7.6.1　蜗杆结构

蜗杆螺旋部分的直径不大，所以常和轴做成一个整体，称为蜗杆轴。其结构形式如图 7.14 所示，其中图 7.14（a）所示结构上没有退刀槽，加工螺旋部分只能用铣制的办法；图 7.14（b）所示的结构有退刀槽，螺旋部分可以车制，也可以铣制，但这种结构刚度比前一种差。当蜗杆螺旋部分直径较大时，可以将蜗杆与轴分开制作。

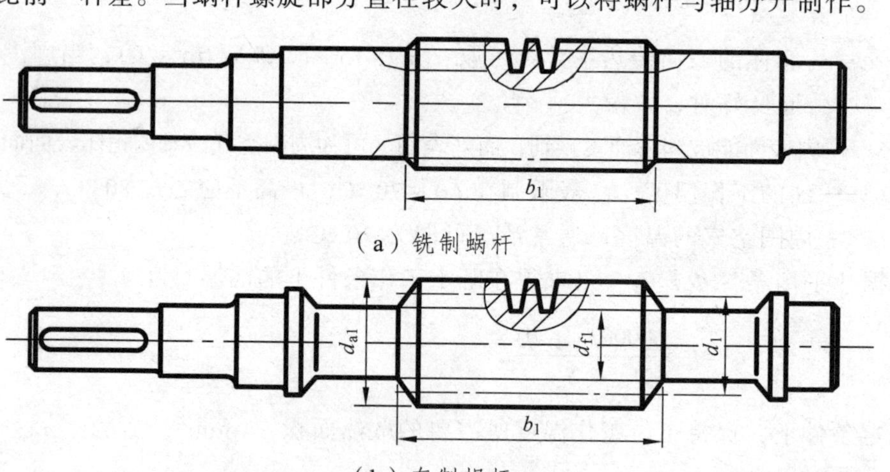

（a）铣制蜗杆

（b）车制蜗杆

图 7.14　蜗杆的结构形式

7.6.2　蜗轮结构

常用的蜗轮结构形式有如下几种。

1. 齿圈式［图 7.15（a）］

齿圈式结构由青铜齿圈及铸铁轮芯组成。齿圈与轮芯配合多采用过盈配合，并在轮芯的配合面旁加台阶用以轴向定位、沿接合面接缝处圆周方向加装 4 ~ 8 个紧定螺钉，以增强连接的可靠性。由于齿圈部分与轮芯部分材料软硬不同，为了便于钻孔，应将螺孔中心线由配合缝向材料较硬的轮芯部分偏移 2 ~ 3 mm，以便钻孔时能够准确定位。由于这种结构主要靠过盈配合来传递扭矩，故选用时必须考虑工作温度变化，否则会由于温度变化时两种不同材料线膨胀系数的不同而改变配合质量。因此，这种结构多用于尺寸不大或工作温度变化较小的场合。

2. 螺栓连接式[图 7.15（b）]

螺栓连接式结构的青铜齿圈与铸铁轮芯可采用过渡配合，用普通螺栓连接；也可采用间隙配合，用铰制孔螺栓连接。蜗轮的圆周力靠螺栓组连接来传递，因此螺栓的尺寸和数目必须经过严格的强度计算确定。这种结构工作可靠、拆卸方便，多用于尺寸较大或容易磨损且需经常更换齿圈的蜗轮。

3. 整体浇铸式[图 7.15（c）]

整体浇铸式主要用于铸铁蜗轮或尺寸很小的青铜蜗轮（ $d<100$ mm ）。

4. 拼铸式[图 7.15（d）]

拼铸式在铸铁轮芯上加铸青铜齿圈，然后切齿，适用于中等尺寸、成批制造的蜗轮。

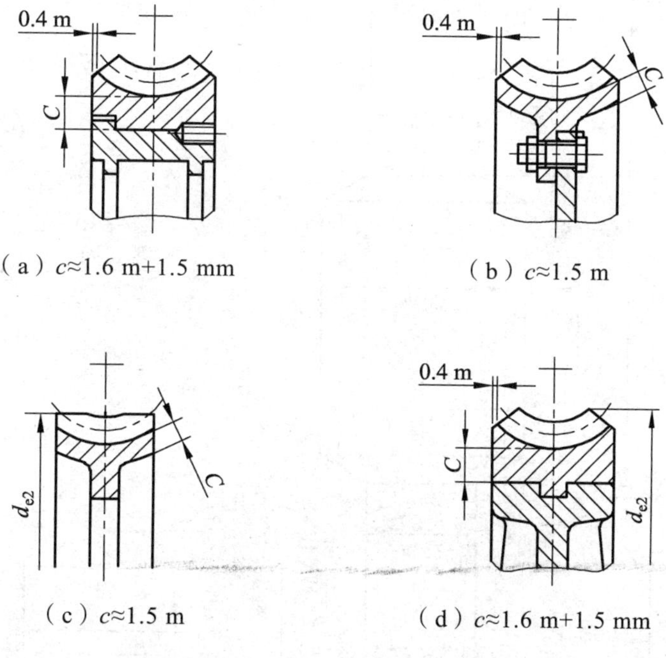

（a）$c\approx1.6$ m+1.5 mm （b）$c\approx1.5$ m

（c）$c\approx1.5$ m （d）$c\approx1.6$ m+1.5 mm

图 7.15 蜗轮的结构

7.6.3 蜗杆、蜗轮工作图

蜗杆、蜗轮的工作图如图 7.16 和图 7.17 所示。

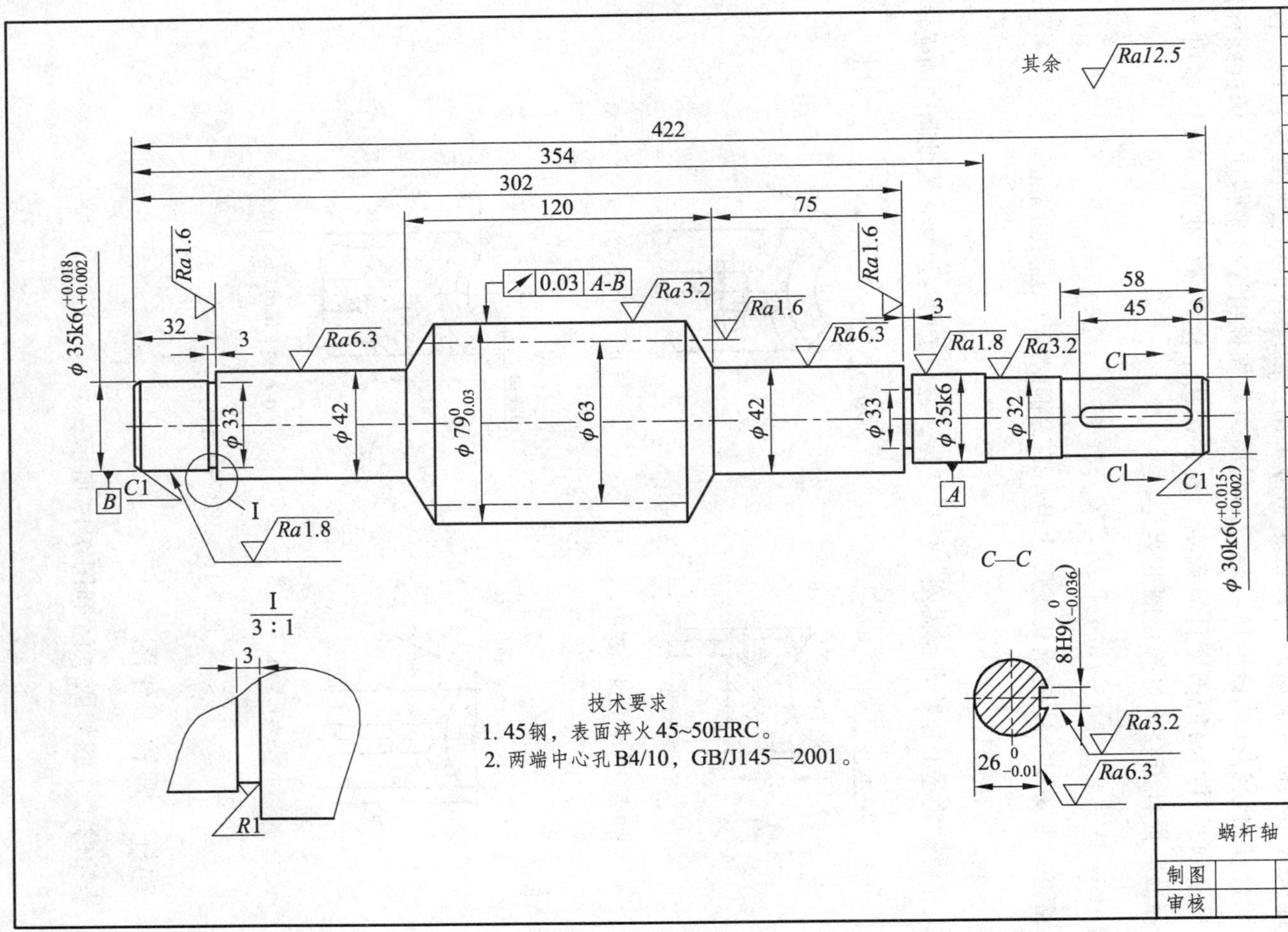

蜗杆类型	ZA型蜗杆	
模数	m	6.3
蜗杆头数	z_1	2
压力角	α	20°
蜗杆直径系数	q	7.878
导程角	γ	14°13′
螺旋线方向	右旋	
精度等级	8级	
中心距	a	220.5
轴向齿距极限累积公差	f_{PaL}	0.045
轴向齿距极限偏差	$\pm f_{PaL}$	±0.025
蜗杆齿形公差	f_n	0.040
蜗杆齿槽径向跳动公差	f_r	0.025
轴向螺旋剖面	S_{a1}	12.57
	S_{n1}	12.19
	h_{a1}	8
配对涡轮	No	

技术要求

1. 45钢，表面淬火45~50HRC。
2. 两端中心孔B4/10，GB/J145—2001。

蜗杆轴	比例	数量	材料	（图号）
		1	45钢	
制图			（单位名称）	
审核				

图 7.16 蜗杆零件工作图

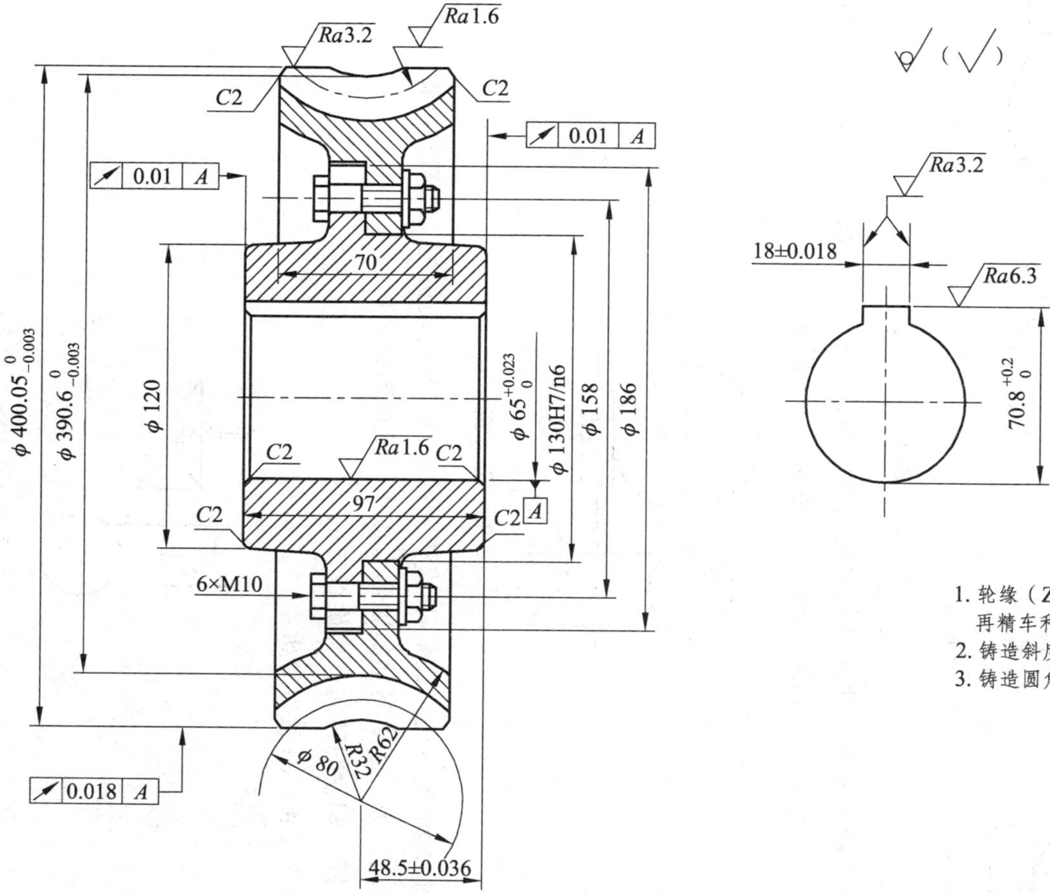

模数	m	6.3
齿数	z_1	2
压力角	α	20°
螺旋角	β_2	14°13′
螺旋线方向	右旋	
精度等级	8级	
配对涡轮	No	

技术要求

1. 轮缘（ZCuSnl0P1）和轮芯（HT100）装好后再精车和切制轮齿。
2. 铸造斜度为1：20。
3. 铸造圆角为$R5$。

涡轮		比例	数量	材料	（图号）
			1		
制图			（单位名称）		
审核					

图 7.17　蜗轮组装图

思考与习题

1. 按照蜗杆牙形和整体形状不同，蜗杆传动有哪些类型？为什么蜗杆传动要按蜗杆的形状进行分类？

2. 蜗杆传动的自锁条件是什么？

3. 试标出图 7.18 中未注明的蜗杆或蜗轮的转动方向及螺旋线方向，绘出蜗杆和蜗轮在啮合点处的各个分力。

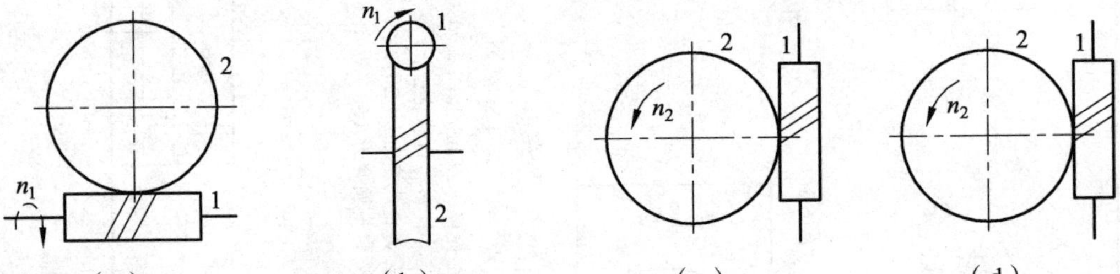

图 7.18　题 3 图

4. 如图 7.19 所示的二级蜗杆传动机构中，蜗杆 1 主动、右旋。为了使中间轴上的轴向力最小，试确定蜗杆 3 的螺旋线方向和蜗轮 4 的回转方向。

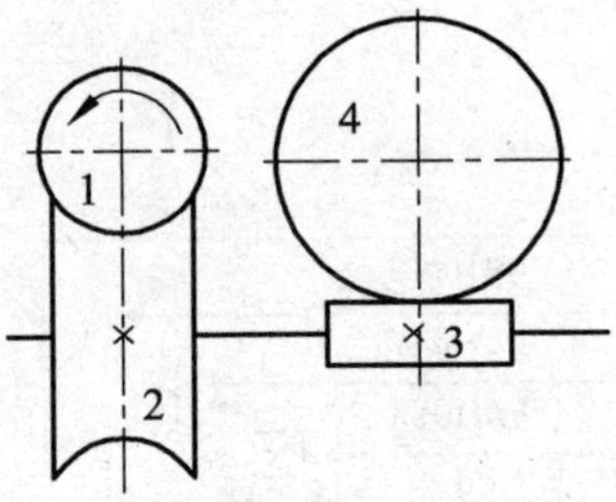

图 7.19　题 4 图

5. 如图 7.20 所示的圆柱蜗杆-直齿圆锥齿轮二级传动机构，已知输出轴上的圆锥齿轮 4 的转向，为了使中间轴的轴向力最小，试在图中画出：

（1）蜗杆、蜗轮的转向及螺旋线方向。

（2）对各齿轮进行受力分析。

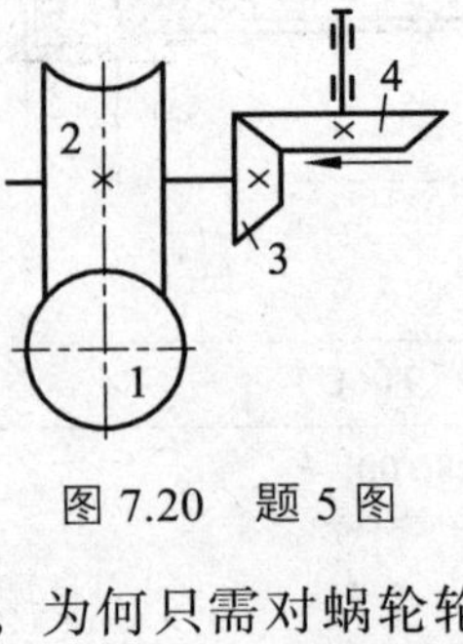

图 7.20　题 5 图

6. 在蜗杆传动的强度计算时，为何只需对蜗轮轮齿进行强度计算？

7. 锡青铜和铝铁青铜在许用接触应力选取时的考虑点有何不同？为什么？

8. 为什么对连续传动的闭式蜗杆传动必须进行热平衡计算？可采用哪些措施来改善它的散热条件？

9. 一带式输送机用闭式普通蜗杆减速器传动机构，已知输入功率 $P_1 = 4.5\ \text{kW}$ ，蜗杆转速 $n_1 = 1\,460\ \text{r/min}$ ，有轻微冲击，预期使用寿命 10 年，每年工作 300 天，每天工作 8 小时，试设计该传动。

第8章 滑动轴承

本章介绍滑动轴承的分类、雷诺方程和非完全液体润滑轴承的条件计算，以及影响滑动轴承承载能力的参数、滑动轴承的材料选择特点和径向动压润滑滑动轴承的设计计算。

轴承用来支承轴及轴上零件，保持轴的回转精度，减少轴与支承之间的摩擦和磨损。按轴承工作时的摩擦性质，轴承可分为滑动轴承和滚动轴承，本章讨论滑动轴承。

滑动轴承具有承载能力高、抗振性好、噪声小、寿命长等优点，适用于高速、重载、高精度、轴承结构要求剖分以及径向尺寸受限制等场合。因此，滑动轴承在大型汽轮机、轧钢机、内燃机、高速磨床、雷达以及天文望远镜等设备中应用广泛。

滑动轴承的种类很多，根据工作表面间润滑状态不同分为液体润滑轴承、非完全液体润滑轴承和自润滑（指工作时不加润滑剂）轴承。根据承受载荷方向的不同，可分为径向滑动轴承（承受径向载荷）、推力滑动轴承（承受轴向载荷）和径向推力滑动轴承（同时承受径向载荷和轴向载荷）。

滑动轴承设计的主要内容包括：① 确定轴承的结构形式；② 选择轴瓦和轴承衬的材料；③ 选择润滑剂和润滑方法；④ 确定轴承结构参数并计算轴承工作能力。

8.1 滑动轴承的主要结构形式

滑动轴承一般由轴承座、轴瓦、润滑和密封装置组成。

8.1.1 整体式径向滑动轴承

整体式径向滑动轴承的结构形式如图 8.1 所示。它由轴承座和由减摩材料制成的整体轴套组成。轴承座上面设有安装润滑油杯的螺纹孔。在轴套上开有油孔，并在轴套的内表面上开有油槽。

这种轴承的优点是结构简单、成本低廉。缺点是轴套磨损后，轴承间隙过大时无法调整。另外，只能从轴颈端部装拆，对于重型机器的轴或具有中间轴颈的轴，装拆很不方便或无法安装。所以这种轴承多用在低速、轻载或间歇性工作的机器中，如某些农业机械、手动机械等。整体式径向滑动轴承结构尺寸选用见 JB/T 2560—2007。

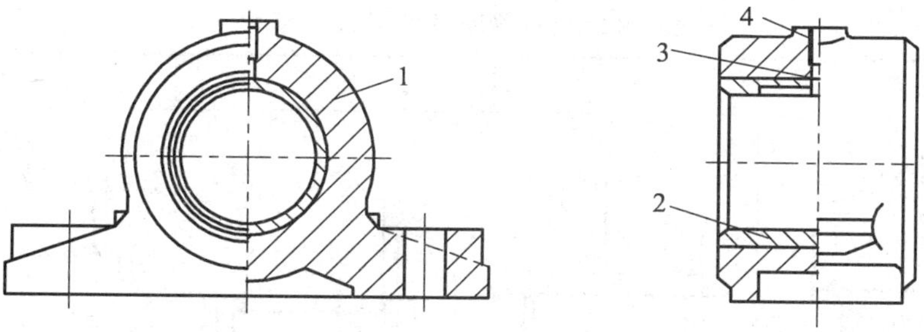

1—轴承座；2—整体轴套；3—油孔；4—螺纹孔。

图 8.1 整体式径向滑动轴承

8.1.2 对开式径向滑动轴承

对开式径向滑动轴承的结构形式如图 8.2 所示。它由轴承座、轴承盖、剖分式轴瓦和双头螺柱等组成。轴承盖和轴承座的剖分面常制成阶梯形，以便对中和防止横向错动。轴承盖上部开有螺纹孔，用以安装油杯或油管。剖分式轴瓦由上、下两半组成，通常是下轴瓦承受载荷，上轴瓦不承受载荷。在轴瓦内壁不承受载荷的表面上开设油槽，润滑油通过油孔和油槽流进轴承间隙。

这类轴承装拆方便，轴瓦磨损后可通过减少剖分面处的垫片厚度来调整轴承间隙。对开式径向滑动轴承结构尺寸选用见 JB/T 2561—2007。

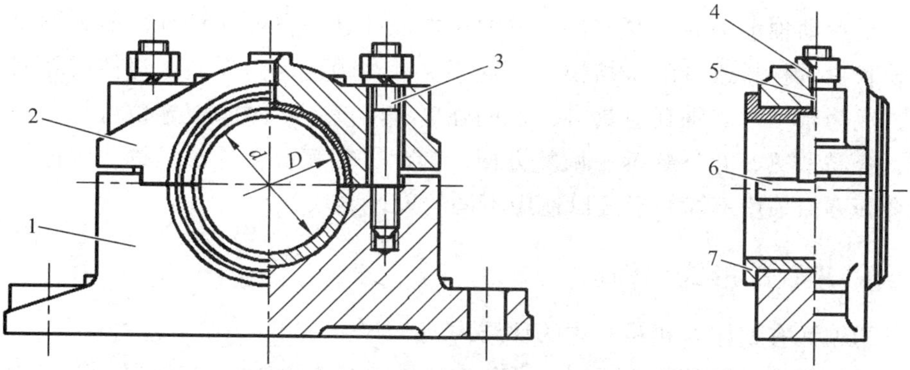

1—轴承座； 2—轴承盖；3—双头螺柱；4—螺纹孔；5—油孔；6—油槽；7—剖分式轴瓦。

图 8.2 对开式径向滑动轴承

8.1.3 止推滑动轴承

止推滑动轴承由轴承座和止推轴颈组成。常用的结构形式有空心式、单环式和多环式，其结构尺寸见表 8.1。通常不用实心式轴颈，因其端面上的压力分布极不均匀，靠近中心处的压力很高，对润滑极为不利。空心式轴颈接触面上压力分布较均匀，润滑条件较实心式有所改善。单环式是利用轴颈的环形端面止推，而且可以利用纵向油槽输入润滑油，结构简单，润滑方便，广泛用于低速、轻载的场合。多环式止推轴承不仅能承受较大的轴向载荷，有时还可承受双向轴向载荷。

表 8.1　止推滑动轴承形式及尺寸

空心式	单环式		多环式
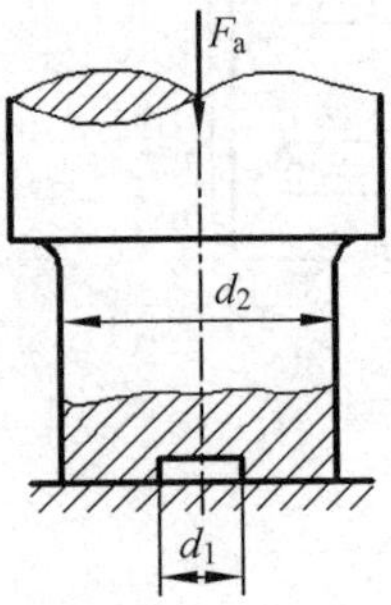	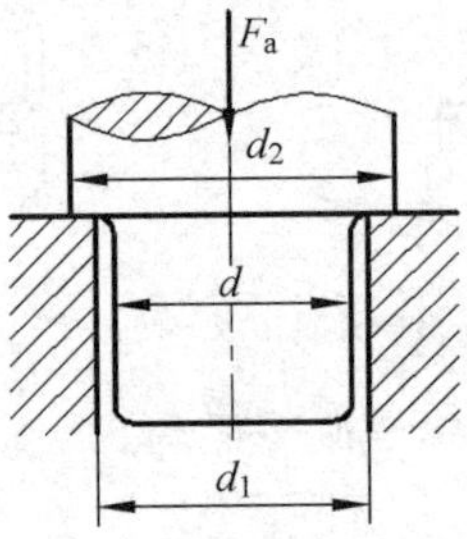	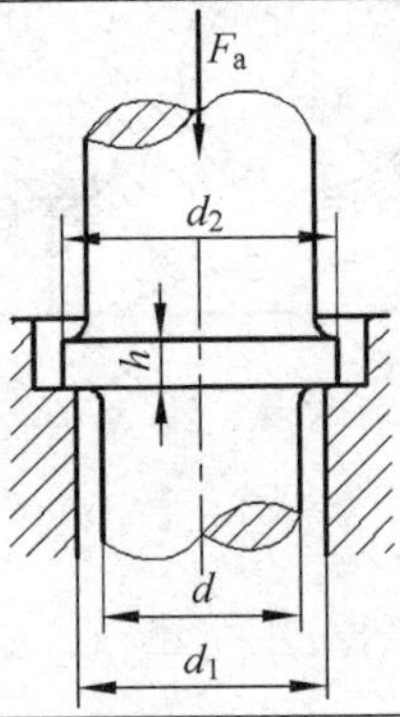	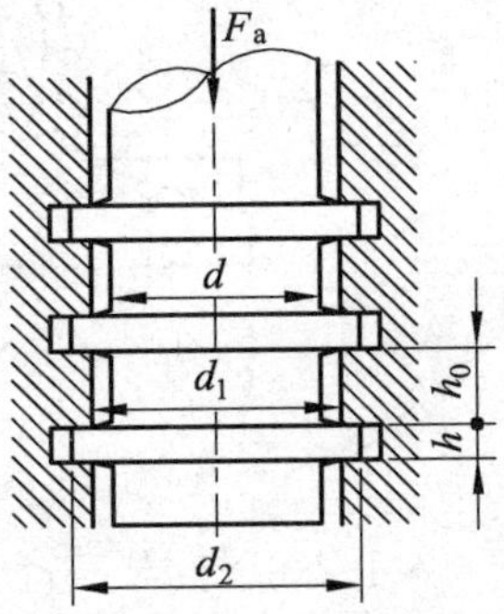
d_2 由轴的结构设计拟定 $d_1=(0.4\sim0.6)d_2$ 若结构上无限制，应采取 $d_1=0.5d_2$	d_1，d_1 由轴的结构设计拟定	d 由轴的结构设定 $d_2=(1.2\sim1.6)d$ $d_1=1.1d$ $h=(0.12\sim0.15)d$ $h_0=(2\sim3)h$	

8.2　轴瓦结构

轴瓦是滑动轴承中的重要零件，它的结构设计是否合理对轴承性能影响很大。有时为了节省贵重材料或者由于结构上的需要，常在轴瓦的内表面上浇铸或轧制一层轴承合金，成为轴承衬。轴瓦应具有一定的强度和刚度，在轴承中定位可靠，便于输入润滑剂，容易散热，并且装拆、调整方便。为此，轴瓦应在外形结构、定位、油槽开设和配合等方面采用不同的形式以适应不同的设计要求。

8.2.1　轴瓦的形式和构造

常见的轴瓦有整体式和对开式两种结构。

整体式轴瓦按材料及制法不同，可分为整体轴套（图 8.3）和单层、双层或多层材料的卷制轴套（图 8.4）。非金属整体式轴瓦既可以是整体非金属轴套，也可以由钢套上镶衬非金属材料制成。

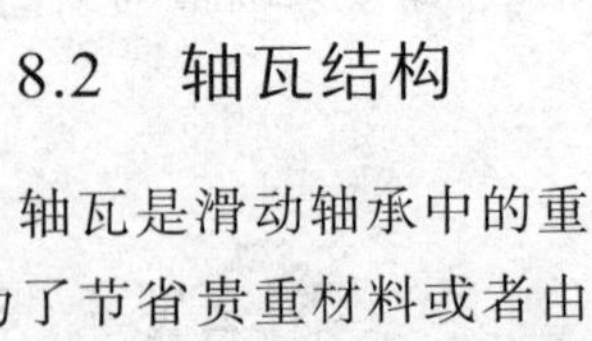

图 8.3　整体轴套

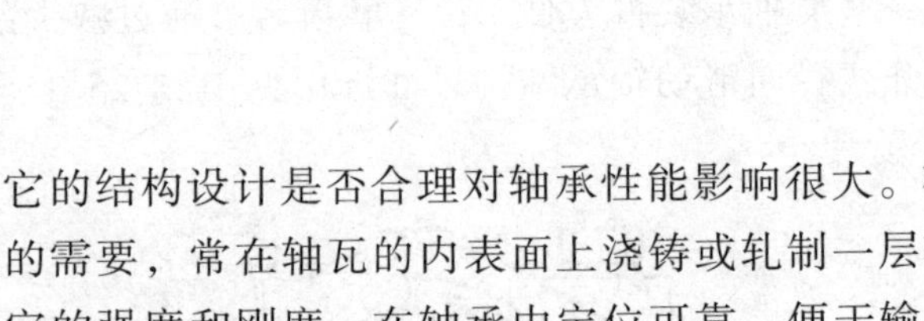

图 8.4　卷制轴套

对开式轴瓦有厚壁轴瓦和薄壁轴瓦之分。厚壁轴瓦用铸造方法制造（图 8.5），内表面可附有轴承衬，并通过离心铸造法浇注在轴瓦内表面上。轴瓦内表面上常制出各种形式的榫头、凹沟或螺纹，以保证轴承合金与轴瓦贴附牢靠。

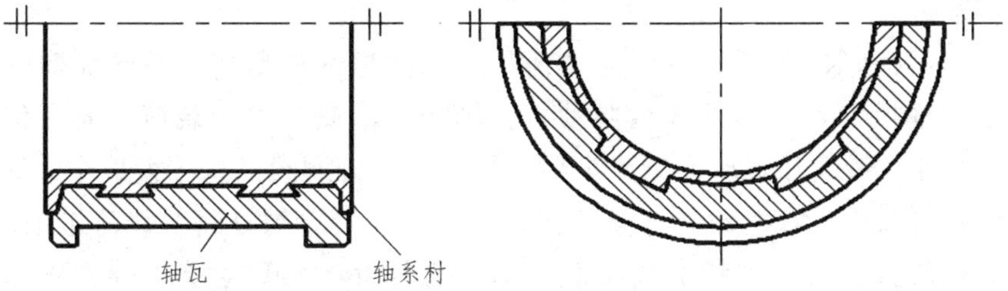

图 8.5　对开式厚壁轴瓦

薄壁轴瓦（图 8.6）由于能用双金属板连续轧制等新工艺进行大量生产，故质量稳定，成本低，但轴瓦刚性小，装配时不再修刮轴瓦内圆表面，轴瓦受力后，其形状完全取决于轴承座的形状，因此，轴瓦和轴承座均需精密加工。薄壁轴瓦在汽车发动机、柴油机上广泛应用。

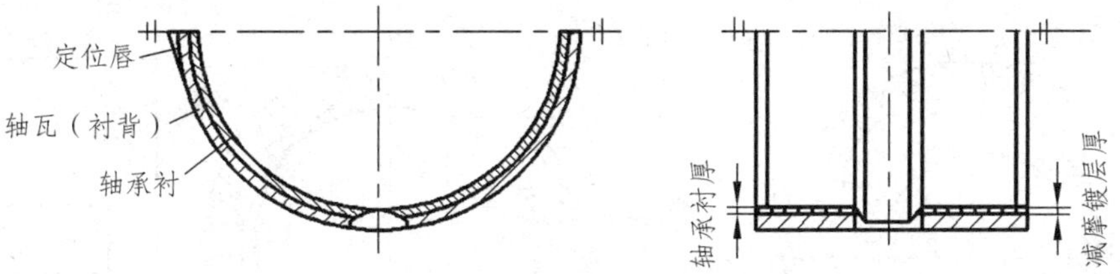

图 8.6　对开式薄壁轴瓦

8.2.2　轴瓦的定位

轴瓦和轴承座不允许有相对移动。为了防止轴瓦沿轴向和轴向移动，可将其两端做出凸缘来做轴向定位，也可用紧定螺钉[图 8.7（a）]或销钉[图 8.7（b）]将其固定在轴承座上，或在轴瓦剖分面上冲出定位唇（凸耳）以供定位用。

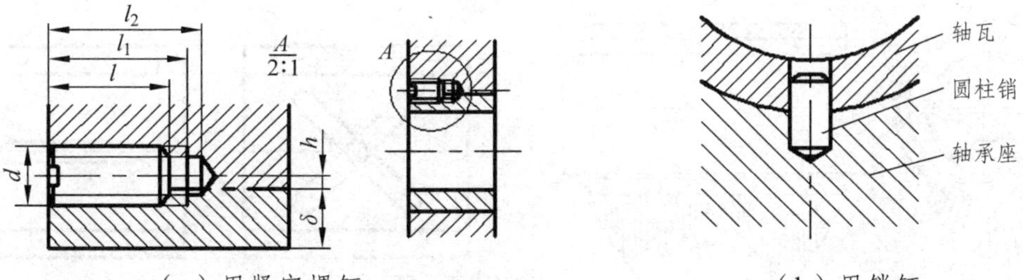

（a）用紧定螺钉　　（b）用销钉

图 8.7　轴瓦的固定

8.2.3　油孔及油槽

轴瓦或轴颈上须开设油孔或油槽以利于润滑油导入整个摩擦面。油孔和油槽的位置和形状对轴承的工作能力和寿命影响很大。对于非完全液体润滑轴承，油槽应尽量延伸到最大压力区附近。对于液体润滑单油楔轴承，如果油孔和油槽设在油膜承载区，将降低轴承的承载能力。因此，应将油孔和油槽设计在油膜非承载区，通常开在轴承的最大间隙附近。

对于液体动压径向轴承，有轴向油槽和周向油槽两种形式。轴向油槽分为单轴向油槽和双轴向油槽。对于整体式径向轴承，轴颈单向旋转时，载荷方向变化不大，单轴向油槽最好开在最大油膜厚度位置（图 8.8），以保证润滑油从压力最小的地方输入轴承。对开式径向轴承，常把轴向油槽开在轴承剖分面处（剖分面与载荷作用线成 90°），如果轴颈双向旋转，可在轴承剖分面上开设双轴向油槽（图 8.9），通常轴向油槽应较轴承宽度稍短，以便在轴瓦两端留出封油面，防止润滑油从端部大量流失。轴向油槽适用于载荷方向变动范围超过 180° 的场合，它常设在轴承宽度中部，把轴承分为两个独立部分；当宽度相同时，设有周向油槽轴承的承载能力低于设有轴向油槽的轴承（图 8.10）。对于非完全液体润滑径向轴承，常用油槽形式如图 8.11，设计时，可以将油槽从非承载区延伸到承载区。油槽尺寸可查有关手册。

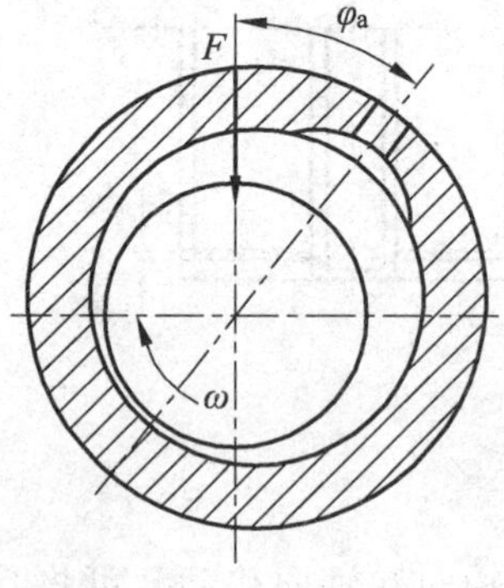

图 8.8　单轴向油槽开在最大油膜厚度位置

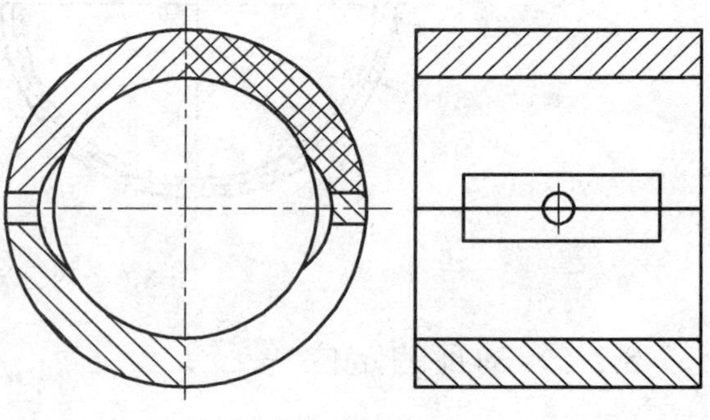

图 8.9　双轴向油槽开在轴承剖分面上

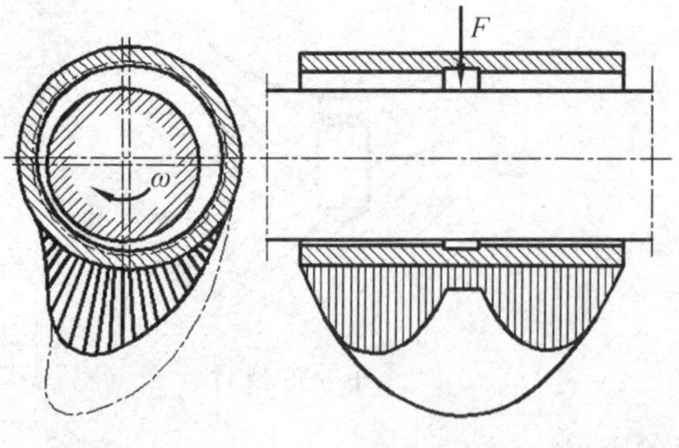

图 8.10　周向油槽对轴承承载能力的影响

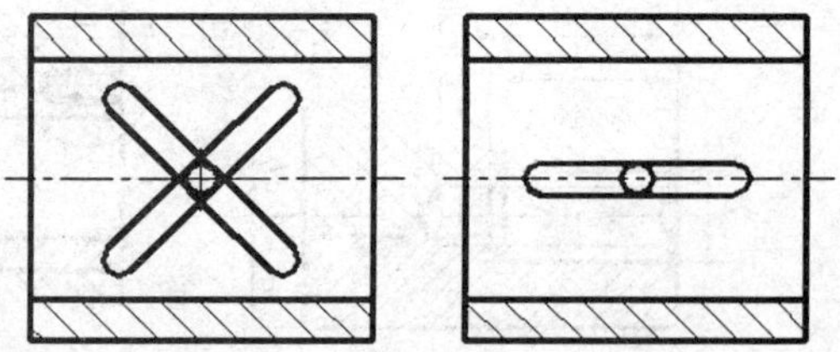

图 8.11　非完全液体润滑轴承常用油槽形状

8.3 滑动轴承的失效形式、常用材料及润滑剂的选用

8.3.1 滑动轴承的失效形式

滑动轴承的失效形式主要有磨粒磨损、刮伤、胶合、疲劳剥落和腐蚀。

1. 磨粒磨损

进入轴承间隙的硬颗粒（如灰尘、沙粒等）有的嵌入轴承表面，有的游离于间隙中并随轴一起转动，它们都将对轴颈和轴承表面起研磨作用。在起动、停车或轴颈与轴承发生边缘接触时，将加剧轴承磨损，导致几何形状改变、精度丧失，轴承间隙加大，使轴承性能在预期寿命前急剧恶化。

2. 刮　伤

进入轴承间隙中的硬颗粒或轴颈表面粗糙的轮廓峰顶，在轴瓦上划出线状伤痕，导致轴承因刮伤而失效。

3. 胶合（咬粘）

当轴承温升过高，载荷过大，油膜破裂时，或在润滑油供应不足条件下，轴颈和轴承的相对运动表面材料发生粘附和迁移，从而造成轴承损坏。胶合有时甚至可能导致相对运动中止。

4. 疲劳剥落

在载荷反复作用下，轴承表面出现与滑动方向垂直的疲劳裂纹，当裂纹向轴承衬与衬被结合面扩展后，造成轴承衬材料的剥落。它与轴承衬和衬背因结合不良或结合力不足造成轴承衬的剥离有些相似，但疲劳剥落周边不规则，而结合不良造成的剥离则周边比较光滑。

5. 腐　蚀

轴承零件金属表面与环境介质发生化学或电化学反应所造成的表面损伤称为腐蚀失效。与轴承零件表面起化学作用的环境介质有大气和润滑油中的氧化产物等。通常轴承表面腐蚀可以分为电介质腐蚀、有机酸腐蚀、其他介质腐蚀（如润滑油中含有硫化物）和电流腐蚀等。

由于工作条件不同，滑动轴承还可能出现气蚀、流体侵蚀、电侵蚀和微动磨损等损伤。

8.3.2 轴承材料

1. 轴承材料的性能要求

轴瓦和轴承衬的材料统称为轴承材料。针对上述失效形式，轴承材料性能应着重

满足以下主要要求：

（1）良好的减摩性、耐磨性和抗咬粘性。

减摩性是指材料副具有低的摩擦系数。耐磨性是指材料的抗磨性能（通常以磨损率表示）。抗咬粘性是指材料的耐热性和抗粘附性。

（2）良好的摩擦顺应性、嵌入性和磨合性。

摩擦顺应性是指材料通过表层弹塑性变形来补偿轴承滑动表面初始配合不良的能力。嵌入性是指材料容纳硬质颗粒嵌入，从而减轻轴承滑动表面发生刮伤或磨粒磨损的性能。磨合性是指轴瓦与轴颈表面经短期轻载运转后，易于性能相互吻合的表面粗糙度。

（3）足够的强度和抗腐蚀能力。

（4）良好的导热性、工艺性和经济性等。

应当指出，没有一种轴承材料能够全面具备上述性能，因此必须针对各种具体情况，仔细进行分析后合理选用。

2. 常用的轴承材料

常用的轴承材料可分为三类：金属材料，如轴承合金、铝基合金、青铜、减摩铸铁等；多孔质金属材料（粉末冶金材料）；非金属材料，如塑料、橡胶、硬木等。常用金属材料的许用值和性能见表 8.2。

8.3.3 润滑剂的选用

轴承润滑的目的主要是减小摩擦功耗，降低磨损率，同时可起冷却、防尘、防锈以及吸振等作用。常用的润滑材料是润滑油和润滑脂。

1. 润滑油及其选择

对于液体动压润滑轴承，润滑油的黏度是最重要的指标，也是选择轴承用油的主要依据。选择时应考虑轴承压力、滑动速度、摩擦表面状况、润滑方式等条件。

一般选用原则如下：

（1）在压力大或冲击、变载等工作条件下，应选用黏度较高的油。

（2）滑动速度高时，容易形成油膜，为了减小摩擦功耗，应采用黏度较低的油。

（3）加工粗糙或未经磨合的表面，应选用黏度较高的油。

（4）循环润滑、芯捻润滑或油垫润滑时，应选用黏度较低的油；飞溅润滑应选用高品质、能防止与空气接触而氧化变质或因激烈搅拌而乳化的油。

（5）低温工作的轴承应选用凝点低的油。

非完全液体润滑轴承的润滑油选择可参考表 8.3。

表 8.2　常用金属轴承材料许用值和性能比较

材料类别	牌号（名称）	最大许用值[1]			最高工作温度/°C	轴颈硬度/HBS	性能比较[2]				备注
		$[p]$/MPa	$[v]$/（m/s）	$[pv]$/（$MPa\cdot m\cdot s^{-1}$）			抗咬 粘性	嵌顺 入应 性性	耐耐 蚀性	疲疲 劳强 度	
锡基轴承合金	ZSnSb11Cu6 ZSnSb8Cu4	平稳载荷			150	150	1	1	1	5	用于高速、重载下工作的重要轴承，变载荷下易于疲劳，较贵
		25	80	20							
		冲击载荷									
		20	60	15							
铅基轴承合金	ZPbSb16Sn16Cu2	15	12	10	150	150	1	1	3	5	用于中速、中等载荷的轴承，不宜受显著冲击。可作为锡锑轴承合金的代用品
	ZPbSb15Sn5Cu3Cd2	5	8	5							
锡青铜	ZCuSn10P1 （10-1 锡青铜）	15	10	15	280	300 ~ 400	3	5	1	1	用于中速、重载及受变载荷的轴承
	ZCuSn5Pb5Zn5 （5-5-5 锡青铜）	8	3	15							用于中速、中载的轴承
铅青铜	ZCuPb30 （30 铅青铜）	25	12	30	280	300	3	4	4	2	用于高速、重载轴承，能承受变载和冲击
铝青铜	ZCuAl10Fe3 （10-3 铝青铜）	15	4	12	280	300	5	5	5	2	最宜用于润滑充分的低速重载轴承

续表

材料类别	牌号（名称）	最大许用值[1]			最高工作温度/°C	轴颈硬度/HBS	性能比较[2]				备注
		[p]/MPa	[υ]/（m/s）	[pυ]/（$MPa\cdot m\cdot s^{-1}$）			抗咬粘性	嵌入性	顺应性	耐蚀性	耐疲劳强度	
黄铜	ZCuZn16Si4（16-4 硅黄铜）	12	2	10	200	200	5	5	1	1	用于低速、中载轴承
黄铜	ZCuZn40Mn2（40-2 锰黄铜）	10	1	10	200	200	5	5	1	1	用于高速、中载轴承，是较新的轴承材料，强度高、耐腐蚀、表面性能好。可用于增压强化柴油机轴承
铝基轴承合金	2%铝锡合金	28～35	14	—	140	300	4	3	1	2	
三元电镀合金	铝-硅-镉镀层	14～35	—	—	170	200～300	1	2	2	2	镀铝锡青铜作中间层，再镀 10～30 μm 三元减摩层，疲劳强度高，嵌入性好
银	镀层	28～35	—	—	180	300～400	2	3	1	1	镀银，上附薄层铅，再镀铟，常用于飞机发动机、柴油机轴承
耐磨铸铁	HT300	0.1～6	0.75～3	0.3～4.5	150	<150	4	5	1	1	宜用于低速、轻载的不重要轴承，价廉
灰铸铁	HT150～HT250	1～4	0.5～2	—	—	—	4	5	1	1	

注：1. [pυ] 为非完全液体润滑下的许用值。
2. 性能比较，1～5 依次由佳到差。

表 8.3　非完全液体润滑轴承的润滑油选择（工作温度<60 °C）

轴颈圆周速度 υ /（m/s）	平均压力 p<3 MPa	轴颈圆周速度 υ /（m/s）	平均压力 p<3 MPa
<0.1	L-AN68、100、150	<0.1	L-AN150
0.1 ~ 0.3	L-AN68/100	0.1 ~ 0.3	L-AN100、150
0.3 ~ 2.5	L-AN46、68	0.3 ~ 0.6	L-AN100
2.5 ~ 5.0	L-AN32、46	0.6 ~ 1.2	L-AN68、100
5.0 ~ 9.0	L-AN15、22、32	1.2 ~ 2.0	L-AN68
>9.0	L-AN7、10、15		

注：表中的润滑油是以 40 °C 时运动黏度为基础的牌号。

2. 润滑脂及其选择

润滑脂属于半固体润滑剂，流动性差，无冷却效果。常用于那些要求不高、难以经常供油或者低速重载以及做摆动运动的非完全液体摩擦滑动轴承。针入度和滴点是润滑脂的两个重要指标。

润滑脂选择的一般原则如下：

（1）当压力高和滑动速度低时，选择针入度小的牌号。

（2）所用润滑脂的滴点，一般应较轴承的工作温度高 20 ~ 30 °C，以免工作时润滑脂过多地流失。

（3）在有水淋或潮湿的环境下，应选择防水性强的钙基或铝基润滑脂；在温度较高处应选用钠基或复合钙基润滑脂。

滑动轴承润滑脂的选择见表 8.4。

表 8.4　滑动轴承润滑脂的选择

压力 p/MPa	轴颈圆周速度 υ /（m/s）	最高工作温度/°C	选用的牌号
≤1.0	≤1	75	3 号钙基脂
1.0 ~ 6.5	0.5 ~ 5	55	2 号钙基脂
≥6.5	≤0.5	75	3 号钙基脂
≤6.5	0.5 ~ 5	120	2 号钠基脂
>6.5	≤0.5	110	1 号钙钠基脂
1.0 ~ 6.5	≤1	−50 ~ 100	锂基脂
>6.5	0.5	60	2 号压延基脂

注：1. 本书的“压力”即为“压强”。
2. 在潮湿环境，温度 75 ~ 120 °C 的条件下，应考虑用钙-钠基润滑脂。
3. 在潮湿环境，工作温度在 75 °C 以下，没有 3 号钙基脂时也可以考虑用铝基脂。
4. 工作温度在 110 ~ 120 °C 可用锂基脂或钡基脂；
5. 集中软滑时，黏度要小些。

8.4 非完全液体润滑滑动轴承的设计

非完全液体润滑滑动轴承工作时，因其摩擦表面不能被润滑油完全隔开，只能形成边界油膜，存在局部金属表面的直接接触，轴承只能在混合摩擦润滑状态（即边界润滑和液体润滑同时存在的状态）下运转。这类轴承的设计准则是维持边界油膜不致破裂。但由于边界油膜的强度和破裂温度的影响机理尚未完全清楚，目前的设计计算只能是间接、条件性的。

8.4.1 非完全液体润滑径向滑动轴承设计

在设计时，通常是已知轴承所承受径向载荷 F（N）、轴颈转速 n（r/min）及轴颈直径 d（mm），然后进行以下验算。

1. 验算轴承的平均压力 p

为限制轴承磨损，应限制平均压力 p，即

$$p=\frac{F}{dB}\leqslant[P] \tag{8.1}$$

式中 B——轴承宽度（mm），根据宽径比 B/d 确定；

$[p]$——轴瓦材料的许用压力（MPa）。

轴承的发热量与其面积上的摩擦功耗 $fp\upsilon$ 成正比（f 是摩擦系数），限制 $p\upsilon$ 值就是限制轴承的温升，即

$$p\upsilon=\frac{F}{Bd}\frac{\pi dn}{60\times1\,000}=\frac{FN}{19\,100B}\leqslant[p\upsilon] \tag{8.2}$$

式中 υ——轴颈圆周速度，即滑动速度（m/s）；

$[p\upsilon]$——轴承材料的许用 $p\upsilon$ 值。

2. 验算滑动速度 υ

当滑动轴承平均压力 p 较小时，即使 p 与 $p\upsilon$ 都在许用范围内，也可能由于滑动速度过高而加速磨损，因而要求

$$\upsilon=\frac{\pi dn}{60\times1\,000}\leqslant[\upsilon] \tag{8.3}$$

式中 $[\upsilon]$——许用滑动速度（m/s）。

对于 p 和 $p\upsilon$ 的演算均合格的轴承，由于滑动速度过高，也会加速磨损而使轴承报废。这是因为 p 只是平均压力。实际上，在轴发生弯曲或不同心等引起的一系列误差及振动的影响下，轴承边缘可能产生相当高的压力，因而局部区域的 $p\upsilon$ 值还会超过许用值。

滑动轴承所选用的材料及尺寸经验算合格后，应选取恰当的配合，一般可选 $\frac{H9}{d9}$、$\frac{H8}{f7}$ 或 $\frac{H7}{f6}$。

8.4.2 非完全液体润滑推力滑动轴承的计算

在设计推力滑动轴承时，通常已知轴承所受轴向载荷 F_a（N）、轴颈转速 n（r/min）、轴环直径 d_2 和轴承孔直径 d_1（mm）以及轴环数目（参考表 8.1 中的图），处于混合润滑状态下的止推轴承需要校核 P 和 $P\upsilon$。

1. 验算轴承的平均压力 p（MPa）

$$p=\frac{F_a}{A}=\frac{F_a}{z\frac{\pi}{4}(d_2^2-d_1^2)}\leqslant[p] \tag{8.4}$$

式中 d_1——轴承孔直径（mm）；

d_2——轴环直径（mm）；

F_a——轴向载荷；

$[p]$——许用压力（MPa），见表 8.5。对于多环式止推轴承，由于载荷在各环间分布不均，因此，许用压力 $[p]$ 比单环式的降低 50%。

2. 验算轴承的 $p\upsilon$（$\mathrm{MPa\cdot m\cdot s^{-1}}$）值

因轴承的环形支承面平均直径处的圆周速度 υ（m/s）为

$$\upsilon=\frac{\pi n(d_1+d_2)}{60\times1\,000\times2}$$

故应满足

$$p\upsilon=\frac{4F_a}{z\pi(d_2^2-d_1^2)}\times\frac{\pi n(d_1+d_2)}{60\times1\,000\times2}=\frac{nF_a}{3\,000z(d_2-d_1)}\leqslant[P\upsilon] \tag{8.5}$$

式中 n——轴颈的转速（r/min）；

$[p\upsilon]$——$p\upsilon$ 的许用值（$\mathrm{MPa\cdot m\cdot s^{-1}}$），见表 8.5。同样，由于多环式止推轴承中的载荷在各环间分布不均，因此，$[p\upsilon]$ 值也应比单环式的降低 50%。

表 8.5 止推滑动轴承的 $[p]$、$[p\upsilon]$ 值

轴（轴环端面、凸缘）	轴 承	$[p]$/MPa	$[p\upsilon]$/（$\mathrm{MPa\cdot m\cdot s^{-1}}$）
未淬火钢	铸铁	2.0 ~ 2.5	1 ~ 2.5
	青铜	4.0 ~ 5.0	
	轴承合金	5.0 ~ 6.0	

续表

轴（轴环端面、凸缘）	轴　承	$[p]$/MPa	$[pv]$/（$MPa\cdot m\cdot s^{-1}$）
淬火钢	青铜	7.5 ~ 8.0	1 ~ 2.5
	轴承合金	8.0 ~ 9.0	
	淬火钢	12 ~ 15	

思考与习题

1. 滑动轴承的摩擦状态有几种？各有什么特点？

2. 有一非液体摩擦向心滑动轴承，已知轴颈直径为 100 mm，轴瓦宽度为 100 mm，轴的转速为 1 200 r/min，轴承材料为 ZCuSn10P1，试问它允许承受多大的径向载荷？

3. 已知某一起重机卷筒的径向滑动轴承所承受的载荷 F=100 000 N，轴颈直径 d=90 mm，轴的转速 n=9 r/min，轴承材料采用铸造青铜，试设计此轴承（采用不完全液体润滑）。

第9章 滚动轴承

本章主要介绍滚动轴承的基本类型和选择，疲劳寿命的计算，滚动轴承的组合结构设计，包括轴承配置形式、轴承的紧固、轴承的调整等，并简单地介绍轴承的配合、预紧、润滑、密封等基本知识。

9.1 概 述

9.1.1 滚动轴承的基本结构

滚动轴承的基本结构如图 9.1 所示，它由内圈、外圈、滚动体和保持架等四部分组成。内圈用来和轴颈装配，外圈用来和轴承座孔装配。通常是内圈随轴颈回转，外圈固定，但也可用于外圈回转而内圈不动，或是内、外圈同时回转的场合。当内、外圈相对转动时，滚动体即在内、外圈的滚道间滚动，常用的滚动体如图 9.2 所示。轴承内、外圈上的滚道，有限制滚动体沿轴向位移的作用。保持架的主要作用是均匀地隔开滚动体，如果没有保持架，则相邻滚动体转动时将会由于接触处产生较大的相对滑动速度而引起磨损。

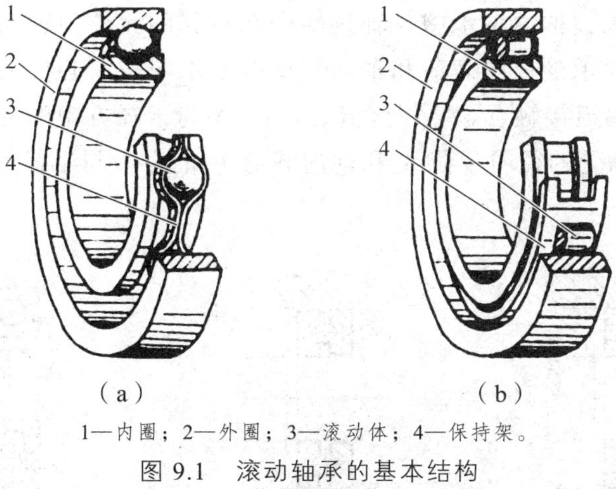

（a）　　（b）

1—内圈；2—外圈；3—滚动体；4—保持架。

图 9.1 滚动轴承的基本结构

（a）球体　（b）圆柱滚子　（c）圆锥滚子　（d）球面滚子　（e）非对称球面滚子　（f）滚针

图 9.2 常用的滚动体

9.1.2 滚动轴承的特点及应用

滚动轴承的优点：正确安装的滚动轴承在工作时几乎没有摩擦（$\mu = 0.002 \sim 0.01$），因此其起动转矩仅稍大于工作转矩（这对于原动件来说是一个很大的优点）无黏滑；润滑剂消耗量小；无特殊的维护与保养要求；无需磨合；全面的标准化零件方便其购买与更换。

滚动轴承的缺点：它对于振动和冲击较为敏感，尤其是在静止或转速较低时；使用寿命和转速都有限制；由于对污染较为敏感，所以密封成本较高（易磨损、功率消耗大的部位）。

滚动轴承的应用场合：

（1）尽可能无须维护和可靠性高的普通需求场合，如减速器、电动机、机床、提升机械、车辆。

（2）要求在静止状态或转速较低，以及重载运行时摩擦很小和转速变化的支承，如吊车钩、主轴支承、旋转塔臂和车辆驱动装置。

9.2 滚动轴承的主要类型及其代号

9.2.1 滚动轴承的主要类型

按轴承所承受的外载荷类型分类，滚动轴承可以概括地分为向心轴承、推力轴承和向心推力轴承三大类，图 9.3 所示为滚动轴承承载情况。主要承受径向载荷 F_r 的轴承叫作向心轴承，其中有几种类型可同时承受不大的轴向载荷；只能承受轴向载荷 F_a 的轴承叫作推力轴承，推力轴承中与轴颈配合在一起的元件叫轴圈，与机座孔配合的元件叫座圈；能同时承受径向载荷和轴向载荷的轴承叫作向心推力轴承。向心推力轴承的滚动体与外圈滚道接触点（线）处的法线 N—N 与半径方向的夹角 α 叫作轴承的接触角。轴承实际所承受的径向载荷 F_r 和轴向载荷 F_a 的合力与半径方向的夹角 β，则叫载荷角[图 9.3（c）]。

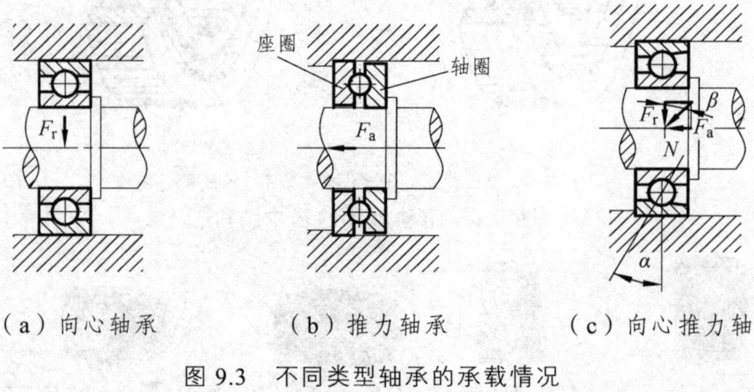

（a）向心轴承　（b）推力轴承　（c）向心推力轴承

图 9.3　不同类型轴承的承载情况

常用的滚动轴承的性能和特点见表 9.1。

表 9.1　常用滚动轴承的类型、主要性能和特点

类型代号	简图	类型名称	结构代号	基本额定动载荷比	极限转速比	轴向承载能力	轴向限位能力	性能和特点	应用场合
1	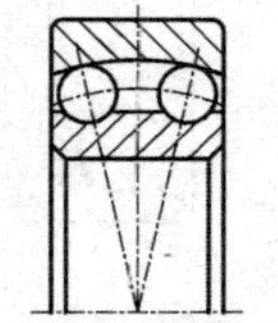	调心球轴承	10000	0.6～0.9	中	少量	Ⅰ	因外圈滚道表面是以轴承中点为中心的球面，故能自动调心，允许内圈（轴）相对外圈（外壳）轴线偏斜量≤2°～3°。一般不宜承受纯轴向载荷	安装有误差或有很大挠度的轴的支承，如输送机械、提升机械、农业机械等
2	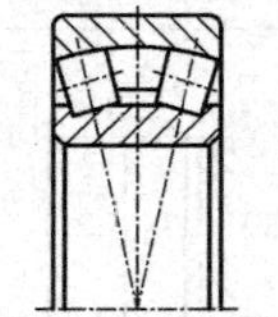	调心滚子轴承	20000	1.8～4	低	少量	Ⅰ	性能、特点与调心球轴承相同，但具有较大的径向承载能力，允许内圈对外圈轴线偏斜量≤1.5°～2.5°	重载滚轮、绳轮、船上的轴、转向舵、曲轴和其他重载支承
	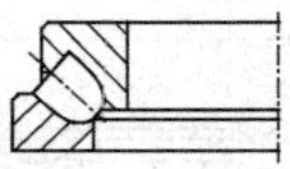	推力调心滚子轴承	29000	1.6～2.5	低	很大	Ⅱ	用于承受以轴向载荷为主的轴向、径向联合载荷，但径向载荷不得超过轴向载荷的55%。运转中滚动体受离心力矩作用，滚动体与滚道间产生滑动，并导致轴圈与座圈分离。为保证正常工作，需施加一定轴向预载荷。允许轴圈对座圈轴线偏斜量≤1.5°～2.5°	起重机柱的支承轴承、船用螺旋传动和蜗杆轴受压轴承
3	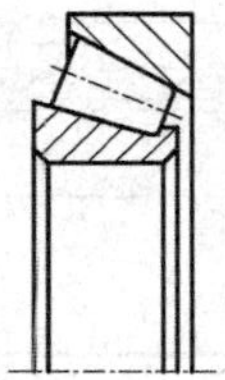	圆锥滚子轴承 $\alpha=10°～18°$	30000	1.5～2.5	中	较大	Ⅱ	可以同时承受径向载荷及轴向载荷（30000 型以径向载荷为主，30000B 型以轴向载荷为主）。外圈可分离，安装时可调整轴承的游隙。一般成对使用	车辆的轮毂支承、绳轮支承、机床主轴支承、蜗轮和锥齿轮轴的支承
		大锥角圆锥滚子轴承 $\alpha=27°～30°$	30000B	1.1～2.1	中	很大			

续表

类型代号	简图	类型名称	结构代号	基本额定动载荷比	极限转速比	轴向承载能力	轴向限位能力	性能和特点	应用场合
5	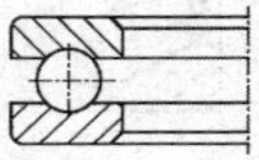	推力球轴承	51000	1	低	只能承受单向的轴向载荷	Ⅱ	只能承受轴向载荷。高速时离心力大，钢球与保持架磨损，发热严重，寿命降低，故极限转速很低。为了防止钢球与滚道之间的滑动，工作时必须加有一定的轴向载荷。轴线必须与轴承底座面垂直，载荷必须与轴线重合，以保证钢球载荷的均匀分配	用于轴向载荷很大且不能采用向心轴承的场合，以及轴向载荷大径向载荷小且不宜采用向心轴承的场合，如钻床主轴、尾座顶尖、蜗牛顶尖、蜗轮和螺旋传动
	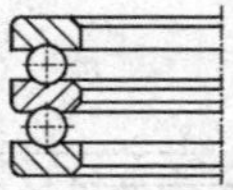	双向推力球轴承	52000	1	低	能承受双向的轴向载荷	Ⅰ		
6	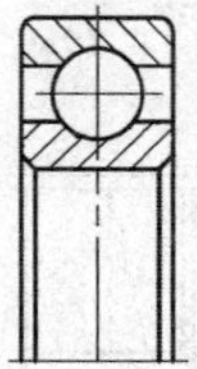	深沟球轴承	60000	1	高	少量	Ⅰ	主要承受径向载荷，也可同时承受小的轴向载荷。当量摩擦系数最小。在高转速时，可用来承受纯轴向载荷。工作中允许内、外圈轴线偏斜量≤8′～16′，大量生产，价格最低	在机械制造和车辆制造的所有领域应用广泛。带装球缺口的双列深沟球轴承，当 $F_a/F_r<0.3$ 时，只能用于一些特殊场合，如农机制造
7	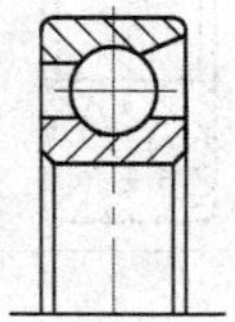	角接触球轴承	70000C $\alpha=15°$	1.0～1.4	高	一般	Ⅱ	可以同时承受径向载荷及轴向载荷，也可以单独承受轴向教荷。能在较高转速下正常工作。由于一个轴承只能承受单向的轴向力，因此，一般成对使用。承受轴向载荷的能力与接触角 α 有关。接触角大的，承受轴向载荷的能力也高	机床的主轴支承、车辆传动装置、齿轮和滑轮支承
			70000AC $\alpha=25°$	1.0～1.3		较大			
			70000B $\alpha=40°$	1.0～1.2		更大			

续表

类型代号	简图	类型名称	结构代号	基本额定动载荷比	极限转速比	轴向承载能力	轴向限位能力	性能和特点	应用场合
N	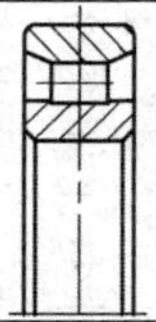	外圈无挡边的圆柱滚子轴承	N0000	1.5～3.0	高	无	Ⅲ	有较大径向承载能力。外圈(或内圈)可以分离，故不能承受轴向载荷，滚子由内圈(或外圈)的挡边轴向定位，工作时允许内、外圈有少量的轴向错动。内外圈轴线的允许偏斜量很小(2'～4')。此类轴承可以不带外圈或内圈	减速器、电动机、有轨机车心轴轴承、轧机支承；一般用于承受大径向载荷的支承和作为游动支承使用
	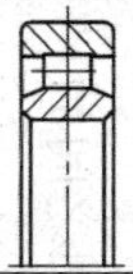	内圈无挡边的圆柱滚子轴承	NU0000						
	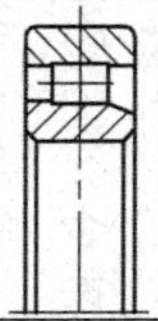	内圈有单挡边的圆柱滚子轴承	NJ0000	1.5～3.0	高	少量	Ⅱ		
NA	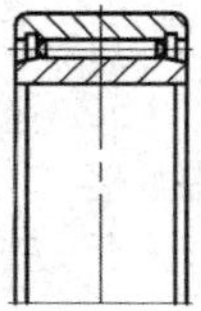	滚针轴承	NA0000	—	低	无	Ⅲ	在同样内径条件下，与其他类型轴承相比，其外径最小，内圈或外圈可以分离，工作时允许内、外圈有少最的轴向错动。有较大的径向承教能力。一般不带保持架。摩擦系数较大	主要用于较小至中等转速和摆动运动的场合，如连杆支承、摇杆支承、主轴支承、旋转臂、摆动轴(车辆)等，一般还适用于径向尺寸受限制的场合
UC	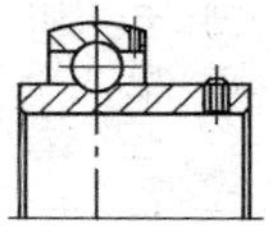	带顶丝球面球轴承	UC000	1	中	少量	Ⅰ	内部结构与深沟球轴承相同，但外圈具有球形外表面，与带有凹球面的轴承座相配能自动调心。常用紧定螺钉、偏心套或紧定套将轴承内圈固定在轴上。轴心线允许偏斜5°。按结构还有带偏心套轴承(UEL型、UE型)、带紧定套轴承(UK型、UK+H型)、两端平头轴承(UD型)等	

9.2.2 滚动轴承的代号

在常用的各类滚动轴承中，每一种类型又可做成几种不同的结构、尺寸和公差等级，以便适应不同的技术要求。为了统一表征各类轴承的特点，便于组织生产和选用，GB/T 272—2017 规定了轴承代号的表示方法。

滚动轴承代号由基本代号、前置代号和后置代号组成，用字母和数字等表示，具体构成见表 9.2。

表 9.2 滚动轴承代号的构成

<table>
<tr><td>前置代号</td><td colspan="5">基本代号</td><td colspan="8">后置代号</td></tr>
<tr><td rowspan="3">轴承分部件代号</td><td>五</td><td>四</td><td>三</td><td>二</td><td>一</td><td rowspan="3">内部结构代号</td><td rowspan="3">密封与防尘结构代号</td><td rowspan="3">保持架及其材料代号</td><td rowspan="3">特殊轴承材料代号</td><td rowspan="3">公差等级代号</td><td rowspan="3">游隙代号</td><td rowspan="3">多轴承配置代号</td><td rowspan="3">其他代号</td></tr>
<tr><td rowspan="2">类型代号</td><td colspan="2">尺寸系列代号</td><td colspan="2" rowspan="2">内径代号</td></tr>
<tr><td>宽度系列代号</td><td>直径系列代号</td></tr>
</table>

注：基本代号下面的一到五表示代号自右向左的位置序数

1. 基本代号

基本代号用来表明轴承的内径、直径系列、宽度系列和类型。

（1）轴承内径是指轴承内圈的内径，常用 d 表示。基本代号右起第一、二位数字为内径代号。对常用内径 $d = 20 \sim 480$ mm 的轴承，内径一般为 5 的倍数，这两位数字表示轴承内径尺寸被 5 除得的商数，即内径大小=代号数×5。例如，代号数 04 表示内径 $d = 20$ mm，12 表示 $d = 60$ mm 等。内径代号还有一些例外的特殊情况，如对于内径为 10 mm、12 mm、15 mm 和 17 mm 的轴承，内径代号依次为 00、01、02 和 03，见表 9.3。

表 9.3 滚动轴承代号的特殊情况

内径/mm	10	12	15	17
轴承代号	00	01	02	03

此处介绍的内径代号仅适用于常规的滚动轴承，对于 $d \geqslant 500$ mm 的特大型轴承和 $d < 10$ mm 的微型轴承，其内径代号不在此列。

（2）轴承的直径系列（即结构、内径相同的轴承在外径和宽度方面的变化系列）用基本代号右起第三位数字表示。直径系列代号有 7、8、9、0、1、2、3、4 和 5，对应于相同内径轴承的外径尺寸依次递增。部分直径系列之间的尺寸对比如图 9.4 所示。

（3）轴承的宽度系列（即结构、内径和直径系列都相同的轴承，在宽度方面的变化系列。对于推力轴承，是指高度系列）用基本代号右起第四位数字表示。宽度系列代号有 8、0、1、2、3、4、5 和 6，对应同一直径系列的轴承，其宽度依次递增。多数轴承在代号中不标出代号 0，但对于调心滚子轴承和圆锥滚子轴承，宽度系列代号 0 应标出。

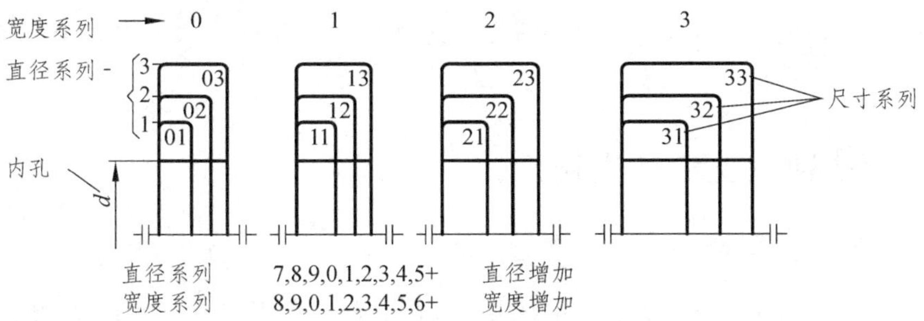

图 9.4　向心轴承尺寸系列的构成

直径系列代号和宽度系列代号统称为尺寸系列代号。

（4）轴承类型代号用基本代号右起第五位数字（或字母）表示，其表示方法见表 9.1。

2. 前置代号

轴承的前置代号用于表示轴承的分部件，用字母表示，如用 L 表示可分离轴承的可分离套圈，K 表示轴承的滚动体与保持架组件等。

3. 后置代号

轴承的后置代号是用字母和数字等表示的轴承的结构、公差及材料的特殊要求等。后置代号的内容很多，下面介绍几个常用的代号。

（1）内部结构代号是表示同一类型轴承的不同内部结构，用字母紧跟着基本代号表示，如接触角为 15°、25°和 40°的角接触球轴承分别用 C、AC 和 B 表示其内部结构的不同。

（2）轴承的公差等级分为 2 级、4 级、5 级、6 级（或 6x 级）和 0 级，共 6 个级别，依次由高级到低级，其代号分别为/P2、/P4、/P5、/P6（或/6x）和/P0。公差等级中，6x 级仅适用于圆锥滚子轴承；0 级为普通级（在轴承代号中不标出），是最常用的轴承公差等级。

（3）常用的轴承径向游隙系列分为 1 组、2 组、0 组、3 组、4 组和 5 组，共 6 个组别，径向游隙依次由小到大。0 组游隙是常用的游隙组别，在轴承代号中不标出，其余的游隙组别在轴承代号中分别用/C1、/C2、/C3、/C4、/C5 表示。

实际应用中，标准滚动轴承类型很多，其中有些轴承的代号比较复杂。以上介绍的代号是轴承代号中最基本、最常用的部分，熟悉了这部分代号，就可以识别和查选常用的轴承。关于滚动轴承详细的代号方法可查阅 GB/T 272—1993。

4. 代号举例

6308——内径为 40 mm 的深沟球轴承，尺寸系列 03，0 级公差，0 组游隙。

7211C——内径为 55 mm 的角接触球轴承，尺寸系列 02，接触角为 15°，0 级公差，0 组游隙。

N408/P5——内径为 40 mm 的外圈无挡边圆柱滚子轴承，尺寸系列 04，5 级公差，0 组游隙。

9.3 滚动轴承支承结构和设计

9.3.1 轴承类型选择

对于给定的工作条件和对支承的要求，可按表 9.1 常用滚动轴承的类型、主要性能和特点进行选择。下面归纳出合理选择轴承类型时所应考虑的主要因素。

1. 轴承的载荷

载荷较大且有冲击时，宜选用滚子轴承；载荷较轻且冲击较小时，选球轴承；同时承受径向和轴向载荷，当轴向载荷相对较小时，可选用深沟球轴承或接触角较小的角接触球轴承，当轴向载荷相对较大时，应选接触角较大的角接触球轴承或圆锥滚子轴承。

2. 轴承转速

轴承的工作转速应低于其极限转速。球轴承（推力球轴承除外）较滚子轴承极限转速高。当转速较高时，应优先选用球轴承。在同类型轴承中，直径系列中外径较小的轴承，宜用于高速，外径较大的轴承，宜用于低速。

3. 轴承调心性能

当轴的弯曲变形大、跨距大、轴承座刚度低时或在多支点轴及轴承座分别安装难以对中的场合，应选用调心轴承。

4. 轴承的安装

对需要经常装拆的轴承或支持长轴的轴承，为了便于装拆，宜选用内、外圈可分离轴承，如 N0000，NA0000、30000 等。

5. 经济性

特殊结构轴承比一般结构轴承价格高；滚子轴承比球轴承价格高；型号相同而公差等级不同的轴承，价格差别很大。所以，在满足使用要求的情况下，应先选用球轴承和 0 级（普通级）公差轴承。

此外，轴承类型的选择还应考虑轴承装置整体设计的要求，如轴承的配置使用要求、游动要求等，也可以参照表 9.4 进行轴承的选择。

表 9.4 滚动轴承选取辅助决策表

要求/结构	滚动轴承结构类型																
	a	b	c	d	e	f	g	h	i	k	l	m	n	o	p	q	r
可径向受载	3	3	3	3	1	3	4	4	4	4	4	4	4	4	0	0	1

续表

要求/结构	滚动轴承结构类型																
	a	b	c	d	e	f	g	h	i	k	l	m	n	o	p	q	r
可轴向受载	2	3①	3	3	3	1	0	2①	2	0	4①	4	2	3	3	3①	3①
轴承中可补偿轴向误差	0	0	0	0	0	0	4	2①	0	2	0	0	0	0	0	0	0
采用滑动配合补偿轴向误差	2	2②	2	2	0	2	0	0	2⑤	0	0	2	2	2	0	0	0
整体式轴承	j	j	j	0	0	j	0	0	0	0	0	0	j	j	0	0	0
单支点双向固定轴承	3	4②	4	3	3	2	0	2②	3	0	0	4	3	3	0	0	0
游动轴承	2	2②	2	2	0	2	4	2①	1	4	0	1	2	2	0	0	0
游动支承	4	4	0	j	0	3	0	2	0	0	4	0	2	2	3①	4	4
轴承间隙调节	0	0	0	0	0	0	0	0	0	0	j	j	0	0	j	j	j
偏心补偿	1	0	0	0	0	4	0	0	0	0	0	0	4	4	2⑥	2⑥	4
转速高	4	4③	3	2	1	3	4	3④	3④	2④	2	1	2	2	2	1	1
刚度高	2	3②	3	3	2	1	3	3	3	3	2	4	3	3	2	2	3
摩擦小	4	3	2	2	2	3	3	3④	3④	3④	2	2	2	2	2	1	1
运行噪声小	4	3	2	1	1	1	2	1	1	1	1	1	1	1	1	0	0
可适应锥形孔	0	0	0	0	0	j	j	0	0	0	0	0	j	j	0	0	0

a	深沟球轴承	g	圆锥滚子轴承 N，NU	n	球面滚子轴承
b	角接触球轴承，单列	h	圆锥滚子轴承 NJ	o	调心滚子轴承
c	角接触球轴承对，每个为单	i	圆锥滚子轴承 NUP	p	推力深沟球轴承，单列
d	角接触球轴承，双列	k	滚针轴承	q	推力深沟球轴承，双列
e	四点接触球轴承	l	圆锥滚子轴承	r	推力调心滚子轴承
f	调心球轴承	m	圆锥滚子轴承对		
4	非常适合	0	不适合	③	避免成对安装
3	很适合	j	是的	④	轴向受限很小
2	适合/可能	①	仅沿一个方向	⑤	仅在外圈上
1	适合性受限制	②	成对安装	⑥	球形支承面

注：由于深沟球轴承具有精度高、成本低和安装空间小，所以在选择轴承时应优先考虑。只有当其不能满足所给要求时，才选择其他适合的轴承。

9.3.2 滚动轴承的工作情况

本小节将讨论向心轴承、角接触球轴承和圆锥滚子轴承工作时，轴承元件上载荷分布和变化的情况。

1. 轴承元件上的载荷分布

以向心轴承为例。当轴承工作的某一瞬间，滚动体处于图 9.5 所示的位置时，径向

载荷 F_r 通过轴颈作用于内圈，位于上半圈的滚动体不受此载荷作用，而由下半圈的滚动体将此载荷传到外圈上。假设内、外圈除了与滚动体接触处共同产生的局部接触变形外，它们的几何形状并不改变。这时在载荷 F_r 的作用下，内圈的下沉量 δ_0 就是在 F_r 作用线上的接触变形量。按变形协调关系，不在载荷 F_r 作用线上的其他各点的径向变形量为 $\delta_i = \delta_0\cos(i\gamma)$，$i=1$，2，…也就是说，真实的变形量的分布是中间最大，向两边逐渐减小，如图 9.6 所示。可以进一步判断，接触载荷也是处于 F_r 作用线上的接触点处最大，向两边逐渐减小。各滚动体从开始受载到受载终止所对应的区域叫作承载区。

根据力的平衡原理，所有滚动体作用在内圈上的反力 F_{Ni} 的向量和必定等于径向载荷 F_r。

应该指出，实际上由于轴承内部存在游隙，因此由径向载荷 F_r 产生的承载区的范围将小于 180°。也就是说，不是下半部滚动体全部受载。这时，如果同时作用有一定的轴向载荷，则可以使承载区扩大。

2. 轴承元件上的载荷及应力的变化

轴承工作时，各个元件上所受的载荷及产生的应力是随时变化的。根据上面的分析，当滚动体进入承载区后，所受载荷即由零逐渐增加到 F_{N2}、F_{N1} 直到最大值 F_{N0}，然后再逐渐降低到 F_{N1}、F_{N2} 而至零（图 9.5）。就滚动体上某一点而言，它的载荷及应力是周期性地不稳定变化的，如图 9.6（a）所示。

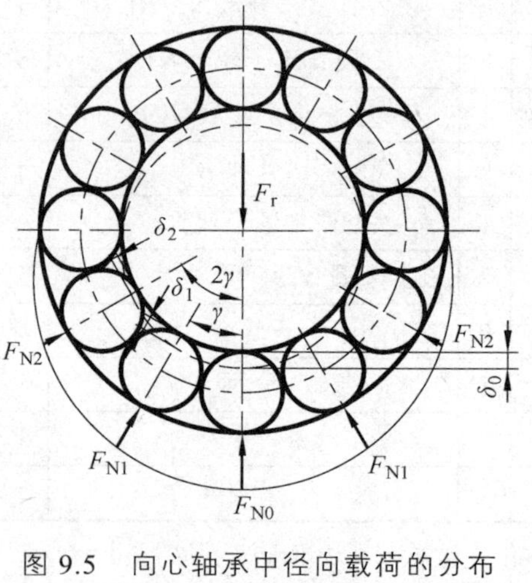

图 9.5　向心轴承中径向载荷的分布

滚动轴承工作时，可以是外圈固定、内圈转动，也可以是内圈固定、外圈转动。对于固定套圈，处在承载区内的各接触点，按其所在位置的不同，将受到不同的载荷。处于 F_r 作用线上的点将受到最大的接触载荷。对于每一个具体的点，每当一个滚动体滚过时，便承受一次载荷，其大小是不变的，也就是承受稳定的脉动循环载荷的作用，如图 9.6（b）所示。载荷变动的频率快慢取决于滚动体中心的圆周速度，当内圈固定外圈转动时，滚动体中心的运动速度较大，故作用在固定套圈上的载荷的变化频率也较高。

转动套圈上各点的受载情况，类似于滚动体的受载情况，可用图 9.6（a）描述。

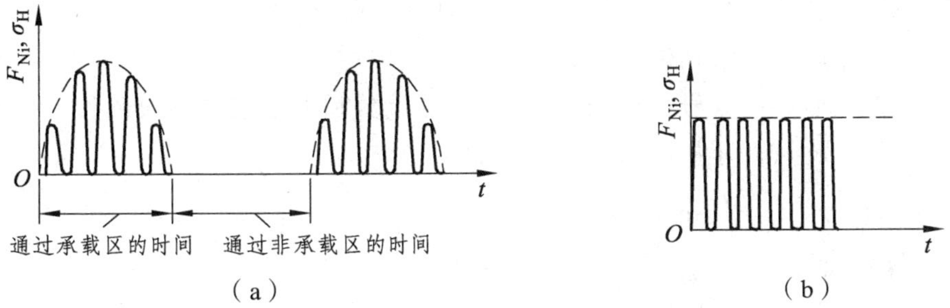

图 9.6　轴承元件上的载荷及应力变化

3. 轴向载荷对载荷分布的影响

当角接触球轴承或圆锥滚子轴承（现以圆锥滚子轴承为例）承受径向载荷 F_r 时，如图 9.7（a）所示。由于滚动体与滚道的接触线与轴承轴线之间有一个接触角 α，因而各滚动体的反力 F'_{Ni} 并不指向半径方向，它可以分解为一个径向分力和一个轴向分力。用 F_{Ni} 代表某一个滚动体反力的径向分力，如图 9.7（b），则相应的轴向分力 F_{di} 应等于 $F_{Ni}\tan\alpha$。所有径向分力 F_{Ni} 的向量和与径向载荷 F_r 相平衡；所有的轴向分力 F_{di} 之和组成轴承的派生轴向力 F_d，它迫使轴颈（连同轴承内圈和滚动体）有向右移动的趋势，这应由轴向力 F_a 来与之平衡，如图 9.7（a）所示。

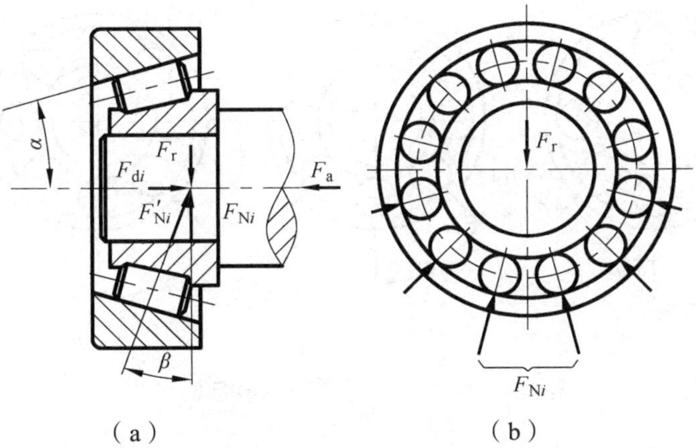

图 9.7　圆锥滚子轴承的受力

当只有最下面一个滚动体受载时，

$$F_a = F_d = F_N \tan\alpha \tag{9.1}$$

当受载的滚动体数目增多时，虽然在同样的径向载荷 F_r 的作用下，但派生的轴向力 F_d 将增大，即

$$F_d = \sum_{i=1}^{n} F_{di} = \sum_{i=1}^{n} F_{Ni} \tan\alpha > F_r \tan\alpha \tag{9.2}$$

式中　n ——受载的滚动体数目；

F_{di} ——作用于各滚动体上的派生的轴向力；

F_{Ni} ——作用于各滚动体上的径向分力。

式（9.2）尾部的不等号也表明了 n 个 F_{Ni} 的代数和大于它们的向量和。由式（9.2）可得出这时平衡派生轴向力 F_d 所需施加的轴向力 F_a 为

$$F_a = F_d > F_r \tan\alpha \tag{9.3}$$

上述分析说明：

（1）角接触球轴承及圆锥滚子轴承总是在径向力 F_r 和轴向力 F_a 的联合作用下工作。为了使较多的滚动体同时受载，应使 F_a 比 $F_r \tan\alpha$ 大一些。

（2）对于同一个轴承（设 α 不变），在同样的径向载荷作用下，当轴向力 F_a 由最小值（$F_r \tan\alpha$，即一个滚动体受载时）逐步增大时，同时受载的滚动体数目逐渐增多，与轴向力 F_a 平衡的派生轴向力 F_d 也随之增大。根据研究，当 $F_a \approx 1.25 F_r \tan\alpha$ 时会有约半数的滚动体同时受载，如图 9.8（b）所示；当 $F_a \approx 1.7 F_r \tan\alpha$ 时，开始使全部滚动体同时受载，如图 9.8（c）所示。

应该指出，对于实际工作中的角接触球轴承或圆锥滚子轴承，为了保证轴承能可靠地工作，应使它至少达到下半圈的滚动体全部受载。因此，在安装这类轴承时，不能有较大的轴向窜动量。

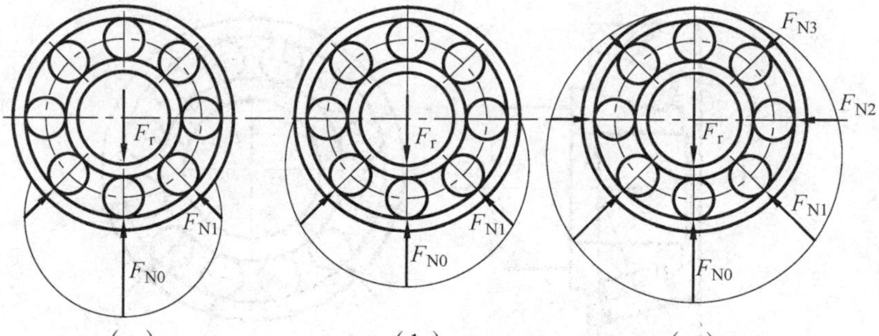

图 9.8　轴承中受载滚动体数目的变化

9.3.3　滚动轴承的组合设计

通常，一根轴需要两个支点，每个支点可由一个或一个以上的轴承组成。合理的轴承布置应考虑轴在机器中有正确的位置，以防止轴向窜动或轴受热膨胀将轴承卡死。常用的轴承布置方法有以下三种。

1. 一支点双向固定，另一端支点游动

如图 9.9 所示，左端轴承双向固定，可以承受径向载荷和双向轴向载荷。这种布置仅适合采用内部不能窜动的轴承或组合轴承，轴承的内外圈应固定在轴和机壳上以防止其沿轴向窜动。

右端游动支承只允许承受径向载荷，它允许轴承轴向窜动以补偿热变形或加工误差。需要说明的是当滚针轴承、N 型或 NU 型结构的圆柱滚子轴承在内外圈像固定支承一样沿轴向双向固定时，由于滚柱与内外套圈之间没有轴向约束，故仍可实现轴向窜动。

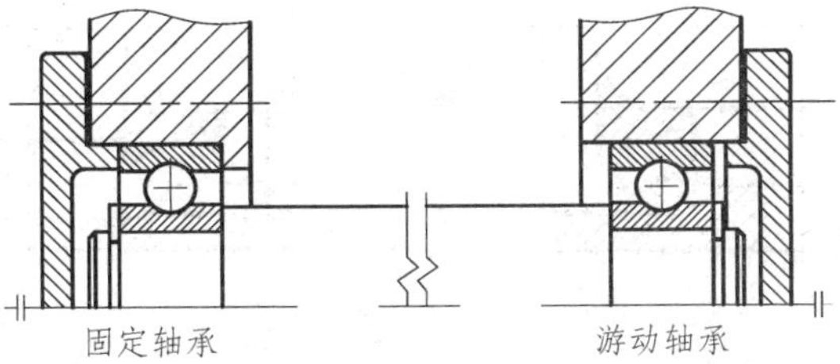

图 9.9　固定-游动支承

2. 双支点各单向固定

这种支承通常由两个反向安装的轴承共同承担径向载荷，每个轴承只能承受一个方向的轴向载荷。这种支承称为单向固定支承。双支点各单向固定轴承具有游动支承和可调支承两种结构。

1）游动支承

这种支承通常采用深沟球轴承，安装时应将轴承在轴上和机壳上镜像固定（图 9.10）。为了能够实现轴向窜动，以补偿轴受热伸长，轴承的套圈端面应与端盖间预留出一定轴向间隙。如果采用 NJ 型圆柱滚子轴承，可在轴承内部调整轴向间隙，轴承套圈不能采用间隙配合。游动支承的两个轴承每一个只能承受一个方向的轴向载荷，轴向间隙大小根据结构条件确定，如果采用圆柱滚子轴承，应通过结构形式对可能出现的轴向间隙加以控制。

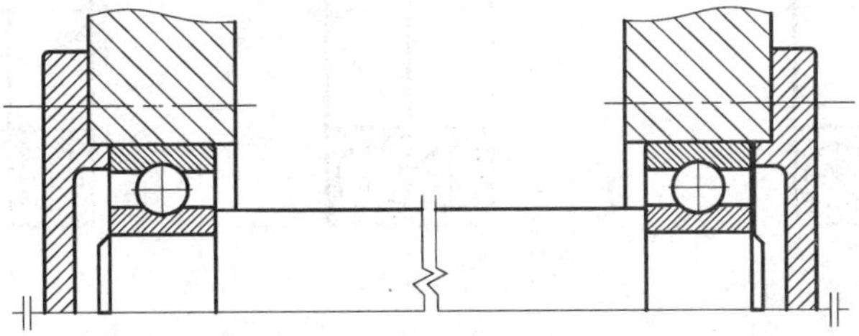

图 9.10　游动支承

2）可调支承

这种支承一般由两个反向角接触球轴承或两个圆锥滚子轴承镜像布置而成。通过螺母或螺纹环来对一个轴承套圈进行轴向调节，直至达到满足功能要求的间隙或者按需要将其预紧。在调节好之后，应采用适当的方法将其固定（安全环、开口销、粘接等）。可调支承可用于轮毂支承、机床主轴支承等。

在 O 型或 X 型支承中均可进行调节（图 9.11）。O 型支承的压力线圆锥母线尖点朝外，X 型支承朝里，这样它们的支反力的支点距离 A 不同。O 型支承的倾覆间隙小于 X 型支承。在选择布置方式时，应注意热变形的不同作用。

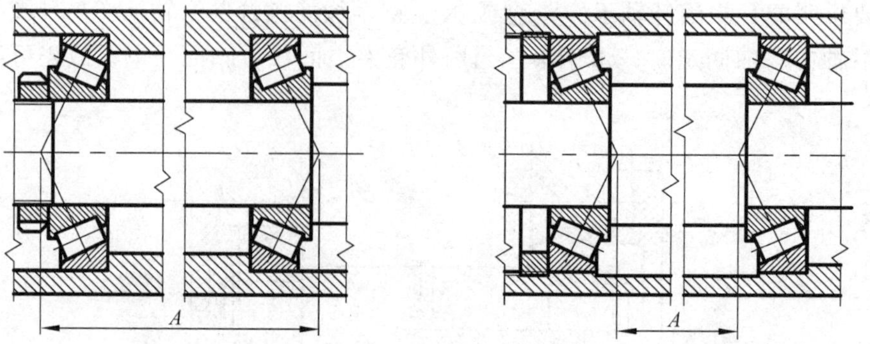

（a）O 型支承　　（b）X 型支承

图 9.11　可调支承

3. 轴承组合支承

单支点双向固定支承和双支点各单向固定支承也可以用两个轴承组合在一起构成（结构较小，摩擦热较小）。如图 9.12 所示，单支点双向固定支承或双支点单向固定支承，由两个结构相同的轴承（轴承对，如角接触球轴承）以 O 型[图 9.12（a）]、X 型[图 9.12（b）]或串联形式布置[图 9.12（c）]，故轴承应该成对定制。

X 型或 O 型支承布置可以承受双向轴向载荷。O 型布置在受倾覆力矩时支承刚性好，在工作中热变形不均时，很少出现套圈卡紧现象（应预留轴向间隙）。

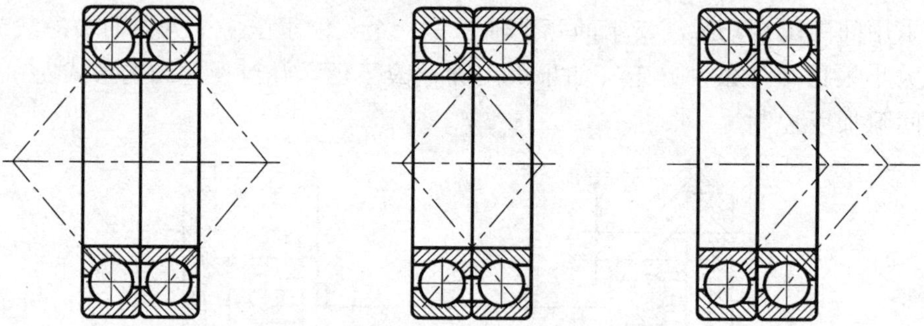

（a）　（b）　（c）

图 9.12　组合结构

9.3.4　滚动轴承的配合与装拆

1. 滚动轴承的配合

轴承的配合是指内圈与轴颈及外圈与外壳孔的配合。轴承的内、外圈，按其尺寸比例一般可认为是薄壁零件，容易变形。当它装入外壳孔或装到轴上后，其内、外圈的不圆度将受到轴颈及外壳孔形状的影响。因此，除了对轴承的内、外径规定了直径公差外，还规定了平均内径和平均外径（用 d_m 或 D_m 表示）的公差，后者相当于轴承在正确制造的轴上或外壳孔中装配后，它的内径或外径的尺寸公差。标准规定，0、6、5、4、2 各公差等级的轴承的平均内径 d_m 和平均外径 D_m 的公差带均为单向制，而且统一采用上偏差为零，下偏差为负值的分布（图 9.13）。详细内容见有关标准。

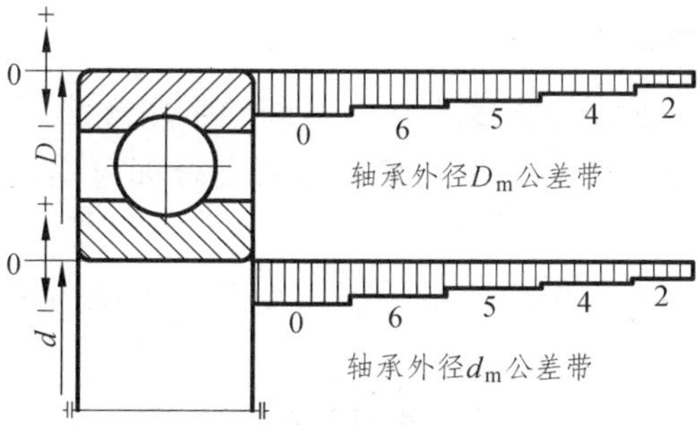

图 9.13　轴承内、外径公差带的分布

滚动轴承是标准件，为使轴承便于互换和大量生产，轴承内孔与轴的配合采用基孔制，即以轴承内孔的尺寸为基准；轴承外径与外壳孔的配合采用基轴制，即以轴承的外径尺寸为基准与内圈相配合的轴的公差带以及与外圈相配合的外壳孔的公差带，均按圆柱公差与配合的国家标准选取。由于 d_m 的公差带在零线之下，而圆柱公差标准中基准孔的公差带在零线之上，所以轴承内圈与轴的配合比圆柱公差标准中规定的基孔制同类配合要紧得多。

图 9.14 中表示了滚动轴承配合和它的基准面（内圈内径，外圈外径）偏差与轴颈或座孔尺寸偏差的相对关系。由图中可以看出，对轴承内孔与轴的配合而言，圆柱公差标准中的许多过渡配合在这里实际成为过盈配合，而有的间隙配合，在这里实际变为过渡配合。轴承外圈与外壳孔的配合与圆柱公差标准中规定的基轴制同类配合相比较，配合性质的类别基本一致，但由于轴承外径的公差值较小，因而配合也较紧。

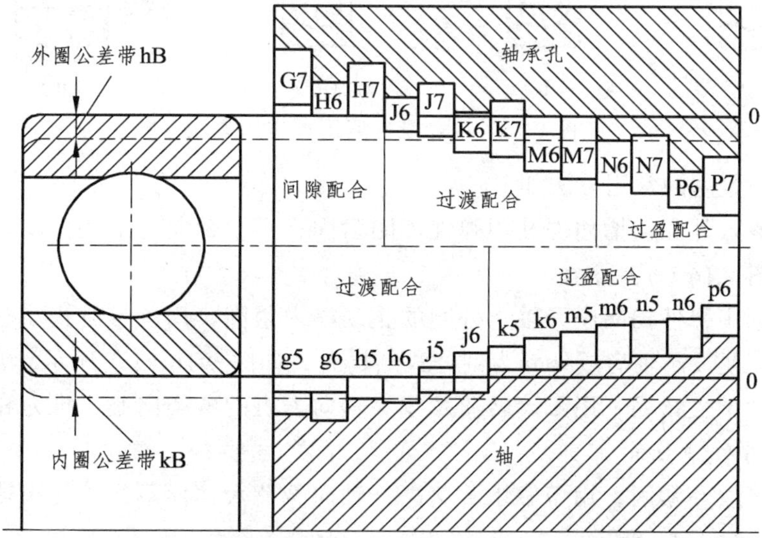

图 9.14　滚动轴承内外径分别与轴和外壳孔的配合

前面介绍了选择轴承配合的一般原则，具体选择时可结合机器的类型和工作情况，参照同类机器的使用经验进行。各类机器所使用的轴承配合以及各类配合的配合公差、配合表面粗糙度和几何形状允许偏差等资料可查阅有关设计手册。

2. 滚动轴承的轴向固定

滚动轴承的轴向紧固的方法很多，内圈紧固的常用方法如下：

（1）没有或只有很小的轴向载荷，只要过盈配合即可实现轴承套的轴向固定，如图 9.15（a）所示。

（2）用轴用弹性挡圈嵌在轴的深槽内，主要用于轴向力不大及转速不高时，如图 9.15（b）所示。

（3）用螺钉固定的轴端挡圈紧固，可用于在高速下承受大的轴向力，如图 9.15（c）所示。

（4）用圆螺母和止动垫圈紧固，主要用于轴承转速高，承受较大的轴向力的情况，如图 9.15（d）所示。

（5）用紧定衬套、止动垫圈和圆螺母紧固，用于光轴上的、轴向力和转速都不大的、内圈为圆锥孔的轴承。内圈的另一端，常以轴肩作为定位面。为了便于轴承拆卸，轴肩的高度应低于轴承内圈的厚度。

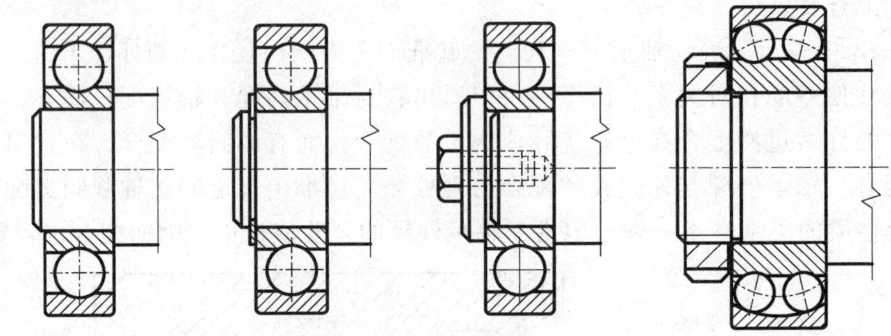

（a）　（b）　（c）　（d）

图 9.15　内圈轴向紧固的常用方法

外圈轴向紧固的常用方法如下：

（1）用嵌入外壳沟槽内的孔用弹性挡圈紧固，用于轴向力不大且需减小轴承装置尺寸时，如图 9.16（a）所示。

（2）用轴用弹性挡圈嵌入轴承外圈的止动槽内紧固，用于带有止动槽的深沟球轴承，当外壳不便设凸轴肩或外壳为剖分式结构时，如图 9.16（b）所示。

（3）用轴承盖紧固，用于高转速及很大轴向力时的各类向心、推力和向心推力轴承，如图 9.16（c）所示。

（4）用螺纹环紧固，用于轴承转速高、轴向载荷大，而不适于使用轴承盖紧固的情况，如图 9.16（d）所示。

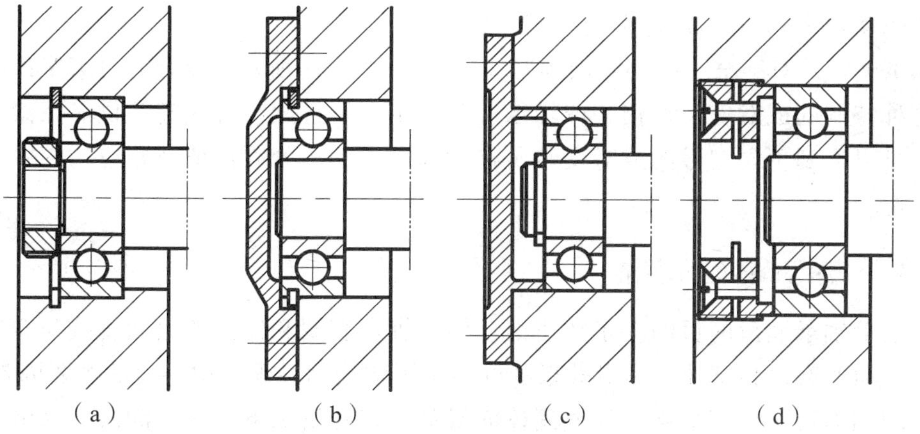

图 9.16　外圈轴向紧固的常用方法

3. 滚动轴承的预紧

为了提高轴承的旋转精度，增加轴承装置的刚性，减小机器工作时轴的振动，常采用预紧的滚动轴承。例如，机床的主轴轴承，常用预紧来提高其旋转精度与轴向刚度。

所谓预紧，就是在安装时用某种方法在轴承中产生并保持一定的轴向力，以消除轴承中的轴向游隙，并在滚动体和内、外圈接触处产生初变形。预紧后的轴承受到工作载荷时，其内、外圈的径向及轴向相对移动要比未预紧的轴承要少。

常用的预紧装置如下：

（1）夹紧一对圆锥滚子轴承的外圈而预紧，如图 9.17（a）所示。

（2）用弹簧预紧，可以得到稳定的预紧力，如图 9.17（b）所示。

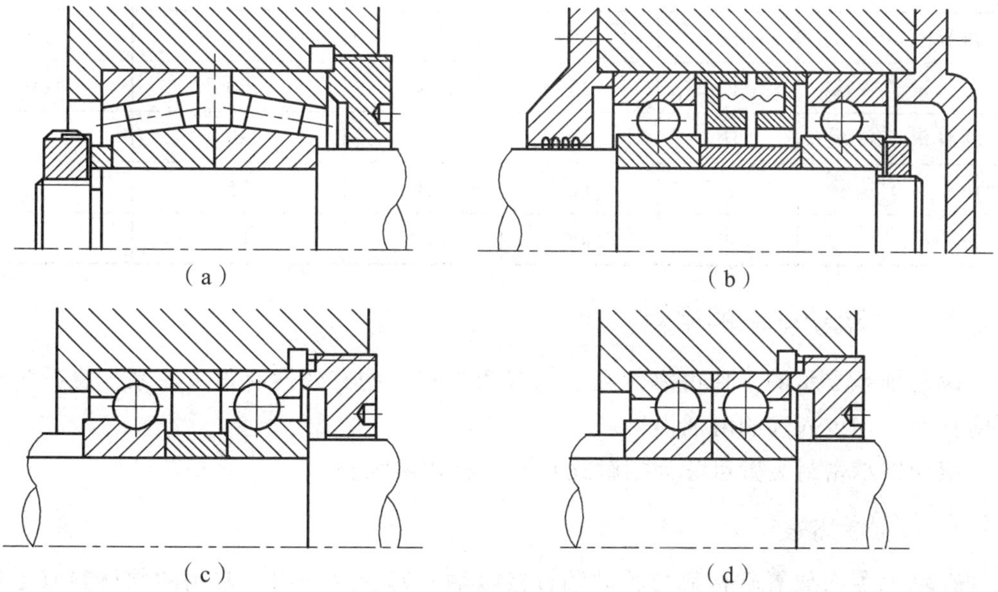

图 9.17　轴承的预紧结构

（3）在一对轴承中间装入长度不等的套筒而预紧，预紧力可由两套筒的长度差控制，如图 9.17（c）所示，这种装置刚性较大。

（4）夹紧一对磨窄了的外圈而预紧，如图 9.17（d）所示；反装时可磨窄内圈并夹紧。这种特制的成对安装角接触球轴承，可由生产厂选配组合成套提供。在滚动轴承样本中可以查到不同型号的成对安装角接触球轴承的预紧载荷值及相应的内圈或外圈的磨窄量。

9.3.5 滚动轴承的润滑

对滚动轴承润滑的目的在于防止滚动体、轴承套圈和保持架之间直接与金属接触并防止表面的磨损和腐蚀。润滑效果的好坏是影响滚动轴承使用寿命的主要因素。

滚动轴承可采用润滑脂、油或固体润滑剂（特殊情况下）进行润滑。润滑和润滑剂的类型主要决定于轴承转速和工作温度。

选用哪一类润滑方式，这与轴承的速度有关，一般用滚动轴承的 dn 值[d 为滚动轴承内径（mm）；n 为轴承转速（r/min）]表示轴承的速度大小。适用于脂润滑和油润滑的 dn 值界限列于表 9.5 中，可作为选择润滑方式时的参考。

表 9.5 适用于脂润滑和油润滑的 dn 值界限（表值 $\times 10^4$）

单位：$mm \cdot r \cdot min^{-1}$

轴承类型	脂润滑	油润滑			
		油浴	滴油	循环油（喷油）	油雾
深沟球轴承	16	25	40	60	>60
调心球轴承	16	25	40	52	
角接触球轴承	16	25	40	60	>60
圆柱滚子轴承	12	25	40	60	>60
圆锥滚子轴承	10	16	23	30	
调心滚子轴承	8	12	20	25	
推力球轴承	4	6	12	15	

9.3.6 滚动轴承的密封

滚动轴承支承的工作可靠性和使用寿命与密封的有效性有很大关系，良好的密封可防止污染物侵入和润滑剂损失。

滚动轴承密封装置可分为接触式和非接触式两大类。

1. 接触式密封

在轴承盖内放置软材料与转动轴直接接触而起密封作用。常用的软材料有毛毡、橡胶、皮革、软木等，或者放置减摩性好的硬质材料（如加强石墨、青铜、耐磨铸铁等）与转动轴直接接触以进行密封。常用的结构形式有毡圈油封、唇型密封圈、密封环。

1）毡圈油封

在轴承盖上开出梯形槽，将毛毡按标准制成环形（尺寸不大时）或带形（尺寸较大时），放置在梯形槽中以与轴紧密接触，如图 9.18（a）所示；或者在轴承盖上开缺口放置毡圈油封，然后用另外一个零件压在毡圈油封上，以调整毛毡与轴的密合程度，如图 9.18（b）所示，从而提高密封效果。这种密封主要用于脂润滑的场合，它的结构简单，但摩擦较大，只用于滑动速度小于 4 ~ 5 m/s 的地方。当与毡圈油封相接触的轴表面经过抛光且毛毡质量高时，可用到滑动速度 7 ~ 8 m/s 之处。

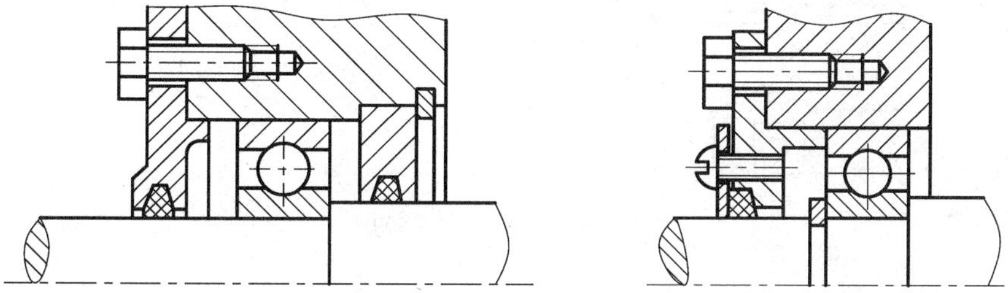

（a）　　　　（b）

图 9.18　用毡圈油封密封

2）唇形密封圈

在轴承盖中，放置一个用耐油橡胶制的唇形密封圈，靠弯折了的橡胶的弹力和附加的环形螺旋弹簧的扣紧作用而紧套在轴上，以便起密封作用。有的唇形密封圈还装在一个钢套内，可与端盖较精确地装配。唇形密封圈密封唇的方向要朝向密封的部位，即如果主要是为了封油，密封唇应对着轴承（朝内）；如果主要是为了防止外物浸入，则密封唇应背着轴承（朝外），如图 9.19（a）所示；如果两个作用都要有，最好使用密封唇反向放置的两个唇形密封圈，如图 9.19（b）所示。它可用到接触面滑动速度小于 10 m/s（当轴颈是精车的）或小于 15 m/s（当轴颈是磨光的）处。轴颈与唇形密封圈接触处最好经过表面硬化处理，以增强耐磨性。

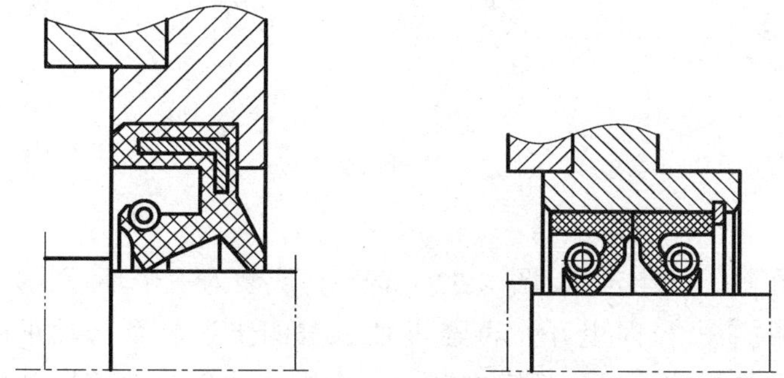

（a）　　　　（b）

图 9.19　用唇形密封圈密封

3）密封环

密封环是一种带有缺口的环状密封件，把它放置在套筒的环槽内，如图 9.20 所示，套筒与轴一起转动，密封环靠缺口被压拢后所具有的弹性而抵紧在静止件的内孔壁上，即可起到密封的作用。各个接触表面均需经硬化处理并磨光。密封环用含铬的耐磨铸铁制造，可用于滑动速度小于 100 m/s 之处。若滑动速度为 60 ~ 80 m/s，也可以用锡青铜制造密封环。

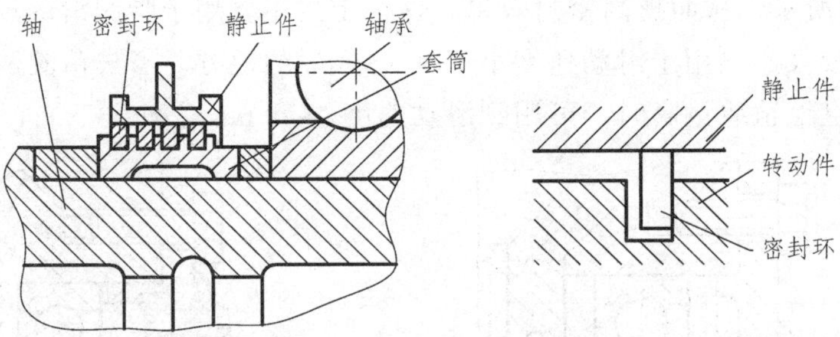

图 9.20　密封环密封

2. 非接触式密封

使用接触式密封，总要在接触处产生滑动摩擦。使用非接触式密封，就能避免此缺点。常用的非接触式密封有隙缝密封、甩油密封等。

1）隙缝密封

在轴和轴承盖的通孔壁之间留一个极窄的隙缝[图 9.21（a）]，半径间隙通常为 0.1 ~ 0.3 mm。这对使用脂润滑的轴承来说，已具有一定的密封效果。如果在轴承盖上车出环槽[图 9.21（b）]，在槽中填以润滑脂，可以提高密封效果。

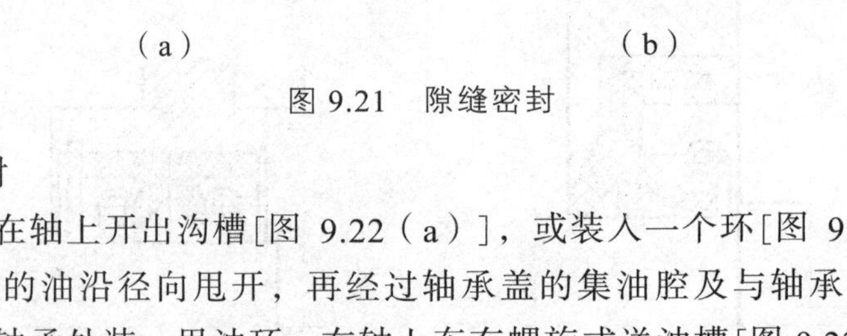

（a）　　　　（b）

图 9.21　隙缝密封

2）甩油密封

油润滑时，在轴上开出沟槽[图 9.22（a）]，或装入一个环[图 9.22（b）]，都可以把欲向外流失的油沿径向甩开，再经过轴承盖的集油腔及与轴承腔相通的油孔流回。或者在紧贴轴承处装一甩油环，在轴上车有螺旋式送油槽[图 9.22（c）]，可有效地防止油外流。但这时轴必须只按一个方向旋转，以便把欲向外流失的润滑油借螺旋的输送作用而送回到轴承腔内。

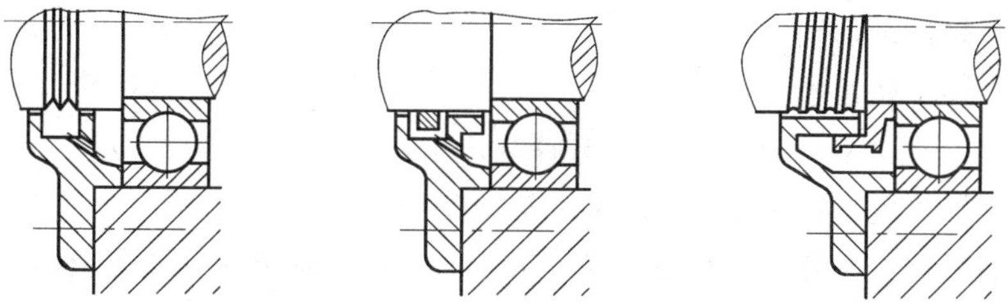

（a）　　（b）　　（c）

图 9.22　甩油密封

9.4　滚动轴承的计算

滚动轴承的类型和尺寸取决于对承载能力、使用寿命和工作可靠性的要求。根据工作方式，而不是载荷的作用方式，可以将滚动轴承的承载能力分为静承载能力和动承载能力。

9.4.1　轴承静承载能力

如果滚动轴承在载荷作用下静止不动（如起重机吊钩上用的推力轴承），或有很小的摆动运动，或者转速 $n<10$ r/min 时，可以认为滚动轴承只承受静载荷。在这些情况下，滚动接触面上的接触应力过大，而使材料表面引起不允许的塑性变形，导致轴承失效。

1. 基本额定静载荷 C_0

基本额定静载荷 C_0 是一个纯径向（对于推力轴承为一个纯轴向）轴承载荷，对于静止不动的轴承，基本额定静载荷 C_0 是滚动体直径产生 0.01%的塑性变形（在滚动体与滚道之间受载最大的接触处）时所受载荷。它的值在滚动轴承制造商所给的产品规格中列出。但是，由于工作温度和直接支承时工作面硬度的影响，需要对基本额定静载荷进行修正。一般来讲，滚动轴承在不超过 120 °C 或短时不超过 150 °C 下工作，此时其基本额定载荷不受影响。若轴承持续工作在较高温度下，则必须增加工艺措施。直接支承（无内圈或外圈的圆柱滚子轴承或滚针轴承）时，轴或轴承孔工作面的硬度至少应为 58 HRC，这样才能完全达到基本额定载荷。

2. 当量静载荷 P_0

当量静载荷 P_0 是一个通过计算得出的值。对于向心轴承是一个纯径向载荷，对于推力轴承是一个纯中心轴向载荷，在它的作用下，滚动体和滚道产生的塑性变形与实际作用的组合载荷一样。当量静载荷一般由式（9.4）进行计算（推力调心滚子轴承除外）。

轴承上作用的径向载荷 F_r 和轴向载荷 F_a，应折合成一个当量静载荷 P_0，即

$$P_0 = X_0F_r + Y_0F_a \tag{9.4}$$

式中　F_r——径向静载荷；

F_a——轴向静载荷；

X_0——径向静载荷系数，其值可查轴承手册；

Y_0——轴向静载荷系数，其值可查轴承手册。

对于只有径向载荷作用的轴承，$F_a=0$，$P_0=F_r$。对于只有轴向载荷作用的轴承，$F_r=0$，$P_0=F_a$。

3. 按轴承静承载能力选择轴承的公式

$$C_0 \geqslant S_0 P_0 \tag{9.5}$$

式中　S_0——静强度安全系数。

S_0的值取决于轴承的使用条件，当要求轴承转动平稳时，则S_0应取大于1，以尽量避免轴承滚动表面的局部塑性变形量过大；当对轴承转动平稳要求不高，又无冲击载荷，或轴承仅做摆动运动时，则S_0可取1或小于1，以尽量使轴承在保证正常运行条件下发挥最大的静载能力。S_0的选取可参考表9.6。

表9.6　静强度安全系数S_0

旋转条件	载荷条件	S_0	使用条件	S_0
连续旋转轴承	普通载荷	1～2	高精度旋转场合	1.5～2.5
	冲击载荷	2～3	振动冲击场合	1.2～2.5
不常旋转及做摆动运动的轴承	普通载荷	0.5	普通旋转精度场合	1.0～1.2
	冲击及不均匀载荷	1～1.5	允许有变形量	0.3～1.0

9.4.2　轴承动承载能力

滚动轴承的动承载能力取决于轴承材料的疲劳性能。产生疲劳损坏前的运行时间称为滚动轴承的使用寿命，它与载荷、工作条件和出现第一次疲劳损坏的统计概率有关。在外载荷作用下，轴承套圈与滚动体之间（点接触或线接触）产生弹性变形，由弹性变形产生很小的接触面积来传递载荷。在滚动体经过的材料区域，局部应力总是超过其可承受的应力，从而会在材料表面下产生极微小的裂纹，在进一步受载时裂纹会扩展到表面上，并形成微小的凹坑，即剥落。然后剥落会快速扩张，滚道的大部分表面就会出现剥落。其结果是滚动受到影响、产生振动和噪声增大，最终可能导致轴承圈断裂。所以，滚动体的疲劳点蚀是轴承正常工作中最常见的失效形式。

由于剥落导致轴承失效，所以疲劳损坏的运行时间（疲劳运行时间）以剥落失效为准。将大量相同轴承在同一试验台上，在相同的试验条件下（转速、润滑、载荷）进行试验，它们出现第1次疲劳损坏的运行时间是不同的。因此，滚动轴承疲劳运行时间的这一参数值具有统计特性，表明一组轴承疲劳运行时间的概率。

1. 基本额定寿命和基本额定动载荷

1）基本额定寿命 L_{10}

一组在相同条件下运转的轴承，将其可靠度为 90%时的寿命作为标准寿命，即按照一组轴承中 10%的轴承发生点蚀破坏，而 90%的轴承不发生点蚀破坏前的转数（以 10^6 转为单位）或恒定转速下的工作小时数（$33^1/_3$ r/min 时工作 500 h）作为轴承的寿命，并把这个寿命就叫作基本额定寿命，用 L_{10} 表示。

2）基本额定动载荷 C

轴承的基本额定动载荷是使轴承的基本额定寿命恰好为 10^6 r（转）时，轴承所能承受的载荷，用字母 C 表示。对于内圈旋转和外圈静止的向心轴承，基本额定动载荷 C 是一个纯径向且大小方向不变的载荷，并称为径向基本额定动载荷，用 C_r 表示；对于推力轴承是一个纯轴向的载荷，并称为轴向基本额定动载荷，用 C_a 表示；对于角接触球轴承或圆锥滚子轴承，是使套间产生纯径向位移载荷的径向分量。

3）当量动载荷 P

滚动轴承的基本额定动载荷 C 是在一定的运转条件下确定的，如载荷条件为向心轴承仅承受纯径向载荷 F_r，推力轴承仅承受纯轴向载荷 F_a。实际上，轴承在许多应用场合，常常同时承受径向载荷 F_r 和轴向载荷 F_a。因此，在进行轴承寿命计算时，必须把实际载荷转换为与确定基本额定动载荷的载荷条件相一致的当量动载荷，当量动载荷（用字母 P 表示）为一计算值。这个当量动载荷，对于以承受径向载荷为主的轴承称为径向当量动载荷，用 P_r 表示；对于以承受轴向载荷为主的轴承称为轴向当量动载荷，用 P_a 表示。

2. 轴承寿命计算公式

对于具有基本额定动载荷 C（C_a 或 C_r）的轴承，当它所受的当量动载荷 P 恰好为 C 时，其基本额定寿命就是 10^6 r。但是当所受的载荷 $P \neq C$ 时，轴承的寿命为多少？这就是轴承寿命计算所要解决的一类问题。轴承寿命计算所要解决的另一类问题是，轴承所受的载荷等于 P，而且要求轴承具有的预期计算寿命为 L_h'，需选用具有多大的基本额定动载荷的轴承？下面讨论解决上述问题的方法。

图 9.23 所示为在大量试验研究基础上得出的代号为 6207 的轴承的载荷-寿命曲线。该曲线表示这类轴承的载荷 P 与基本额定寿命 L_{10} 之间的关系。曲线上相应于寿命 $L_{10} = 1 \times 10^6$ r 的载荷（$C = 25.5$ kN），即为 6207 轴承的基本额定动载荷 C。其他型号的轴承，也有与上述曲线的函数规律完全一样的载荷-寿命曲线。此曲线的公式表示为

$$L_{10} = \left(\frac{C}{P}\right)^{\varepsilon} (10^6 \text{ r}) \tag{9.6}$$

式中 L_{10}——轴承寿命（10^6 r）；

ε——寿命指数，对于球轴承 $\varepsilon = 3$，对于滚子轴承 $\varepsilon = 10/3$。

实际计算时，用小时数表示寿命比较方便。这时可将式（9.6）改写。如令 n 表示

轴承的转速（r/min），则以小时数表示轴承基本额定寿命 L_h 为

$$L_h = \frac{10^6}{60n}\left(\frac{C}{P}\right)^{\varepsilon} \text{（h）} \tag{9.7}$$

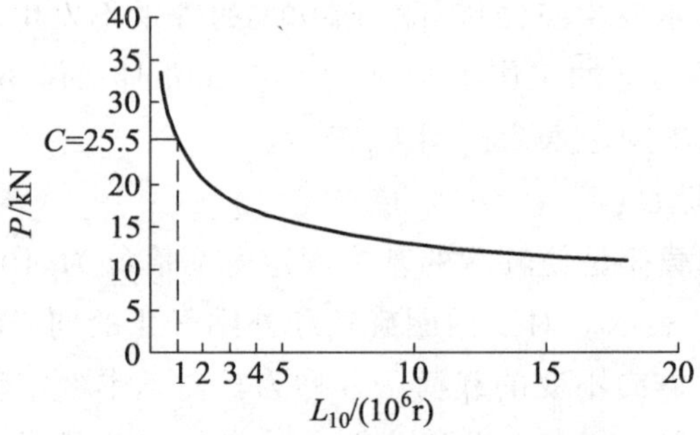

图 9.23　轴承的载荷-寿命曲线

如果载荷 P 和转速 n 为已知，预期计算寿命 L_h' 又已取定，则所需轴承应具有的基本额定动载荷 C 可根据式（9.8）计算得出

$$C = P\sqrt[\varepsilon]{\frac{60nL_h'}{10^6}} \text{（N）} \tag{9.8}$$

考虑到轴承在温度高于 100 °C 下工作时，基本额定动载荷 C 有所下降，故引进温度系数 f_t（$f_t \leqslant 1$），对 C 值予以修正。f_t 可查表 9.7 获得。考虑到工作中的冲击和振动会使轴承寿命降低，为此又引进载荷系数 f_p。f_p 值可查表 9.8 获得。

表 9.7　温度系数 f_t

轴承工作温度/°C	≤120	125	150	175	200	225	250	300	350
温度系数 f_t	1.00	0.95	0.90	0.85	0.80	0.75	0.70	0.60	0.50

表 9.8　载荷系数 f_p

载荷性质	f_p	举例
无冲击或轻微冲击	1.0～1.2	电动机、汽轮机、通风机、水泵等
中等冲击或中等惯性冲击	1.2～1.8	车辆、动力机械、起重机、造纸机、冶金机械、选矿机、卷扬机、机床等
强大冲击	1.8～3.0	破碎机、轧钢机、钻探机、振动筛等

做了上述修正后，寿命计算公式可写为

$$L_{10} = \left(\frac{f_t C}{f_p P}\right)^{\varepsilon} \tag{9.9}$$

$$L_h = \frac{10^6}{60n}\left(\frac{f_t C}{f_p P}\right)^{\varepsilon} \tag{9.10}$$

$$C=\frac{f_pP}{f_t}\sqrt[\varepsilon]{\frac{60nL_h'}{10^6}} \tag{9.11}$$

3. 当量动载荷的计算

当量动载荷 P（P_r 或 P_a）的一般计算公式为

$$P=XF_r+YF_a \tag{9.12}$$

式中 X——径向动载荷系数，其值见表 9.9；

Y——轴向动载荷系数，其值见表 9.9。

对于只能承受纯径向载荷 F_r 的轴承（如 N、NA 类轴承），此时 $F_a=0$

$$P=F_r \tag{9.13}$$

对于只能承受纯轴向载荷 F_a 的轴承（如 5 类轴承），此时 $F_r=0$

$$P=F_a \tag{9.14}$$

按式（9.12）~式（9.14）求得的当量动载荷 P 仅为一理论值。实际上，在许多支承中还会出现一些附加载荷，如冲击力、不平衡作用力、惯性力以及轴挠曲或轴承座变形产生的附加力等，这些因素很难从理论上精确计算。为了考虑这些影响，可对当量动载荷乘上一个根据经验而定的载荷系数 f_p，其值参见表 9.8。故实际计算时，轴承的当量动载荷为

$$P=f_p(XF_r+YF_a) \tag{9.15}$$

$$P=f_pF_r \tag{9.16}$$

$$P=f_pF_a \tag{9.17}$$

表 9.9 径向动载荷系数 X 和轴向动载荷系数 Y

轴承类型		相对轴向载荷	$F_a/F_r\leqslant e$		$F_a/F_r>e$		判断系数 e
名称	代号	F_a/C_0	X	Y	X	Y	
调心球轴承	10000	—	—	1	（Y_1）	0.65	（Y_2）
调心滚子轴承	20000	—	—	1	（Y_1）	0.67	（Y_2）
圆锥滚子轴承	30000	—	1	0	0.40	（Y）	（e）
深沟球轴承	60000	0.025	1	0	0.56	2.0	0.22
		0.040				1.8	0.24
		0.070				1.6	0.27
		0.130				1.4	0.31
		0.250				1.2	0.37
		0.500				1.0	0.44

续表

轴承类型		相对轴向载荷	$F_a/F_r \leqslant e$		$F_a/F_r > e$		判断系数 e
名称	代号	F_a/C_0	X	Y	X	Y	
角接触球轴承	70000C $\alpha=15^\circ$	0.015	1	0	0.44	1.47	0.38
		0.029				1.40	0.40
		0.058				1.30	0.43
		0.087				1.23	0.46
		0.120				1.19	0.47
		0.170				1.12	0.50
		0.290				1.02	0.55
		0.440				1.00	0.56
		0.580				1.00	0.56
	70000AC $\alpha=25^\circ$	—	1	0	0.41	0.87	0.68
	70000B $\alpha=40^\circ$	—	1	0	0.35	0.57	1.14

注：1. C_0 是轴承基本额定静载荷；α 是接触角。

2. 表中括号内的系数 Y、Y_1、Y_2 和 e 详值应查轴承手册，对不同型号的轴承，有不同的值。

3. 深沟球轴承的 X、Y 值仅适用于 0 组游隙的轴承，对于其他游隙组轴承的 X、Y 值可查轴承手册。

4. 对于深沟球轴承，先根据算的相对轴向载荷的值查出对应的 e 值，然后再得出相应的 X、Y 值。对于表中未列出的 F_a/C_0 值，可按线性插值法求出相应的 e、X、Y 值。

5. 两套相同的角接触球轴承可在同一支点上“背对背”“面对面”或“串联”安装作为一个整体使用，这种轴承可由生产厂选配组合成套提供，其基本额定动载荷及 X、Y 系数可查轴承手册。

4. 角接触球轴承和圆锥滚子轴承的径向载荷 F_r 与轴向载荷 F_a 的计算

角接触球轴承和圆锥滚子轴承承受径向载荷时，要产生派生的轴向力，为了保证这类轴承正常工作，通常是成对使用的，如图 9.17 所示，图中表示了 4 种不同的安装方式。

在按式（9.15）计算各轴承的当量动载荷 P 时，其中的径向载荷 F_r 是由外界作用到轴上的径向力 F_{re} 在各轴承上产生的径向载荷；但其中的轴向载荷 F_a 并不完全由外界的轴向作用力 F_{ae} 产生，而是应该根据整个轴上的轴向载荷（包括因径向载荷 F_r 产生的派生轴向力 F_d）之间的平衡条件得出。

根据力的径向平衡条件，很容易由外界作用到轴上的径向力 F_{re} 计算出两个轴承上的径向载荷 F_{r1}、F_{r2}，当 F_{re} 的大小及作用位置固定时，径向载荷 F_{r1}、F_{r2} 也就确定了。

由 F_{r1}、F_{r2} 派生的轴向力 F_{d1}、F_{d2} 的大小可按照表 9.10 中的公式计算。计算所得的 F_d 值，相当于正常的安装情况，即大致相当于下半圈的滚动体全部受载。

表 9.10　约有半数滚动体接触时派生轴向力 F_d 的计算公式

圆锥滚子轴承	角接触球轴承		
	70000C（α=15°）	70000AC（α=25°）	70000B（α=40°）
$F_d=F_r/2Y$[①]	$F_d=e$[②]F_r	$F_d=0.68F_r$	$F_d=1.14F_r$

注：1. Y 是对应表 9.9 中 $F_a/F_r>1$ 的 Y 值。

2. e 值由表 9.9 中查出。

如图 9.24 所示，把派生轴向力的方向与外加轴向载荷 F_{ae} 的方向一致的轴承标为 2，另一端标为轴承 1。取轴和与其相配合的轴承内圈为分离体，若达到轴向平衡时，应满足

$$F_{ae}+F_{d2}=F_{d1} \tag{9.18}$$

如果按表 9.10 中的公式求得的 F_{d1} 和 F_{d2} 不满足上面的关系式时，就会出现下面两种情况：

（1）当 $F_{ae}+F_{d2}>F_{d1}$ 时，则轴有向左窜动的趋势，相当于轴承 1 被“压紧”，轴承 2 被“放松”，但实际上轴必须处于平衡位置（即轴承座必然要通过轴承元件施加一个附加的轴向力来阻止轴的窜动），所以被“压紧”的轴承 1 所受的总轴向力 F_{d1} 必须与 $F_{ae}+F_{d2}$ 相平衡，即

$$F_{a1}=F_{ae}+F_{d2} \tag{9.19}$$

而被“放松”的轴承 2 只受其本身派生的轴向力 F_{d2}，即

$$F_{a2}=F_{d2} \tag{9.20}$$

（2）当 $F_{ae}+F_{d2}<F_{d1}$ 时，原理同前，被“放松”的轴承 1 只受其本身派生的轴向力 F_{d1}，即

$$F_{a1}=F_{d1} \tag{9.21}$$

而被“压紧”的轴承 2 所受的总轴向力为

$$F_{a2}=F_{d1}-F_{ae} \tag{9.22}$$

综上可知，计算角接触球轴承和圆锥滚子轴承所受轴向力的方法可以归结为先通过派生轴向力及外加轴向载荷的计算与分析，判定被“放松”或被“压紧”的轴承；然后确定被“放松”轴承的轴向力仅为其本身派生的轴向力，被“压紧”轴承的轴向力则为除去本身派生的轴向力其余各轴向力的代数和。

轴承反力的径向分力在轴心线上的作用点叫轴承的压力中心。图 9.24 为 O 型和 X 型两种安装方式，也分别称为反装和正装，对应这两种不同方式的压力中心位置见图示。但当两轴承支点间的距离较大时，常以轴承宽度中点作为支点反力的作用位置，这样计算起来比较方便，且误差也不大。

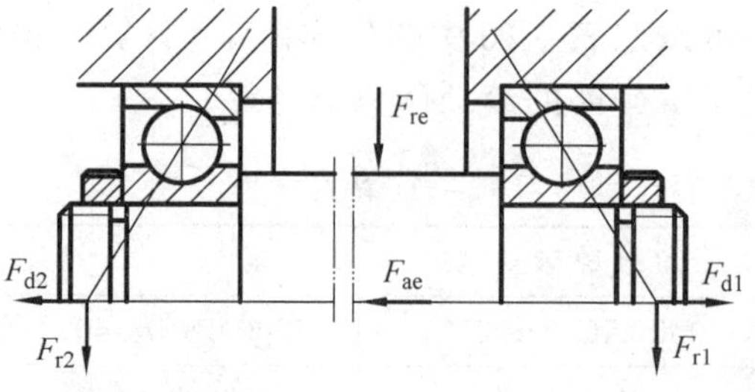

（a）O 型

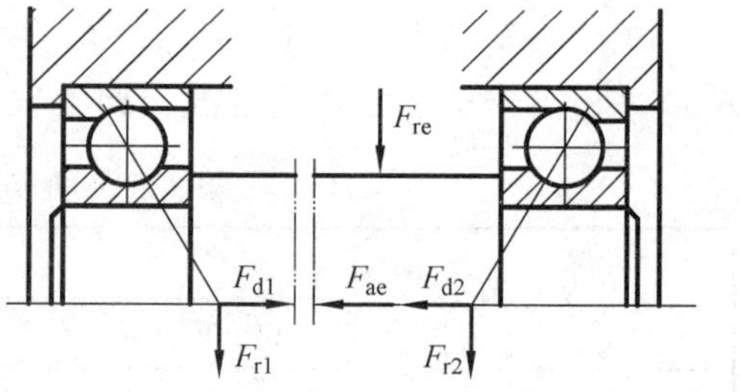

（b）X 型

图 9.24　角接触球轴承轴向载荷分析

9.5　计算示例

例 9.1　设某支承根据工作条件决定选用深沟球轴承。轴承径向载荷 $F_r = 5\,500\ \text{N}$，轴向载荷 $F_a = 2\,700\ \text{N}$，轴承转速 $n = 1\,250\ \text{r/min}$，装轴承处的轴颈直径可在 50 ~ 60 mm 选择，运转时有轻微冲击，预期计算寿命 $L_h' = 5\,000\ \text{h}$。试选择其轴承型号。

解： 1. 求比值

$$\frac{F_a}{F_r} = \frac{2\,700}{5\,500} = 0.49$$

根据表 9.9，深沟球轴承的最大 e 值为 0.44，故此时

$$\frac{F_a}{F_r} > e$$

2. 初步计算当量动载荷 P

根据式（9.15）

$$P = f_p(XF_r + YF_a)$$

查表 9.8，f_p=1.0 ~ 1.2，取 f_p=1.2。

查表 9.9，X=0.56，Y 值需在已知型号和基本额定静载 C_0 后才能求出。现暂选近似中间值，取 Y=1.5，则

$$P = 1.2 \times (0.56 \times 5\,500 + 1.5 \times 2\,700) = 8\,556\text{（N）}$$

3. 求基本额定动载荷

根据式（9.8），求轴承应有的基本额定动载荷值

$$C = P\sqrt[\varepsilon]{\frac{60nL_h'}{10^6}} = 8\,556 \times \sqrt[\varepsilon]{\frac{60 \times 1\,250 \times 5\,000}{10^6}} = 61\,699\text{（N）}$$

4. 验　算

按照轴承样本或设计手册选择 C=61 800 N 的 6310 轴承，此轴承的基本额定静载荷 C_0=38 000 N。验算如下：

1）求相对轴向载荷对应的 e 和 Y 值

相对轴向载荷为 $\dfrac{F_a}{C_0}=\dfrac{2\,700}{38\,000}=0.071\,05$，在表中介于 0.07 ~ 0.13，对应的 e 值为 0.27 ~ 0.31，Y 值为 1.6 ~ 1.4。

2）用线性插值法求 Y 值

$$Y=1.4+\frac{(1.6-1.4)\times(0.13-0.071\,05)}{0.13-0.07}=1.597$$

故 $X=0.56 \qquad Y=1.597$

3）求当量动载荷 P

$$P=1.2\times(0.56\times5\,500+1.597\times2\,700)=8\,870.28\text{（N）}$$

4）验算 6310 轴承的寿命

根据式（9.7）

$$L_h=\frac{10^6}{60n}\left(\frac{C}{P}\right)^{\varepsilon}=\frac{10^6}{60\times1\,250}\times\left(\frac{61\,800}{8\,870.28}\right)^3\text{h}=4\,509.12\text{ h}<5\,000\text{ h}$$

即低于预期计算寿命。因题中的轴径尺寸允许取为 50 ~ 60 mm，故可改用 6311 或 6312 轴承，验算从略。

例 9.2 一工程机械传动装置中的轴，根据工作条件决定采用一对角接触球轴承，如图 9.25 所示。暂定轴承型号为 7208AC（注：AC 表示 $\alpha=25°$）。已知轴承载荷 $F_{r1}=1\,000\text{ N}$，$F_{r2}=2\,060\text{ N}$，$F_A=880\text{ N}$，转速 $n=5\,000\text{ r/min}$，运转中受中等冲击，预期寿命 $L_h=2\,000\text{ h}$，试问所选轴承型号是否恰当。

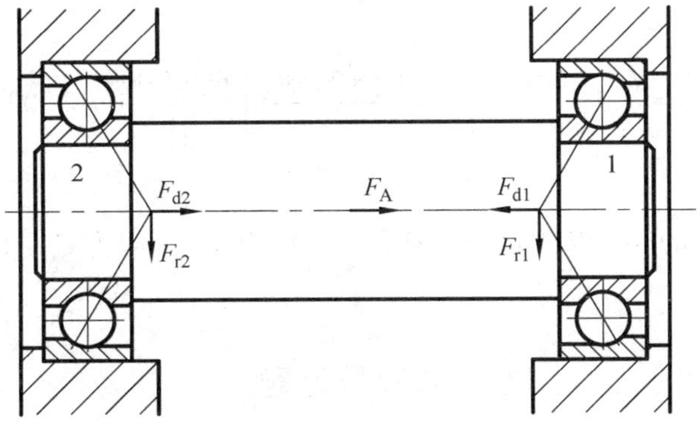

图 9.25 例 9.2 图

解： 1. 计算轴承 1、2 的轴向力 F_{a1}、F_{a2}

由表 9.9 查得轴的内部轴向力为

$$F_{d1}=0.68F_{r1}=0.68\times1\,000\text{ N}=680\text{ N}$$

$$F_{d2}=0.68F_{r2}=0.68\times2\,060\text{ N}=1\,400\text{ N}$$

因为 $$F_{d2}+F_A=(1\,400+880)\text{N}=2\,280\ \text{N}>F_{d1}$$

所以轴承 1 为压紧端

$$F_{a1}=F_{d1}+F_A=2\,280\ \text{N}$$

而轴承 2 为放松端

$$F_{a2}=F_{d2}=1\,400\ \text{N}$$

2. 计算轴承 1、2 的当量动载荷

由表 9.9 查得 e=0.68，而

$$\frac{F_{a1}}{F_{r1}}=\frac{2\,280}{1\,000}=2.28>0.68$$

$$\frac{F_{a2}}{F_{r2}}=\frac{1\,440}{2\,060}=0.68=e$$

查表 9.9 可得 X_1=0.41、Y_1=0.87、X_2=1、Y_2=0。

故当量动载荷为

$$P_1=X_1F_{r1}+Y_1F_{a1}=(0.41\times1\,000+0.87\times2\,280)\text{N}=2\,394\ \text{N}$$

$$P_2=X_2F_{r2}+Y_2F_{a2}=(1\times2\,060+0\times1\,400)\text{N}=2\,060\ \text{N}$$

3. 计算所需的径向基本额定动载荷 C_r

因轴的结构要求，两端选择同样尺寸的轴承，令 $P_1>P_2$，故应以轴承 1 的径向当量动载荷 P_1 为计算依据。因受中等冲击载荷，查表 9.8 得 f_p=1.5；工作温度正常，查表 9.7 得 f_t=1。

所以

$$C_{r1}=\frac{f_pP_1}{f_t}\left(\frac{60n}{10^6}L_h\right)^{1/3}=\frac{1.5\times2\,394}{1}\times\left(\frac{60\times5\,000}{10^6}\times2\,000\right)^{1/3}\text{N}=30\,290\ \text{N}$$

4. 选择轴承

由手册查得轴承的径向基本额定动载荷 C_r=35 200 N。因为 $C_{r1}<C_r$，故所选 7208AC 轴承适用。

思考与习题

1. 说明下列各轴承的内径大小，并指出下列轴承中① 公差等级最高的轴承；② 极限转速最高的轴承；③ 承受径向载荷能力最高的轴承；④ 不能承受径向载荷的轴承。

N307/P4　　6207　　30207　　51301

2. 欲对一批同型号的滚动轴承做寿命试验。若同时投入 50 个轴承进行试验，按其基本额定动载荷值加载，试验机主轴转速 $n=2\,000$ r/min。若预计该批轴承为正品，则试验进行 8 h 20 min，大约有多少个轴承已失效？

3. 某深沟球轴承在径向载荷 $F_r = 7150$ N 作用下，以 $n = 1800$ r/min 的转速工作 3 800 h。试求此轴承应有的基本额定动载荷 C。

4. 一农用水泵，决定选用深沟球轴承，轴颈直径 $d = 35$ mm，转速 $n = 2900$ r/min，已知径向载荷 $F_r = 1810$ N，轴向载荷 $F_a = 740$ N，预期计算寿命 $L_h' = 6000$ h，试选择轴承的型号。

5. 根据工作条件，决定在轴的两端选用 $\alpha = 25°$ 的两个角接触球轴承，如图 9.24（b）所示正装。轴颈直径 $d = 35$ mm，工作中有中等冲击，转速 $n = 1800$ r/min，已知两轴承的径向载荷分别为 $F_{r1} = 3390$ N，$F_{r2} = 1040$ N，外加轴向载荷 $F_{ae} = 870$ N，作用方向指向轴承 1，试确定其工作寿命。

第 10 章　联轴器、离合器和制动器

本章介绍联轴器、离合器、制动器的基本功用、分类、基本参数，选择时需要考虑的主要因素和选择准则等。

10.1　概　述

联轴器、离合器和制动器是机器中常见的机械部件。如图 10.1 所示，在卷扬机传动系统中，联轴器是将电动机轴与减速器输入轴连接起来并传递扭矩的部件；离合器可以在电动机不停的状态下，将卷筒轴与减速器输出轴连接或分离的部件；制动器是使机器在很短时间内停止运转并保持停止状态的装置，它也可以在短时间内用来减低或调整机器的运转速度。

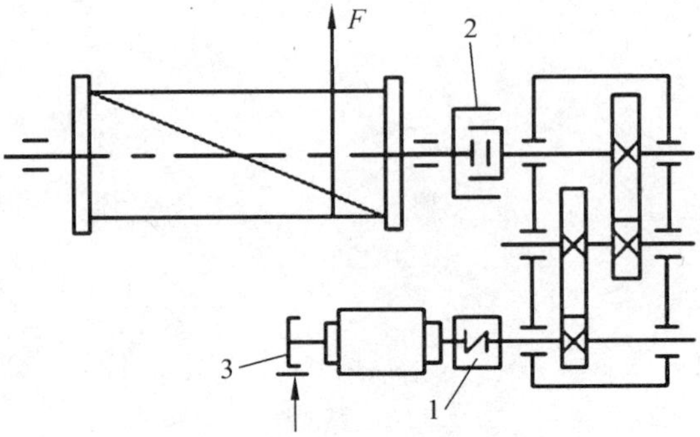

1—联轴器；2—离合器；3—制动器。

图 10.1　卷取机传动系统简图

联轴器只有在机器停车后采用拆卸方法才能使两轴分离；离合器则可在机器运转过程中随时使两轴接合或分离。

由于机器的工况各异，因而对联轴器、离合器和制动器提出了各种不同的要求，如传递转矩的大小、转速高低、扭转刚度变化情况、体积大小、缓冲吸振能力、两轴间存在偏斜情况，等等。为了适应这些不同的要求，联轴器、离合器和制动器都已出现了很多类型，如挠性联轴器、有弹性元件的联轴器、安全联轴器和超越离合器等。

由于联轴器、离合器和制动器的类型繁多，本章仅介绍它们的典型结构及其有关知识，以便为选用标准件和自行设计建立必要的基础。

10.2　联轴器的种类与特性

联轴器所连接的两轴，由于制造及安装误差、承载后的变形以及温度变化的影响

等，往往不能保证严格的对中，而是存在着某种程度的相对位移，如图 10.2 所示。这就要求设计联轴器时，从结构上采取各种不同的措施，使之具有适应一定范围的相对位移的性能，以消除或降低被连两轴因相对偏移引起的附加载荷，改善传动性能，延长机器寿命。

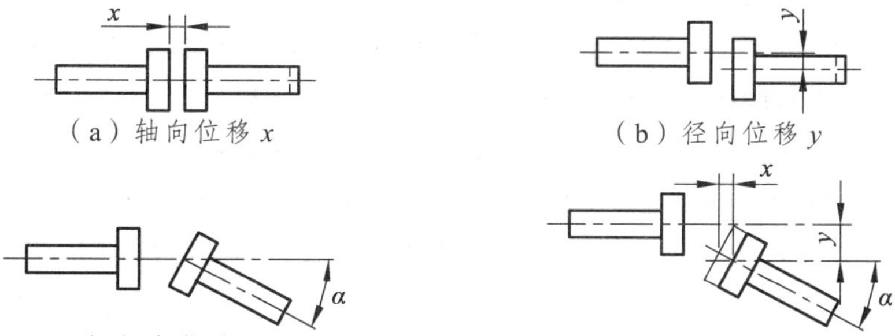

（a）轴向位移 x　（b）径向位移 y　（c）角位移 α　（d）综合位移 $x\ y\ \alpha$

图 10.2　联轴器所连两轴的相对位移

为了适应不同需要，人们设计了形式众多的联轴器，部分已经标准化。机械式联轴器的分类见表 10.1，其中刚性联轴器为不能补偿两轴相对位移的联轴器，挠性联轴器能够补偿两轴相对位移，安全联轴器具有过载安全保护功能。

表 10.1　联轴器类型

<table>
<tr><td rowspan="7">联轴器</td><td>刚性联轴器</td><td colspan="4">凸缘联轴器（图 10.3）、套筒联轴器（图 10.4）、夹壳联轴器等（图 10.5）</td></tr>
<tr><td rowspan="4">挠性联轴器</td><td colspan="2">无弹性元件</td><td colspan="2">十字滑块联轴器（图 10.6）、滑块联轴器（图 10.7）、齿轮联轴器（图 10.8）、链条联轴器（图 10.9）、万向联轴器（图 10.10）等</td></tr>
<tr><td rowspan="3">有弹性元件</td><td>金属弹性元件</td><td colspan="2">蛇形弹簧联轴器、螺旋弹簧联轴器、膜片联轴器、弹性管联轴器等</td></tr>
<tr><td rowspan="2">非金属弹性元件</td><td>中等弹性橡胶弹性元件</td><td>弹性套柱销联轴器（图 10.2）、弹性柱销联轴器（图 10.13）、梅花弹性块联轴器等</td></tr>
<tr><td>高弹性橡胶弹性元件</td><td>轮胎式联轴器、高弹性凸缘联轴器、高弹性中间环联轴器等</td></tr>
<tr><td>安全联轴器</td><td colspan="4">销钉剪断安全联轴器等</td></tr>
<tr><td>起动安全联轴</td><td colspan="4">钢砂式安全联轴器、液力联轴器（液力耦合器）等</td></tr>
</table>

10.2.1　刚性联轴器

刚性联轴器由刚性传力件组成，各连接件间不能相对运动，不具备补偿两个轴相对位移的能力，且无减振和缓冲功能，一般仅适用于载荷平稳、无冲击振动、两轴同轴度好的场合。刚性联轴器不会产生磨损，无需维护。通常，刚性联轴器有以下三种：

1. 凸缘联轴器

凸缘联轴器是把两个带有凸缘的半联轴器用普通平键分别与两轴连接，然后用螺栓把两个半联轴器连成一体，以传递运动和转矩（图 10.3）。这种联轴器有两种主要的结构形式：图 10.3（a）所示的凸缘联轴器是靠铰制孔用螺栓来实现两轴对中和靠螺栓杆承受挤压与剪切来传递转矩；图 10.3（b）所示的凸缘联轴器，靠一个半联轴器上的凸肩与另一个半联轴器上的凹槽相配合而对中，连接两个半联轴器的螺栓可以采用 A 级或 B 级的普通螺栓，转矩靠两个半联轴器接合面的摩擦力矩来传递。前者能传递较大扭矩，后者对中性好，并且当要求两轴分离时，只要卸下螺栓即可，不用移动轴，故装拆较简便。

凸缘联轴器构造简单、成本低、可传递较大转矩，故当转速低、无冲击、轴的刚性大、对中性较好时常采用。

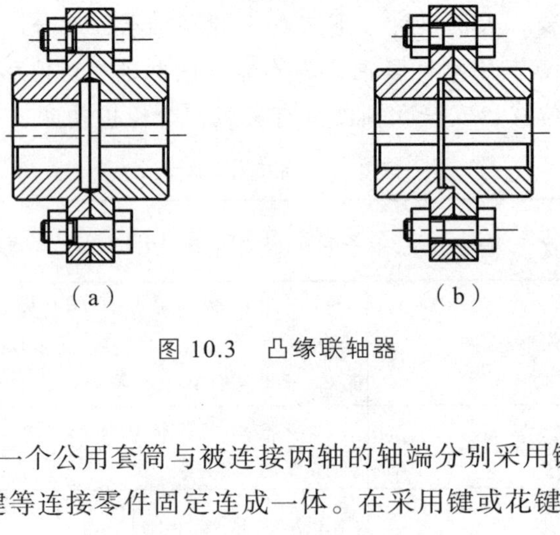

（a）　　　　（b）

图 10.3　凸缘联轴器

2. 套筒联轴器

套筒联轴器通过一个公用套筒与被连接两轴的轴端分别采用键[图 10.4（a）]、销[图 10.4（b）]或花键等连接零件固定连成一体。在采用键或花键连接时，应采用锥顶紧定螺钉作轴向固定。

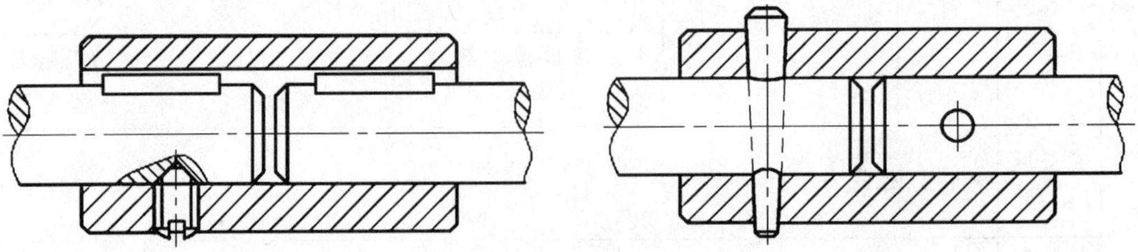

（a）键连接　　　　（b）销连接

图 10.4　套筒离合器

套筒联轴器的优点是结构简单，制造方便，径向尺寸小，成本较低。其缺点是传递转矩的能力较小，装拆时轴需做轴向移动，有时不太方便。

3. 夹壳联轴器

夹壳联轴器由纵向部分的两个半联轴器、螺栓和键组成（图 10.5）。由于夹壳外形相对复杂，故常用铸铁铸造成型。它的特点是径向尺寸小且装拆方便，克服了套筒联轴器装拆需轴向移动的不足。但由于其转动平衡性较差，故常用于低速。

装配时先将需要安装的半联轴器放置在轴端，然后将槽中的螺栓拧紧从而实现摩擦锁合。应将螺栓正、反错开安装以避免不平衡。若轴径不小于 55 mm，为保证可靠传递转矩应加平键。

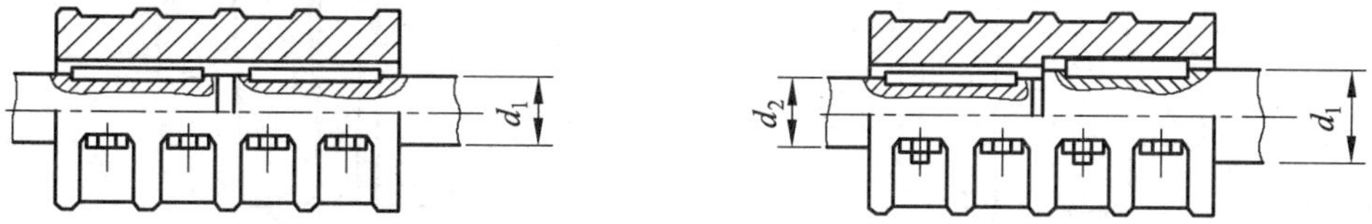

（a）A 型，用于两轴直径相同的情况　　（b）B 型，用于两轴直径不同的情况

图 10.5　夹壳联轴器

10.2.2　挠性联轴器

这类联轴器因具有挠性，故可补偿两轴的相对位移。根据结构类型的不同，可补偿运行中出现的一种或多种错位。半联轴器的许用轴向、径向和角错位 x、y 和 α（图 10.2）由制造商给出，实际产生的两轴错位不许超过许用值。

挠性联轴器可分为无弹性元件挠性联轴器和有弹性元件挠性联轴器。

1. 无弹性元件的挠性联轴器

无弹性元件的挠性轴器由可做相对移动或滑动的刚性传力件组成，利用连接元件间的相对可移性补偿被连接两轴的相对位移。大部分无弹性元件挠性联轴器需在良好的润滑和密封条件下工作。这类联轴器因无弹性元件，故不能缓冲减振，不适于有冲击、振动的轴系传动。

1）十字滑块联轴器

十字滑块联轴器由两个在端面上开有凹槽的半联轴器和一个两面带有凸牙的中间圆盘组成[图 10.6（a）]。中间圆盘两面的凸牙相互垂直，分别嵌装在两个半联轴器的凹槽中。因凸牙可在凹槽中滑动，故可补偿安装及运转时两轴轴心的径向位移[图 10.6（b）]。利用两半联轴器与中间原盘之间的轴向间隙也能补偿极少量的轴向位移和角位移[图 10.6（c）]。

滑块联轴器结构简单、制造方便。但在两轴间有相对位移的情况下工作时，中间盘就会产生很大的离心力，从而增大动载荷及磨损，故只适用于用于转速不高（$n < 250$ r/min），轴的刚度较大，且无剧烈冲击处。为了减少摩擦及磨损，使用时应从中间盘的油孔中注油进行润滑。

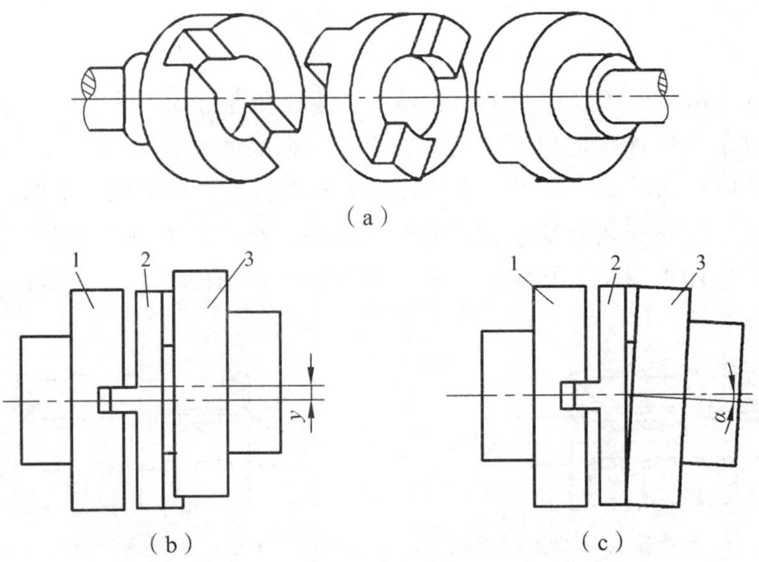

1，3—半联轴器；2—中间圆盘。

图 10.6　十字滑块联轴器

2）滑块联轴器

如图 10.7 所示，这种联轴器与十字滑块联轴器相似，只是两边半联轴器上的沟槽很宽，并把原来的中间盘改为两面不带凸牙的方形滑块，且通常用夹布胶木制成。由于中间滑块的质量减小，又具有弹性，故具有较高的极限转速。中间滑块也可用尼龙制成，并在配置时加入少量的石墨或二硫化钼，以便在使用时自行润滑。这种联轴器结构简单，尺寸紧凑，适用于小功率、高转速而无剧烈冲击处。

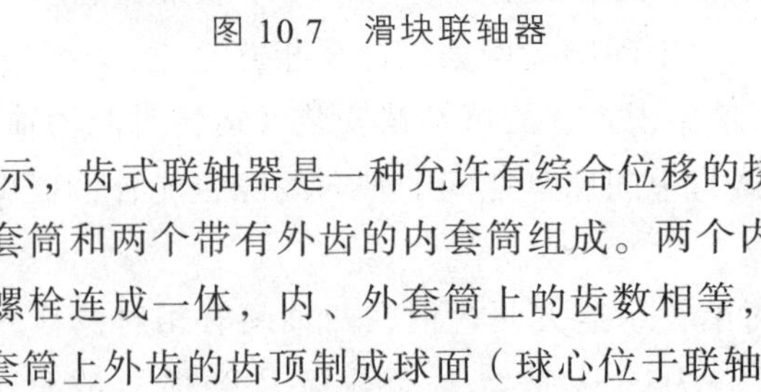

图 10.7　滑块联轴器

3）齿式联轴器

如图 10.8（a）所示，齿式联轴器是一种允许有综合位移的挠性联轴器，它由两个带有内齿及凸缘的外套筒和两个带有外齿的内套筒组成。两个内套筒分别用键与两轴连接，两个外套筒用螺栓连成一体，内、外套筒上的齿数相等，工作时依靠内外齿相啮合以传递转矩。内套筒上外齿的齿顶制成球面（球心位于联轴器轴线上），沿齿厚方向制成鼓形，且保证与内齿啮合后具有适当的顶隙和侧隙[图 10.8（b）]，以及两个内套筒端面间留有间隙。故在传动时，可以补偿两轴的轴向和径向位移以及角位移[图 10.8（c）、（d）、（e）]。为了减小齿面磨损，可由油孔注入润滑油，并在内外套筒之间装有密封圈，以防止润滑油泄漏。

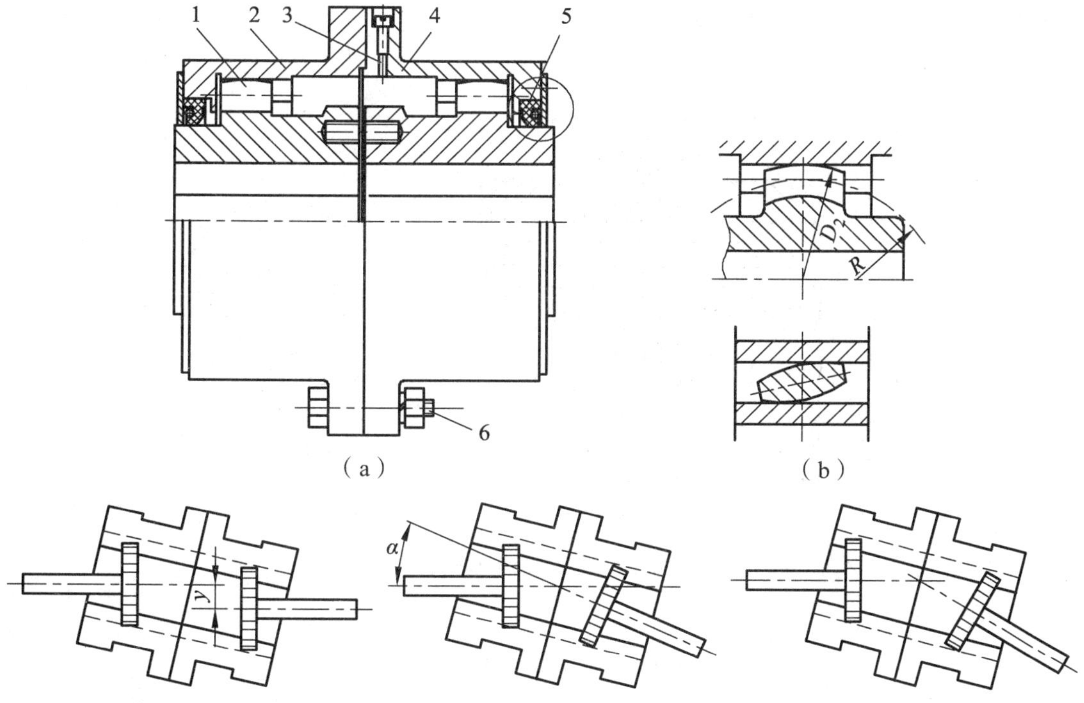

（a）　（b）

（c）补偿径向位移　（d）补偿偏角位移　（e）补偿综合位移

1，4—内套筒；2，3—外套筒；5—密封圈；6—螺栓。

图 10.8　齿式联轴器

齿式联轴器中，所用轮齿的齿廓曲线为渐开线，啮合角为 20°，齿数一般为 30～80，材料一般用 45 钢或 ZG 310-570。由于是多齿同时工作，这类联轴器能传递很大的转矩，并允许有较大的偏移量，安装精度要求不高；但质量较大，成本较高，在重型机械中广泛应用。

4）滚子链联轴器

图 10.9 所示为滚子链联轴器。它是由两半联轴器上具相同齿数的链轮并列同时与一条双排滚子链啮合来实现连接。链与链轮间的啮合间隙可补偿两轴间的相对位移。为了改善润滑条件并防止污染，一般都将联轴器密封在罩壳内。

滚子链联轴器只需将链条接头拆开便可将两轴脱离，装拆、维修方便，结构简单，尺寸紧凑，质量小，价廉并具有一定的补偿性能和缓冲性能，但因链条的套筒与其配件间存在间隙，不宜用于逆向传动，起动频繁或立轴传动。同时，由于受离心力影响也不宜用于高速传动。

5）十字轴式万向联轴器

如图 10.10（a）所示，十字轴式万向联轴器由两个叉形接头、一个中间连接件和轴销（包括销套及铆钉）组成；两个轴销互相垂直配置并分别把两个叉形接头与中间连接件连接起来。这样，就构成了一个可动的连接。这种联轴器可以允许两轴间有较大的夹角（夹角α最大可达35°~45°），而且在机器运转时，夹角发生改变仍可正常传动；但当α过大时，传动效率会显著降低。

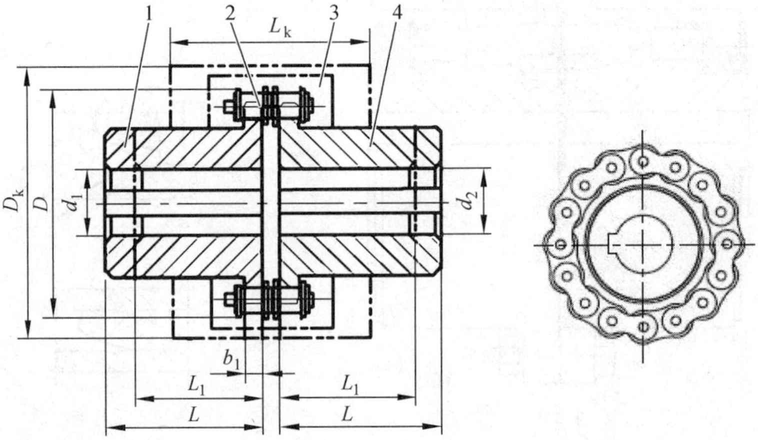

1，4—半联轴器；2—双排滚子链；3—罩壳。

图 10.9　滚子链联轴器

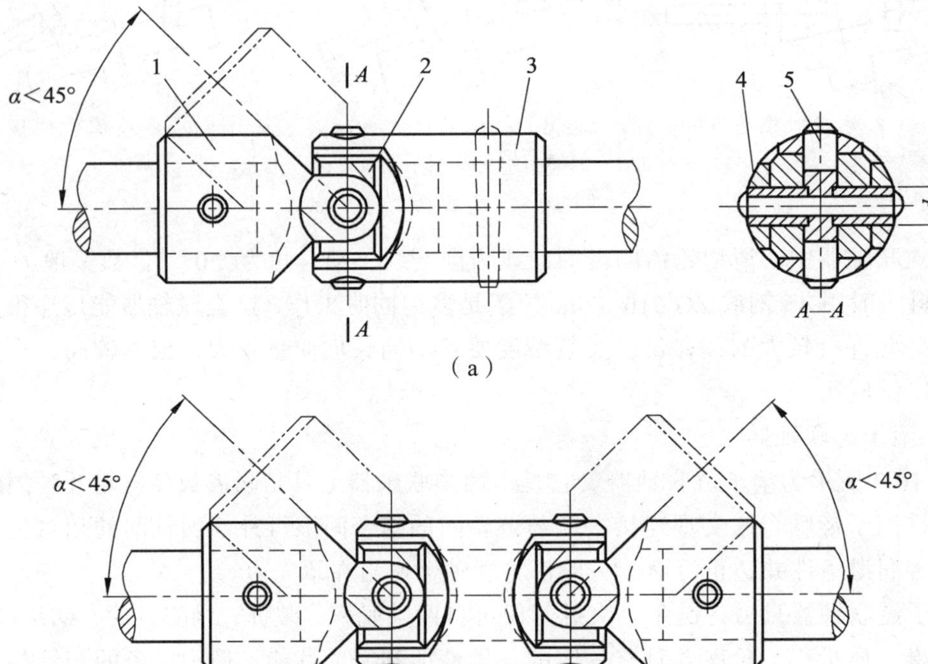

1，3—叉形接头；2—中间连接件；4，5—轴销。

图 10.10　十字轴式万向联轴器

这种联轴器的缺点：当主动轴以等角速度ω_1回转一圈时，虽然从动轴也回转一圈，但回转过程中角速度ω_3并不是常数，而是在一定范围内$\left(\omega_1 \cdot \cos\alpha \leqslant \omega_3 \leqslant \dfrac{\omega_1}{\cos\alpha}\right)$周期变

化，因而在传动中将产生附加动载荷。为了改善这种情况，常将两个万向联轴器通过一个中间轴串联起来使用[图 10.10（b）]，并采用 Z 形或者 W 形布置形式（图 10.11），但应注意安装时必须保证 1 轴、3 轴与中间轴 2 之间的夹角相等，并且中间轴两端的叉形接头应在同一平面内。只有这种双万向联轴器才能保证 $\omega_3=\omega_1$。由于中间轴的转速仍然是不均匀的，所以万向联轴器转速受到限制。

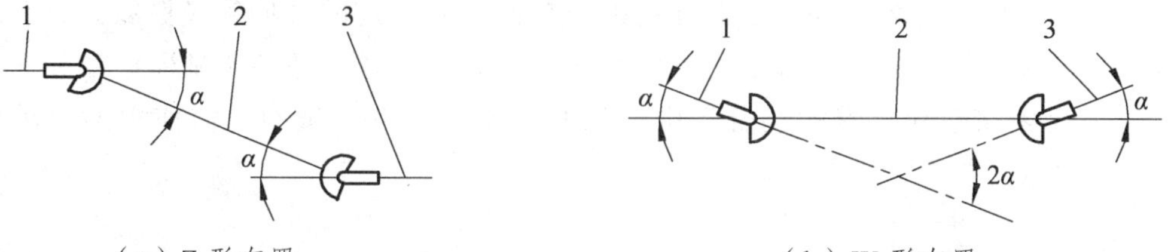

（a）Z 形布置　　（b）W 形布置

图 10.11　双万向联轴器

2. 有弹性元件的挠性联轴器

有弹性元件挠性联轴器是依靠联轴器中的弹性元件在受载时能产生显著的弹性变形，从而使两半联轴器发生相对运动，以补偿两轴间的相对位移，同时弹性元件还具有一定的缓冲减振能力。

1）弹性套柱销联轴器

弹性套柱销联轴器（图 10.12）的构造与凸缘联轴器相似，只是用套有弹性套的柱销代替了连接螺栓。因为通过蝠状的弹性套传递转矩，故可缓冲减振。半联轴器的材料常用 HT200，有时也采用 35 钢或 ZG270-500；柱销材料多用 35 钢。弹性套的材料常用耐油橡胶，并做成如图 10.12 中网纹部分所示，以提高其弹性。半联轴器与轴的配合孔可做成圆柱形轴孔（Y 形）、短圆柱形轴孔（J 形）和圆锥形轴孔（J 形）。

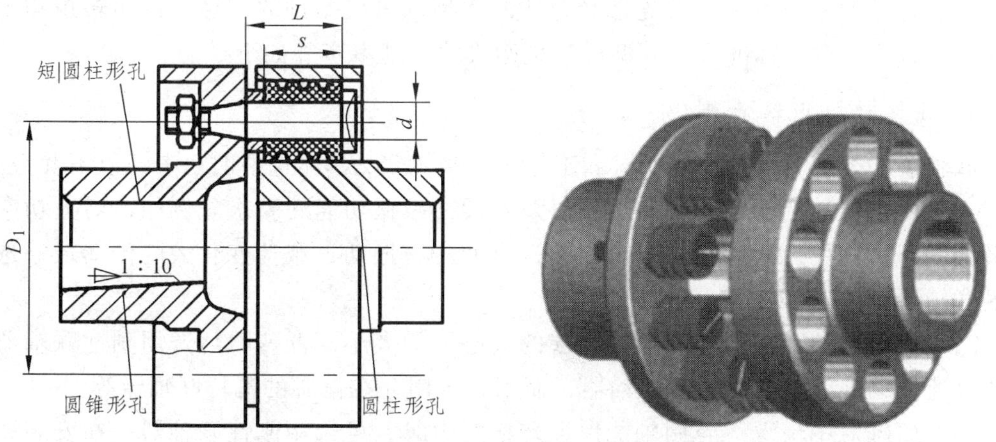

图 10.12　弹性套柱销联轴器

这种联轴器制造容易，装拆方便，成本较低，但弹性套易磨损，寿命较短，且弹性元件的变形受到约束，故补偿位移和缓冲减振能力不很强。适用于连接载荷平稳，需正反转或起动频繁的传递中小转矩的轴。

2）弹性柱销联轴器

弹性柱销联轴器的结构如图 10.13 所示，用尼龙柱销将两半联轴器连接起来。柱销一段为柱形，另一段为鼓形，以适应两轴的角位移。为了防止柱销脱落，两侧装有挡板。

这种联轴器与弹性套柱销联轴器很相似，但传递转矩的能力很大，结构更为简单，安装、制造方便，耐久性好，尼龙柱销弹性较好，有一定的缓冲和吸振能力，允许被连接两轴有一定的轴向位移以及少量的径向位移和角位移，适用于轴向窜动较大、正反转变化较多和起动频繁的场合，由于尼龙柱销对温度较敏感，故使用温度限制在 −20 ~ +70 °C 。

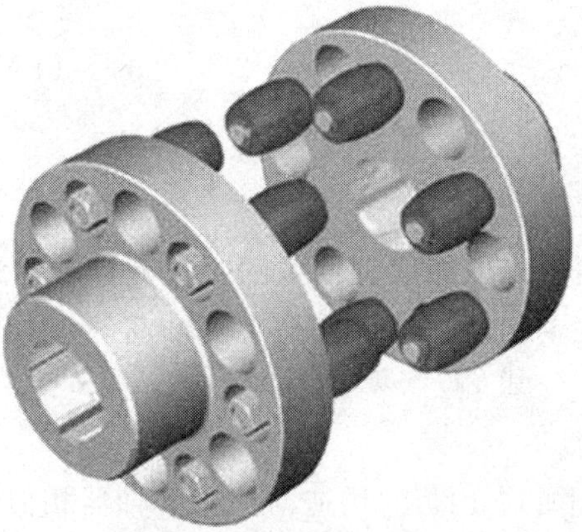

图 10.13　弹性柱销联轴器

10.2.3　联轴器的选择

联轴器大多已标准化和系列化（见有关手册），一般机械设计者的任务主要是选用，而不是设计。使用时通常是首先选择合适的类型，再根据轴的直径、传递转矩和工作转速等参数，由有关标准确定其型号和结构尺寸，基本步骤如下。

1. 选择联轴器的类型

联轴器的类型应根据使用要求和工作条件来确定，具体选择时可考虑以下几方面：

（1）所需传递的转矩大小和性质以及对缓冲减振功能的要求。例如，对大功率的重载传动，可选用齿式联轴器；对高速，有冲击、振动，载荷变化大的传动最好选用弹性联轴器。

（2）联轴器的工作转速高低和引起的离心力的大小。低速时可选用刚性联轴器。对于高速传动轴，宜选用弹性联轴器，而不宜选用存在偏心的滑块联轴器等。

（3）两轴对中情况。若两轴能保证严格对中时，可选用刚性联轴器；在安装调整过程中，难以保持两轴严格精确对中，或工作过程中两轴将产生较大的附加相对位移时，应选用挠性联轴器。例如，当径向位移较大时，可选滑块联轴器，角位移较大或相交两轴的连接可选用万向联轴器等。

（4）联轴器的可靠性和工作环境。通常由金属元件制成的不需润滑的联轴器比较可靠；需要润滑的联轴器，其性能易受润滑完善程度的影响，且可能污染环境。含有橡胶等非金属元件的联轴器对温度、腐蚀性介质及强光等比较敏感，而且容易老化。有时还要考虑安装尺寸的限制。

（5）联轴器的制造、安装、维护和成本。在满足使用性能的前提下，应选用装拆方便、维护简单、成本低的联轴器。例如，刚性联轴器不但结构简单，而且装拆方便，可用于低速、刚性大的传动轴。一般的非金属弹性元件联轴器（如弹性套柱销联轴器、弹性柱销联轴器、梅花形弹性联轴器等），由于具有良好的综合性能，广泛适用于一般的中小功率传动。

2. 确定联轴器型号

1）计算联轴器的计算转矩

由于机器起动时的动载荷和运转中可能出现的过载现象，所以应当按轴上的最大转矩作为计算转矩 T_{ca}。计算转矩按下式计算

$$T_{ca} = K_A T \tag{10.1}$$

式中 T——公称转矩（N·m）；

K_A——工作情况系数，见表 10.2。

表 10.2 工作情况系数 K_A

工作机		K_A			
		原动机			
分类	工作情况及举例	电动机 汽轮机	四缸和四缸 以上内燃机	双缸 内燃机	单缸 内燃机
Ⅰ	转矩变化很小，如发电机、小型通风机、小型离心泵	1.3	1.5	1.8	2.2
Ⅱ	转矩变化小，如透平压缩机、木工机床、运输机	1.5	1.7	2.0	2.4
Ⅲ	转矩变化中等，如搅拌机、增压泵、有飞轮的压缩机、冲床	1.7	1.9	2.2	2.6
Ⅳ	转矩变化和冲击载荷中等，如织布机、水泥搅拌机、拖拉机	1.9	2.1	2.4	2.8
Ⅴ	转矩变化和冲击载荷大，如造纸机、挖掘机、起重机、碎石机	2.3	2.5	2.8	3.2
Ⅵ	转矩变化大并有极强烈冲击载荷，如压延机、无飞轮的活塞泵、重型初轧机	3.1	3.3	3.6	4.0

2）确定联轴器的型号

根据计算转矩 T_{ca} 及所选的联轴器类型，要求

$$T_{ca} \leqslant [T] \tag{10.2}$$

由联轴器标准中选定该联轴器型号。上式中的[T]为该型号联轴器对应的许用转矩。

3）校核最大转速

被连接轴的转速 n 不应超过所选联轴器允许的最高转速 n_{max}，即 $n \leqslant n_{max}$。

4）协调轴孔直径

一般情况下被连接两轴的直径是不同的，两个轴端的形状也可能是不同的，如主动轴轴端为圆柱形，所连接的从动轴轴端为圆锥形。多数情况下，每一型号联轴器适用的轴的直径均有一个范围。标准中或者给出轴直径的最大和最小值，或者给出适用直径的尺寸系列，被连接两轴的直径应当在此范围之内。

3. 规定部件相应的安装精度

根据所选联轴器允许轴的相对位移偏差，规定部件相应的安装精度。通常标准中只给出单项位移偏差的允许值。如果有多项位移偏差存在，则必须根据联轴器的尺寸大小计算出相互影响的关系，以此作为规定部件安装精度的依据。

4. 进行必要的校核

如有必要，应对联轴器的主要承载零件进行强度校核。使用有非金属弹性元件的联轴器时，还应注意联轴器所在部位的工作温度不要超过该弹性元件材料允许的最高温度。

10.3 离合器

10.3.1 离合器的功用与类型

联轴器基本是一种固定连接，在机器运转时是不能随意脱开的（安全联轴器只是在过载时脱开，软起动安全联轴器只是在起、制动阶段和过载时脱开）；而离合器在机器运转中可将传动系统随时分离或接合。这是离合器与联轴器的根本区别。

离合器的离合功能主要由其内部主、从动部分的接合元件实现的。离合器的种类很多，按结合元件结合或分离方式不同分为操纵离合器和自控离合器两类（见表 10.3）。必须通过操纵结合元件才具有结合或分离功能的离合器称为操纵离合器；在主动部分或从动部分某些性能参数变化时，结合元件具有结合或分离功能的离合器称为自控离合器。根据离合器接合元件工作原理的不同，离合器又可分为嵌合式离合器和摩擦式离合器两大类。嵌合式离合器利用机械嵌合副的嵌合力来传递转矩，传递转矩能力较大，外形尺寸小，接合后主、从动部分的转速完全一致，工作时不发热，但柔性差，在有转速差下接合时会产生刚性冲击，引起振动和噪声。因而不宜用在受载下接合或

高速接合的场合。摩擦式离合器利用摩擦副的摩擦力来传递转矩，接合过程中主、从动接合元件存在一定的滑差，因而具有柔性，可大大减小接合时的冲击和噪声，适用于在受载下接合或高速接合的场合，但工作中会引起发热和功率损耗。

表 10.3　离合器的分类

<table>
<tr><td rowspan="8">离合器</td><td rowspan="4">操纵离合器</td><td>机械离合器</td><td>牙嵌离合器（图 10.14）、齿形离合器（图 10.15）、销式离合器（图 10.16）、键式离合器（图 10.17）、片式离合器、圆锥离合器、圆柱离合器等</td></tr>
<tr><td>电磁离合器</td><td>片式电磁离合器、牙嵌电磁离合器、圆锥电磁离合器、扭簧电磁离合器、转差电磁离合器、磁粉离合器等</td></tr>
<tr><td>液压离合器</td><td>片式液压离合器、牙嵌液压离合器、浮动块液压离合器、圆锥液压离合器等</td></tr>
<tr><td>气压离合器</td><td>片式气压离合器、气胎离合器、圆锥气压离合器、浮动块气压离合器等</td></tr>
<tr><td rowspan="3">自控离合器</td><td>超越离合器</td><td>滚柱离合器（图 10.22）、棘轮超越离合器（图 10.23）、牙嵌超越离合器、滑销超越离合器等</td></tr>
<tr><td>离心离合器</td><td>带弹簧闸块式离合器、钢球离合器等</td></tr>
<tr><td>安全离合器</td><td>多片式安全离合器（图 10.19）、牙嵌安全离合器（图 10.20）、滚珠安全离合器（图 10.21）等</td></tr>
</table>

10.3.2　操纵离合器

1. 机械离合器

在机械机构直接作用下具有离合功能的离合器称为机械离合器。

1）嵌合式离合器

根据组成嵌合副的接合元件的结构形状，嵌合式离合器可分为牙嵌离合器、齿形离合器、销式离合器和键式离合器等。

（1）牙嵌离合器由两个端面上有牙的半离合器组成（图 10.14）。其中，一个半离合器固接在主动轴上；另一个半离合器用导向平键（或花键）与从动轴连接，并可通过移动滑环使沿导向平键在从动轴上做轴向移动，以实现离合器的分离与接合。牙嵌离合器是借牙的相互嵌合来传递运动和转矩的。为使两半离合器能够对中，在主动轴端的半离合器上固定一个对中环，从动轴可在对中环内自由转动。

牙嵌离合器常用的牙形有矩形、梯形、锯齿形。矩形牙[图 10.14（b）]无轴向分力，但不便于接合与分离，牙根强度较低，仅用于小转矩、静止状态下手动结合；梯形牙[图 10.14（c）]的牙根强度高，能传递较大的转矩，由于侧面有 2°～8°的牙侧角，所以牙齿接触面间有轴向分力 F_a，使分离较易，且能自动补偿牙的磨损与间隙，从而减少冲击，应用广泛。锯齿形牙[图 10.14（d）]便于接合，牙根强度高，能传递的转矩更大，但只能单向工作，反转时接触牙面将受很大的轴向分力，致使离合器自行分离。

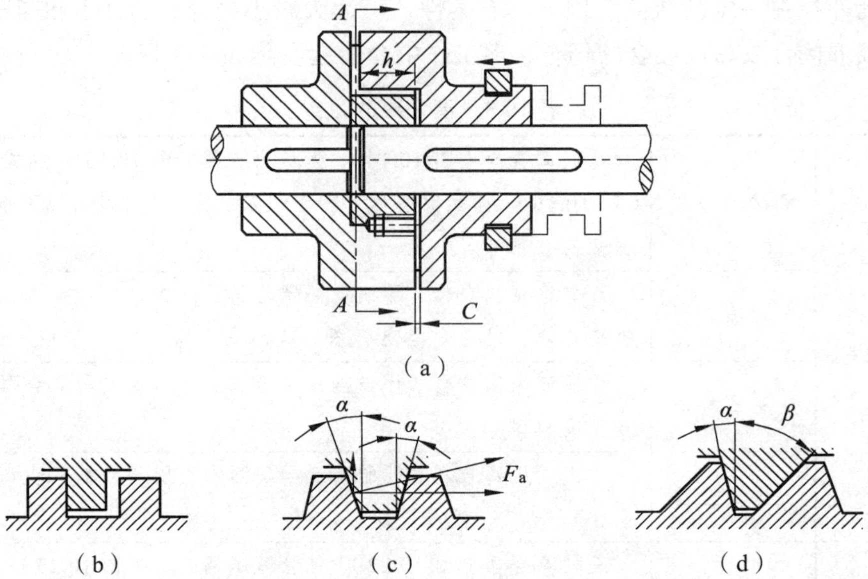

$$\alpha = 2° \sim 8°$$
$$\beta = 50° \sim 70°$$

图 10.14　牙嵌离合器

牙嵌离合器的主要尺寸可从有关手册中选取，必要时应校核牙面的挤压强度和牙根的弯曲强度。

牙嵌离合器外廓尺寸小，结构简单，工作时无滑动，安装好后不需经常调整，适用于要求精确传动的场合。其最大缺点是结合时有冲击和噪声，只宜在两轴不转动或转速差很小时进行接合，否则牙齿可能因受撞击而折断。

（2）齿形离合器（图 10.15）利用一对齿数相同的内、外齿轮的啮合或分离实现主、从动轴的接合或分离。为易于接合，常将齿端制出大的倒角。由于齿轮加工工艺性好，比端面牙容易制造，精度高、强度大，故可传递大的转矩，应用比较广泛。在某些场合，齿轮还可兼作传动零件使用。

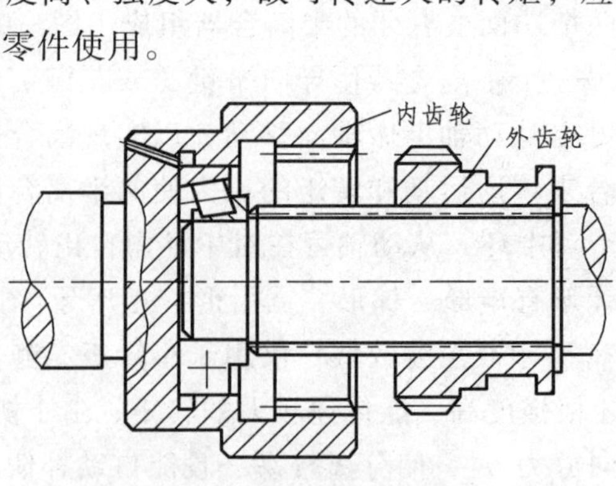

图 10.15　齿形离合器

（3）销式离合器（图 10.16）利用装在半离合器凸缘端面上的销进入或离开另一半离合器凸缘端面上的销孔，实现主、从动轴的接合或分离。为在有转速差时易于接合，销孔数一般比销数多几倍，并在凸缘端面制成有弧形斜槽。销式离合器结构简单，销数少时接合容易，适用于转矩不大的场合。

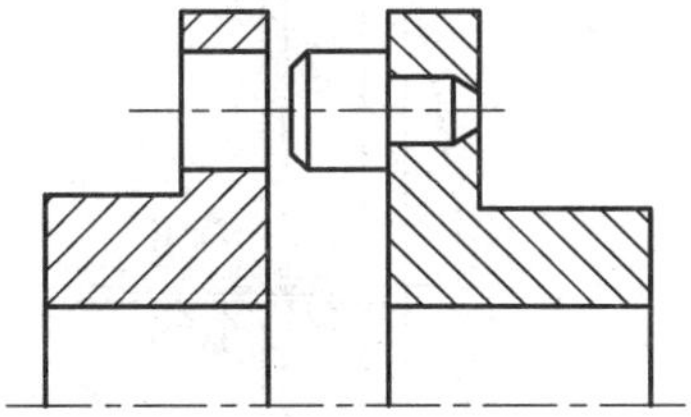

图 10.16　销式离合器

（4）键式离合器中的接合元件有转键式[图 10.17（a）]和拉键式[图 10.17（b）]。转键式的圆弧形键装在从动轴上，当其转过某一角度凸出于轴表面时，即可由外部主动轴套带动从动轴转动。这种嵌合方式可使主动或从动部分在接合过程中不需沿轴向移动，适合轴与轮毂的接合或分离。增加键的长度可提高承载能力。其结构简单，动作灵敏可靠。其中，单转键只能传递单向转矩，双转键可双向传递转矩。拉键式的特制键可沿轴向移动，利用弹簧抬起或压入轴内实现轴与轮毂的接合或分离。它主要用于在不移动齿轮的情况下将并列的几个齿轮分别有选择地与轴连接。

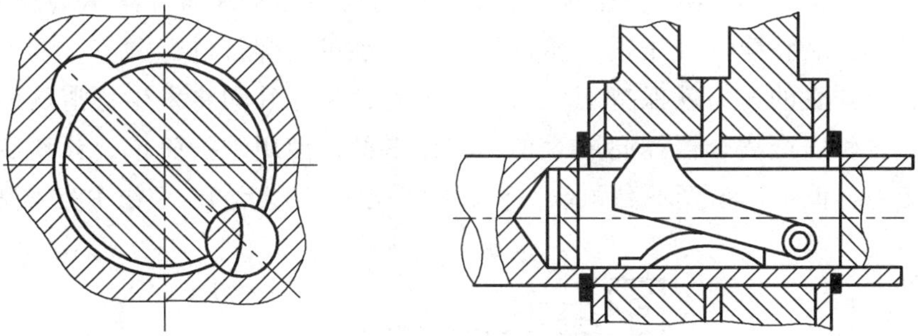

（a）转键式　　　　（b）拉键式

图 10.17　键式离合器

2）摩擦式离合器

在运行过程中摩擦离合器可以带负载离合。只有当摩擦面上作用有与转矩大小相应的法向力，才能传递转矩。按摩擦面的形状（平面、圆锥面或者圆柱面）和数量不同，摩擦离合器可分为片式、圆锥和圆柱离合器（图 10.18）。此外，还可以根据摩擦面是否有油可分为湿式摩擦离合器和干式摩擦离合器。湿式离合器一般将结合元件浸入油中工作，以达到散热和减少磨损的目的。

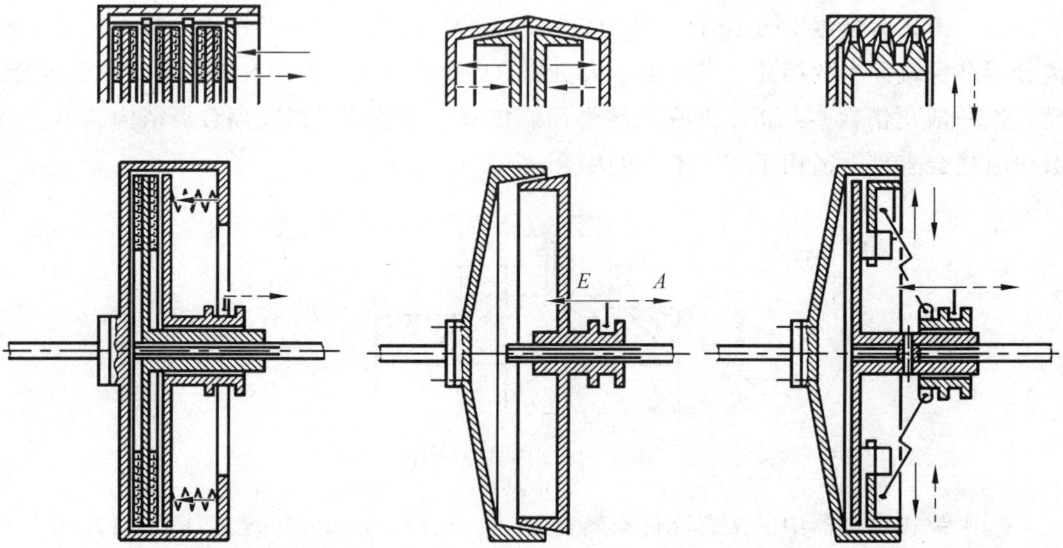

（a）片式离合器　　（b）圆锥离合器　　（c）圆柱（滑块）离合器

图 10.18　摩擦式离合器

10.3.3　自控离合器

1. 安全离合器（转矩操纵）

确保传递的转矩不超过某限定值的离合器称为安全离合器。

图 10.19 所示为一种多片安全离合器，其构造与前述多片离合器相似，但没有操纵机构，而是用弹簧将摩擦片压紧。弹簧压力的大小可用螺钉进行调节，调节完毕并把螺钉固定后，弹簧的压力就保持不变。当过载时，摩擦片间将发生打滑从而起到安全保护作用。这种安全离合器径向尺寸小、工作平稳，使用维护简单，分离后可自动恢复其工作能力，但工作精度不高（取决于摩擦系数是否稳定），工作中有发热现象。

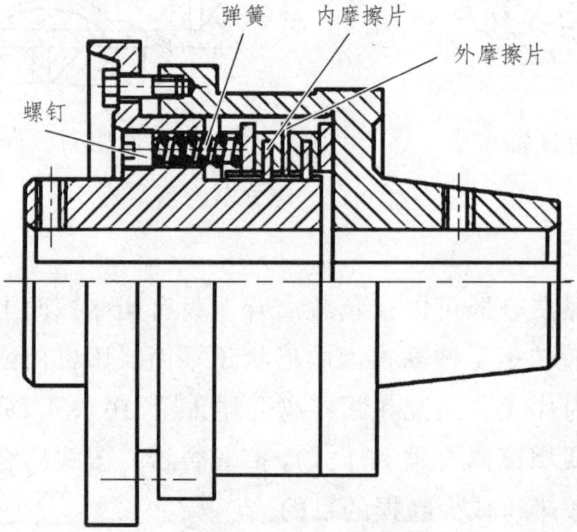

图 10.19　多片安全离合器

图 10.20 所示为一种牙嵌安全离合器，半离合器 1 与轴用花键连接，另一半离合器 2 通过滑动轴承套在半离合器 1 上，其外部的键可与齿轮等传动件连接。运动和转矩的传递是通过半离合器 2 和压盖端面的牙形相互嵌合来实现的。当转矩超过许用值时，弹簧被过大的轴向分力压缩，使压盖右移，离合器断开，半离合器 2 在滑动轴承上自由旋转。分离转矩的大小可用圆螺母来调节。

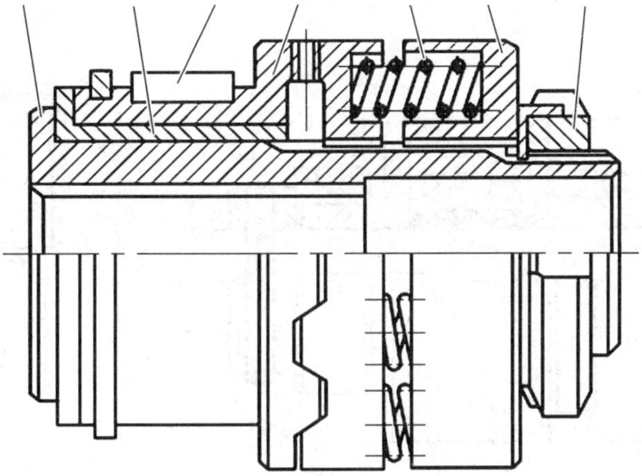

图 10.20　牙嵌安全离合器

图 10.21（a）所示为一种滚珠安全离合器，结构由主动齿轮、从动盘、外套筒、弹簧、调节螺母组成。主动齿轮活套在轴上，外套筒用花键与从动盘连接，同时又用键与轴相连。在主动齿轮和从动盘的端面内，各沿直径为 D_m 的圆周上制有数量相等的滚珠承窝（一般为 4 ~ 8 个），承窝中装入滚珠[图 10.21（b）中，$a>d/2$]后，进行敛口，以免滚珠脱出。正常工作时，由于弹簧的推力使两盘的滚珠互相交错压紧，主动齿轮传来的转矩通过滚珠、从动盘、外套筒而传给从动轴。当转矩超过许用值时，弹簧被过大的轴向分力压缩，使从动盘向右移动，原来交错压紧的滚珠因被放松而相互滑过，此时主动齿轮空转，从动轴即停止转动。当载荷恢复正常时，又可重新传递转矩。弹簧压力的大小可用螺母来调节。这种离合器由于滚珠表面会受到较严重的冲击与磨损，故一般只用于传递较小转矩的装置中。

2. 超越离合器（转向操纵）

利用主、从动部分的速度变化或旋转方向的变化，具有自行离合功能的离合器成为超越离合器。此类离合器只能传递单向的转矩，其结构可以是摩擦滚动元件式，也可以是棘轮棘爪式。

图 10.22 所示为一种滚柱式定向离合器，由爪轮、套筒、滚柱、弹簧顶杆等组成。如果爪轮为主动轮并做顺时针回转时，滚柱将被摩擦力带动而楔紧在爪轮和套筒间空隙的收缩部分，使套筒随爪轮一同回转，离合器即进入接合状态。但当爪轮反向回转时，滚柱即被推到空隙的宽敞部分，这时离合器即处于分离状态。因而，定向离合器

只能传递单向的转矩，可在机械中用来防止逆转及完成单向传动。如果在套筒随爪轮旋转的同时，套筒又从另一运动系统获得旋向相同但转速较大的运动时，离合器也将处于分离状态。即从动件的角速度超过主动件时，主动件回转对从动件无影响；反之，当套筒的转速较小时，离合器处于接合状态，爪轮将带动套筒一同转动，这种现象称为超越作用。

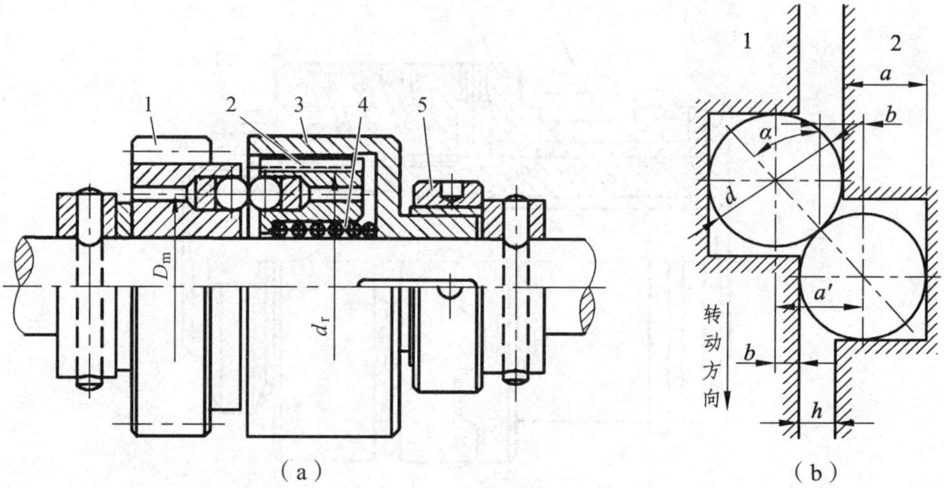

1—主动齿轮；2—从动盘；3—外套筒；4—弹簧；5—调节螺母。

图 10.21　滚珠安全离合器

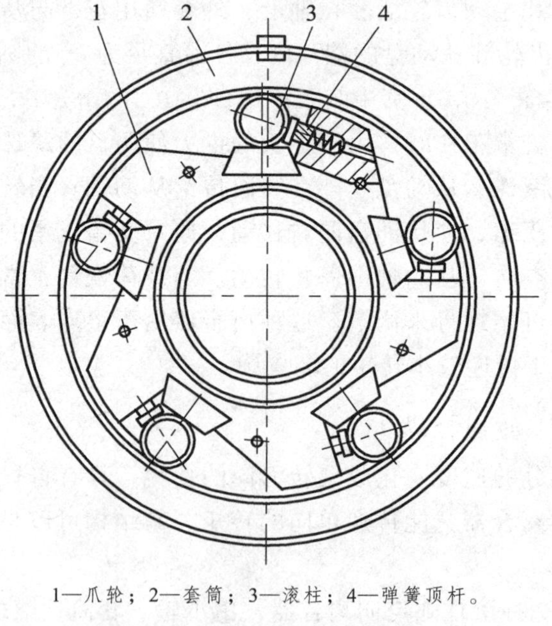

1—爪轮；2—套筒；3—滚柱；4—弹簧顶杆。

图 10.22　滚柱式定向离合器

滚柱离合器结构紧凑，接合、分离平稳，工作无噪声，适宜高速传动。但制造精度要求高，常用于机床及运输机构（如摩托车和直升机）。

棘轮超越离合器由带齿棘轮和棘爪组成。如图 10.23 所示为自行车后轮轴上的棘轮超越离合器。当脚蹬踏板时，经链轮和链条带动内圈具有棘齿的飞轮顺时针转动，再通过棘爪的作用，使后轮轴顺时针转动，从而驱动自行车前行。自行车前进时，如果令踏板不动，后轮轴便会超越飞轮而转动，让棘爪在棘轮齿背上滑过，从而实现不蹬踏板的自由滑行。

由于棘轮超越离合器诸如噪声、磨损和空转等缺点，它一般用于低速和离合精度不高的传动装置中。

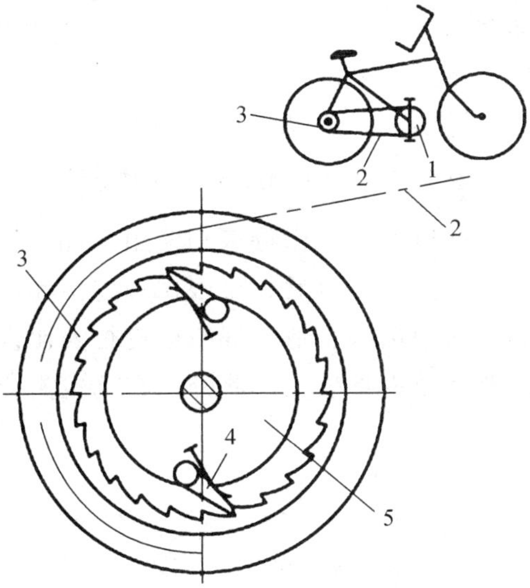

1—链轮；2—链条；3—飞轮；4—棘爪；5—轮轴。

图 10.23　棘轮超越离合器

3. 离心离合器（转速操纵）

离心离合器，如图 10.24 所示。按其在静止状态时的离合情况可分为开式和闭式两种：开式只有当达到一定工作转速时，主、从动部分才进入接合；闭式在到达一定工作转速时，主、从动部分才分离。在起动频繁的机器中采用离心离合器，可使电动机在运转稳定后才接入负载。如电动机的起动电流较大或起动力矩很大时，采用开式离心离合器就可避免电动机过热，或防止传动机构受到很大的动载荷。采用闭式离心离合器则可在机器转速过高时起安全保护作用。又因这种离合器是靠摩擦力传递转矩的，故转矩过大时也可通过打滑而起保安作用。

10.3.4　离合器的设计与选择要点

离合器的设计应满足以下基本要求：① 接合和分离方便、迅速、可靠；② 操纵灵活；③ 便于调整，尤其是摩擦式离合器，应能调整自动补偿磨损量以保持压紧力；④ 外廓尺寸小、质量轻；⑤ 有良好的耐磨性和散热能力等。

由于大多数离合器已标准化，因此在设计中，往往参考有关手册对离合器进行类比设计或选择。

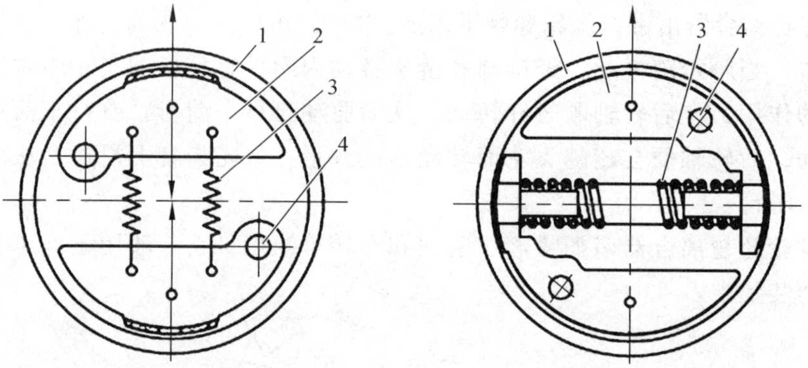

（a）　　　　　　　　　　　　　（b）

1—外摩擦片；2—内摩擦片；3—弹簧；4—销。

图 10.24　离心离合器的工作原理

设计或选择时，首先根据机器的工作特点和使用条件，结合各种离合器的性能特点，确定离合器的类型。当类型确定以后，可根据被连接元件的类型和尺寸、计算转矩和转速，从有关手册和资料中选取合适的规格或进行类比设计来确定离合器的结构尺寸。在必要时可对其薄弱环节进行校核。此外，在选定离合器的同时，亦应对其操纵机构进行选择和确定。

10.4　制动器

10.4.1　制动器的功用与类型

制动器是具有使运动部件（或运动机械）减速、停止或保持停止状态等功能的装置，有时也做调节和限制机构或机器的运动速度，它是保证机构或机器安全正常工作的重要部件。

制动器的类型很多，按照工作原理，制动器可分为摩擦式（如块式、带式和盘式等）和非摩擦式（如磁粉式、磁涡流式等），见表 10.4。其中摩擦式制动器应用最为广泛，其工作原理是利用摩擦副中产生的摩擦力矩来实现制动作用。

表 10.4　制动器类型

<table>
<tr><td rowspan="7">制动器</td><td rowspan="6">摩擦式制动器
（常开、常闭）</td><td colspan="2">外抱块式制动器</td><td>长行程块式制动器、短行程块式制动器</td></tr>
<tr><td colspan="2">内涨蹄式制动器</td><td>双蹄制动器、多蹄制动器</td></tr>
<tr><td colspan="2">带式制动器</td><td>简单带式制动器、差动带式制动器、综合带式制动器</td></tr>
<tr><td rowspan="3">盘式制动器</td><td>钳盘</td><td>固定钳盘制动器、浮动钳式制动器</td></tr>
<tr><td>全盘</td><td>单盘制动器、多盘制动器、载荷自制盘式制动器</td></tr>
<tr><td>锥盘</td><td>锥盘式制动器、载荷自制锥盘制动器</td></tr>
<tr><td>非摩擦式制动器</td><td colspan="3">磁粉式制动器（半摩擦式）、磁涡流式制动器、水涡流式制动器</td></tr>
</table>

按照工作状态，制动器可分为常开式制动器和常闭式制动器两种。前者经常处于松闸状态，必须施加外力才能实现制动；后者的工作状态正好与前者相反，即经常处于合闸即制动状态（通常为机器停机时），只有施加外力才能解除制动状态（如机器起动和运转时）。起重机械中的提升机构常采用常闭式制。

10.4.2 制动器的选择与设计要点

1. 制动器的选择

有些制动器已标准化或系列化，在选择制动器时，应根据使用要求与工作条件确定。选择时一般应考虑以下几点：

（1）工作机械的工作性质和条件。对于其中机械的提升机构，必须采用常闭式制动器；对于水平走的车辆等设备，为了便于控制制动力矩的大小和准确停车，多采用常开式制动器；对于安全性有高度要求的机械，需设置双重制动器，如运送熔化金属或易燃、易爆物品的起升机构规定必须在高速轴上设置制动器外，还在卷筒或绳轮上设置安全制动器。对于重物下降制动（即滑摩擦式制动），则应考虑散热，它必须具有足够的散热面积，使其将重物势能所转化的热量散失出去。

（2）合理的制动力矩。用于起重机起升机构支持的制动器，或矿井提升机的安全制动器，制动力矩必须有足够的储备，即应有一定的安全系数；用于水平行走的机械车辆等，制动力矩以满足工作要求为宜（满足一定的制动距离或时间，或车辆不发生打滑），不可过大，以防止机械设备的振动或零件的损坏。

制动力矩的大小取决于制动器安装在机械传动系统中哪一根轴上，通常为了减小制动力矩和制动器的尺寸，制动器宜配置在机器的高速轴上。某些安全制动器则装在低速轴上或卷筒上，以防传动系统断轴时物品坠落。例如，矿井提升机的安全制动器安装在靠近设备工作部分的低速轴上。在特殊情况下也将制动器装在中速轴上。

（3）提供压紧力的方式。如方便提供液压站、直流电源，则有利于相应选用带液压的制动器、直流短行程电磁制动器；如要求制动平稳，无噪声，宜选用液压制动器或磁粉制动器。

（4）安装地点的空间大小。 当安装地点有足够的空间时可选用外抱式制动器；空间受限制处，可采用内蹄式、带式或盘式制动器。

2. 制动器的设计要点

在设计工作中，有时需要自行设计制动器，其主要设计要点如下：

（1）根据机械的运转情况，计算出制动轴上的负载转矩，再考虑安全系数的大小以及对制动距离（时间）的要求等具体情况，计算出制动轴上需要的制动力矩。

（2）根据需要的制动力矩和工作条件，选定合适的制动器类型和结构，并画出传动图。

（3）根据摩擦元件的退距求出松闸推力和行程，用以选择或设计松闸器。

（4）对主要零件进行强度计算，其中对制动臂和传力杠杆等还应进行刚度验算。

（5）对摩擦元件进行发热验算。

思考与习题

1. 联轴器与离合器在功用上有何异同？

2. 联轴器有哪几类？各有何特点？试就每类各举一例。

3. 说明凸缘联轴器、齿式联轴器及弹性套柱销联轴器的结构、特点、材料及适用范围。

4. 离合器应满足哪些基本要求？

5. 分别阐述牙嵌离合器和单片离合器的结构、特点和适用范围。

第 11 章　轴

本章介绍轴的用途及分类，讨论轴的结构设计和轴的三种强度计算方法，并对轴的刚度计算和振动稳定性等进行简要介绍。

11.1　概　述

轴是组成机器的重要零件之一，其主要功用是支承回转零件（如齿轮、蜗轮、带轮）及传递运动和动力。

11.1.1　轴的用途及分类

根据所承受载荷的不同，轴可分为转轴、心轴和传动轴三类。工作中既承受弯矩又承受扭矩的轴称为转轴，这类轴在各种机器中最为常见。只承受弯矩而不承受扭矩的轴称为心轴，心轴又分为转动心轴和固定心轴两种。只承受扭矩而不承受弯矩（或弯矩很小）的轴称为传动轴。三类轴的承载情况和特点见表 11.1。

表 11.1　转轴、心轴和传动轴的承载情况及特点

种类	举例	受力简图	特点
转轴	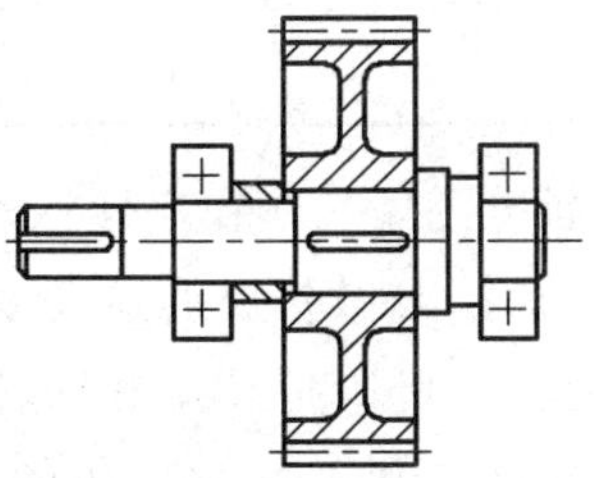	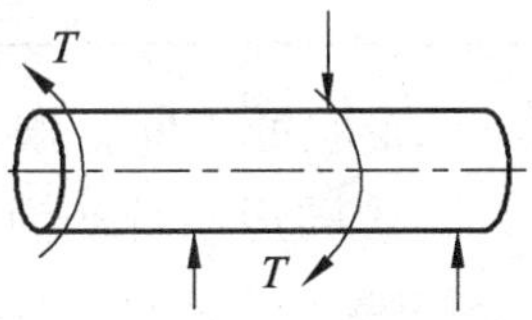	既承受弯矩又承受转矩，是机器中最常用的一种轴。剖面上受弯曲应力和扭转切应力的复合作用
传动轴	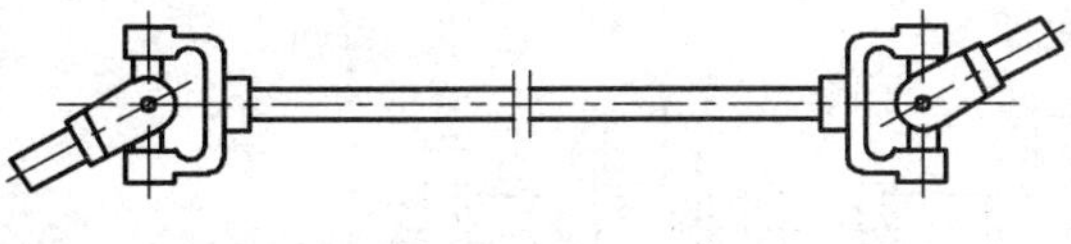	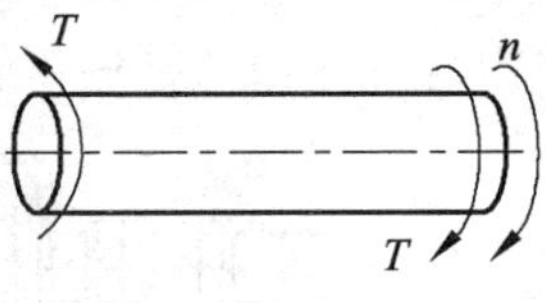	主要承受转矩不承受弯矩或承受很小的弯矩，仅起传递动力的作用

续表

种类	举例	受力简图	特点
转动心轴	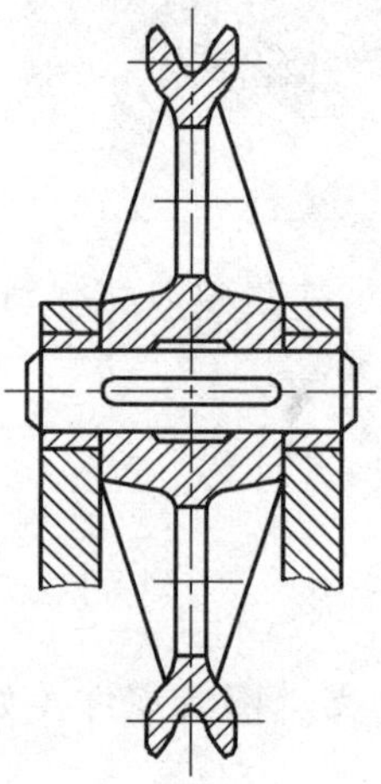	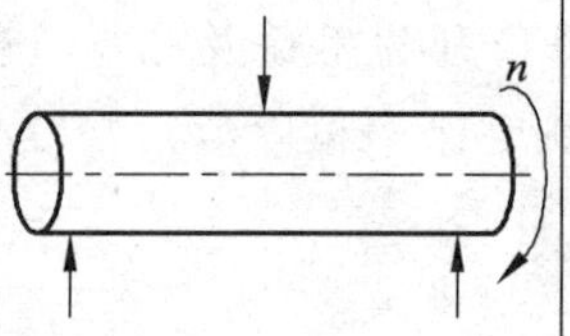	只承受弯矩不承受转矩，起支承作用。转动心轴的剖面上受变应力作用
固定心轴	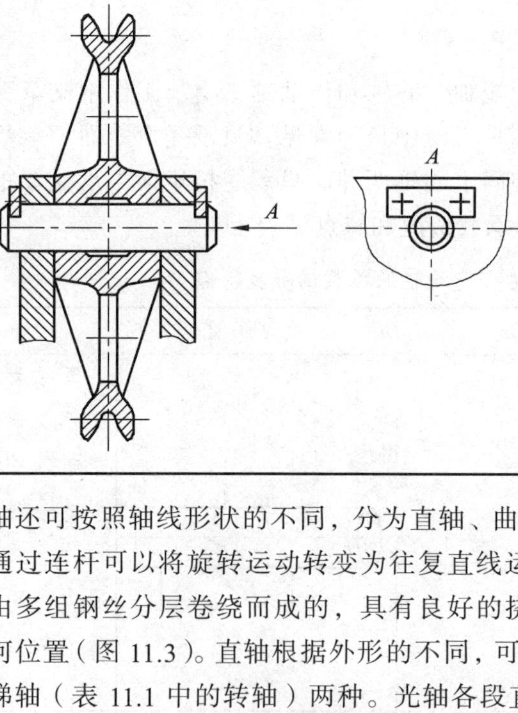	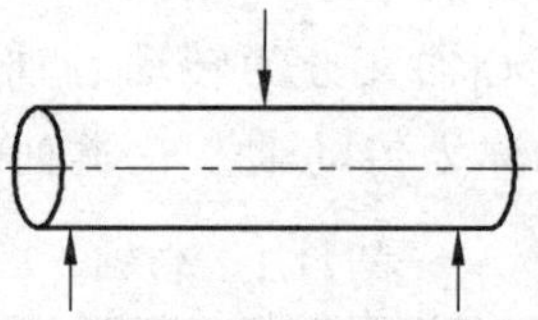	只承受弯矩，不承受转矩，起支承作用。固定心轴的剖面上受静应力作用

轴还可按照轴线形状的不同，分为直轴、曲轴（图 11.1）和挠性钢丝轴（图 11.2）。曲轴通过连杆可以将旋转运动转变为往复直线运动，或做相反的运动变换。挠性钢丝轴是由多组钢丝分层卷绕而成的，具有良好的挠性，可以把转矩和回转运动灵活地传到任何位置（图 11.3）。直轴根据外形的不同，可分为光轴（表 11.1 中的心轴和传动轴）和阶梯轴（表 11.1 中的转轴）两种。光轴各段直径不变、形状简单、加工容易、应力集中源少，但轴上的零件不易装配及定位；阶梯轴则正好与光轴相反。因此光轴主要用于心轴和传动轴，阶梯轴则常用于转轴。

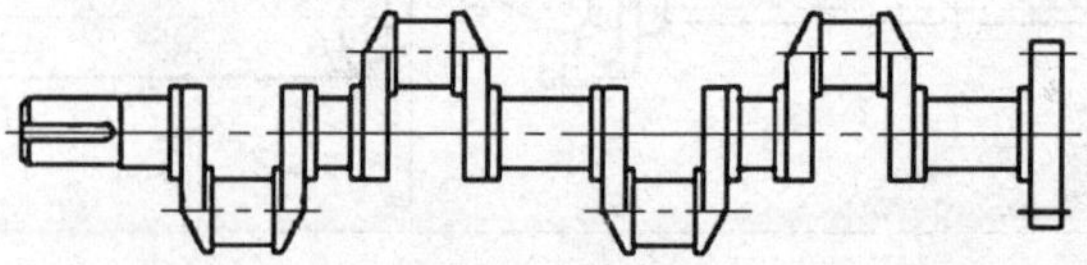

图 11.1　曲轴

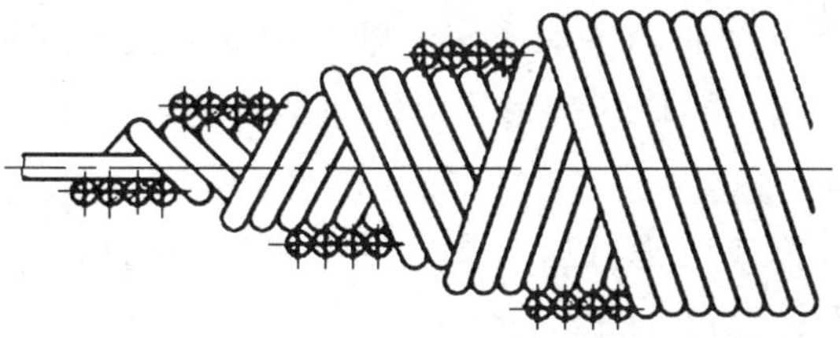

图 11.2　钢丝软轴的绕制图

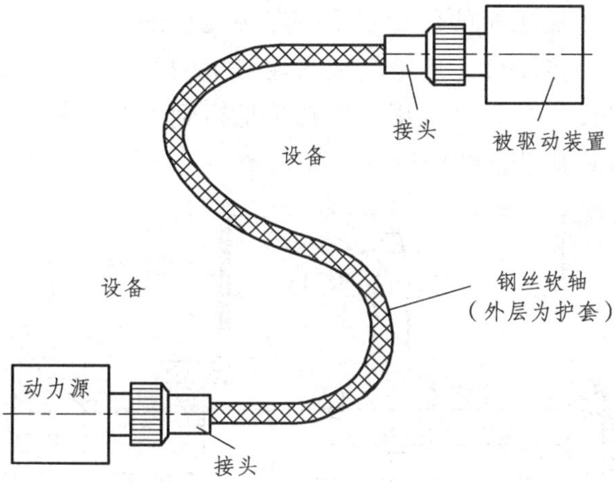

图 11.3　钢丝软轴的应用

直轴一般都制成实心的。在那些由于机器结构的要求而需在轴中装设其他零件或者减小轴质量的场合，则将轴制成空心的（图 11.4）。空心轴内径与外径的比值通常为 0.5 ~ 0.6，以保证轴的刚度及扭转稳定性。

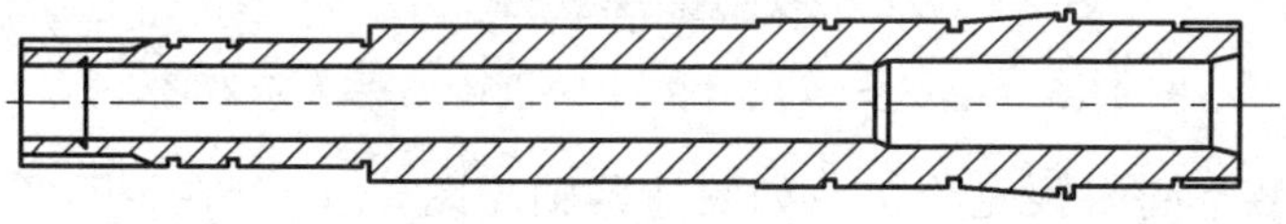

图 11.4　空心轴

根据截面形状不同可将轴分为圆形截面轴和非圆形截面轴。本章主要讨论常用的圆形截面阶梯轴的设计问题。

11.1.2　轴设计的主要内容和一般设计步骤

轴的设计也和其他零件的设计相似，包括结构设计和工作能力计算两方面的内容。

轴的结构设计是根据轴上零件的安装、定位以及轴的制造工艺等方面的要求，合理地确定轴的结构形式和尺寸。轴的结构设计不合理，会影响轴的工作能力和轴上零件的工作可靠性，还会增加轴的制造成本和轴上零件装配的难度等。因此，轴的结构设计是轴设计中的重要内容。

轴的工作能力计算指的是轴的强度、刚度和振动稳定性等方面的计算。多数情况下，轴的工作能力主要取决于轴的强度。这时只需对轴进行强度计算，以防止断裂或塑性变形。而对刚度要求高的轴（如车床主轴）和受力大的细长轴，还应进行刚度计算，以防止工作时产生过大的弹性变形。对高速运转的轴，还应进行振动稳定性计算，以防止发生共振而破坏。

轴的结构设计和计算要考虑其所支撑的轴上零件和轴承等，也就是说要根据整体结构来进行，具体如下：

情况 1：心轴或转轴的安装空间由已经确定的总体结构尺寸给定，如汽车心轴受汽车宽度限制或者是链式输送机的传动轴受到箱体宽度限制（图 11.5，B=315 mm）。对这类情形，轴承、轴上传动件（如链轮或齿轮等）的距离尺寸已确定或至少可以准确估计出，这样在初步设计时就可以用相对精确地得到的弯矩和转矩来足够精确地对轴进行设计计算，然后对其进行结构设计。

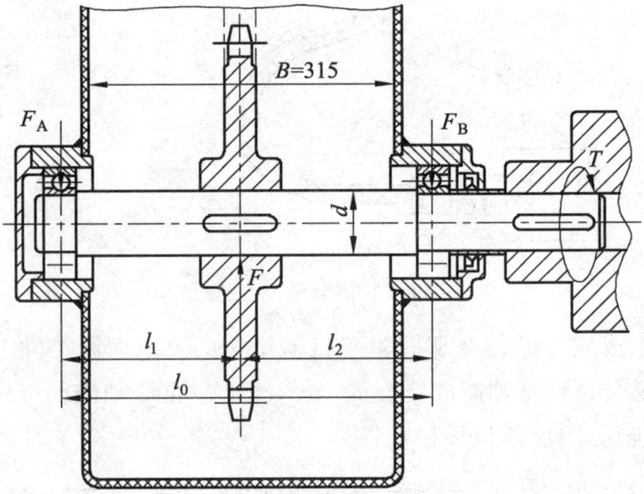

图 11.5　给定安装尺寸的输送机传动轴（示意图）

情况 2：安装空间未预先给定，如减速器轴（图 11.6）。在轴系零、部件的具体结构未确定之前，轴上力的作用点和支点间的跨距无法精确确定，故弯矩大小和分布情况不能求出。此时，轴的强度计算和轴系零、部件的结构设计必须交错进行，边画图，边计算，边修改。

具体步骤：选择轴的材料→结构设计（拟定轴上零件的装配方案、初步估算轴的最小直径、确定各轴段的直径和长度）→强度校核计算（必要时，进行轴的刚度计算或振动稳定性计算）→画出轴的零件工作图。设计过程详见例 11.1 及例 11.2。

11.2　轴的材料

轴的材料种类很多，设计时主要根据对轴的强度、刚度和其他机械性能等的要求，采用相应的热处理方式，同时考虑制造加工工艺性来选择轴的材料，力求经济合理。

轴的材料主要是碳素钢和合金钢。

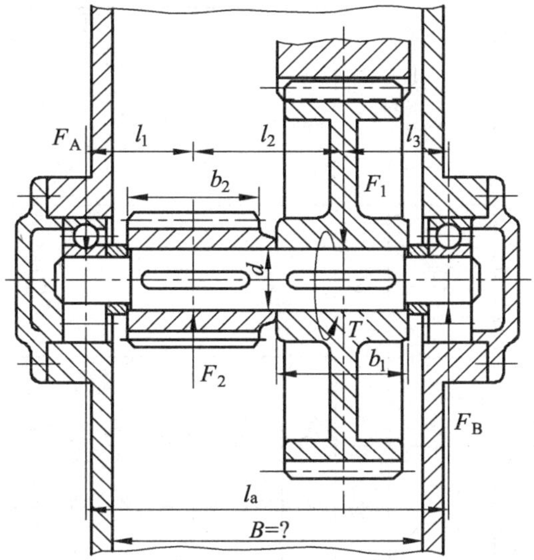

图 11.6　预先未知安装尺寸的传动转轴（示意图）

碳素钢强度虽然较合金钢低，但价格低廉，对应力集中的敏感性低，故应用较广。常用的碳素钢有 35、45 和 50 钢，其中以 45 钢最为常用。为保证其力学性能，应进行调质或正火等热处理。对于载荷不大或不重要的轴，也可用 Q235、Q275 等普通碳素钢，无须热处理。

合金钢比碳素钢具有更高的力学性能和更好的淬火性能，但对应力集中比较敏感，价格较贵。对于受载大并要求尺寸紧凑、质量轻或耐磨性要求较高的重要轴，或处于非常温或腐蚀条件下工作的轴，常采用合金钢。常用的合金钢有 20Cr、40Cr、20CrMnTi、35CrMo、40MnB 等。由于在一般工作温度下（低于 200 °C），合金钢与碳素钢的弹性模量相差无几，所以当其他条件相同时，用合金钢代替碳素钢并不能提高轴的刚度。

轴一般由轧制圆钢或锻件经切削加工制造。锻件的内部组织比较均匀强度较高，因此重要的轴以及大尺寸或阶梯尺寸变化较大的轴，应采用锻件毛坯。对于外形复杂的轴（如凸轮轴、曲轴）可采用高强度铸铁和球墨铸铁铸造。铸铁具有流动性好，易于铸造成形以获得形状复杂的零件，价格低廉，有良好的吸振性和耐磨性，以及对应力集中不敏感等优点。

表 11.2 中列出了轴的常用材料及其主要力学性能。

11.3　轴的结构设计

轴的结构设计包括定出轴的合理外形和全部结构尺寸。

由于需考虑的因素很多，轴的结构设计具有较大的灵活性和多样性。但是，不论何种具体条件，轴的结构都应满足：轴和装在轴上的零件要有准确的工作位置；轴上的零件应便于装拆和调整；轴应具有良好的制造工艺性；轴应受力合理，有利于提高强度和刚度等。

表 11.2　轴的常用材料及其主要力学性能

材料	牌号	热处理	毛坯直径/mm	硬度/HBS	抗拉强度极限 σ_b/MPa	屈服强度极限 σ_s/MPa	弯曲疲劳极限 σ_{-1}/MPa	扭转疲劳极限 τ_{-1}/MPa	许用弯曲应力$[\sigma_{-1}]$/MPa	备注
					不小于					
普通碳素钢	Q235A	热轧或锻后空冷	—	—	440	240	180	105	40	用于不重要或载荷不大的轴
优质碳素钢	45	正火 回火	≤100	170～217	600	300	240	140	55	应用最广泛
			>100～300	162～217	580	290	235	135		
		调质	≤200	217～255	650	360	270	155	60	
合金钢	40Cr	调质	≤100	241～286	750	550	350	200	70	用于载荷较大无很大冲击的重要轴
			>100～300	229～269	700	500	320	185		
	35SiMn（42SiMn）	调质	≤100	229～286	800	520	355	205	70	性能接近 40Cr，用于中小型轴
			>100～300	217～269	750	450	320	185		
	40MnB	调质	≤200	241～286	750	500	335	195	70	性能接近 40Cr，用于重要的轴
	40CrNi	调质	≤100	270～300	900	735	430	260	75	低温性能好，用于很重要的轴
			>100～300	240～270	785	570	370	210		
	38SiMnMo	调质	≤100	229～286	750	600	360	210	70	性能接近 40CrNi，用于重载荷轴
			>100～300	217～269	700	550	335	195		

续表

材料	牌号	热处理	毛坯直径 /mm	硬度 /HBS	抗拉强度极限 σ_b /MPa	屈服强度极限 σ_s /MPa	弯曲疲劳极限 σ_{-1} /MPa	扭转疲劳极限 τ_{-1} /MPa	许用弯曲应力 $[\sigma_{-1}]$/MPa	备注
					不小于					
合金钢	20Cr	渗碳 淬火 回火	15	表面 50～62HRC	850	550	375	215	60	用于要求强度和韧度较高的轴
			≤60		650	400	280	160		
	20CrMnTi		15	表面 50～62HRC	1 100	850	525	300	90	
	1Cr18Ni9Ti	淬火	≤60	≤192	550	220	205	120	45	用于在高、低温及强腐蚀状况下工作的轴
			>60～100		540	200	195	115		
			>100～200		500	200	185	105		
球墨铸铁	QT400-15	—	—	156～197	400	300	145	125	30	用于结构形状复杂的轴
	QT600-3	—	—	197～269	600	420	215	185	40	

注：1. 表中所列疲劳极限σ_{-1}值是按下列关系式计算的，供设计时参考。碳钢：$\sigma_{-1} \approx 0.43\sigma_b$；合金钢：$\sigma_{-1} \approx 0.2(\sigma_b+\sigma_s)+100$；不锈钢：$\sigma_{-1} \approx 0.27(\sigma_b+\sigma_s)$；$\tau_{-1}=0.156(\sigma_b+\sigma_s)$；$\tau_{-1}=0.156(\sigma_b+\sigma_s)$；球墨铸铁：$\sigma_{-1}=0.36\sigma_b$；$\tau_{-1} \approx 0.31\sigma_b$。

2. 1Cr18Ni9Ti（GB 1221—2007）可选用，但不推荐。

轴的结构设计时，一般已知装配简图、轴的转速、传递的功率及传动零件的类型和尺寸等。下面以单级减速器的高速轴（图 11.7）为例，说明轴的结构设计中要解决的几个主要问题。

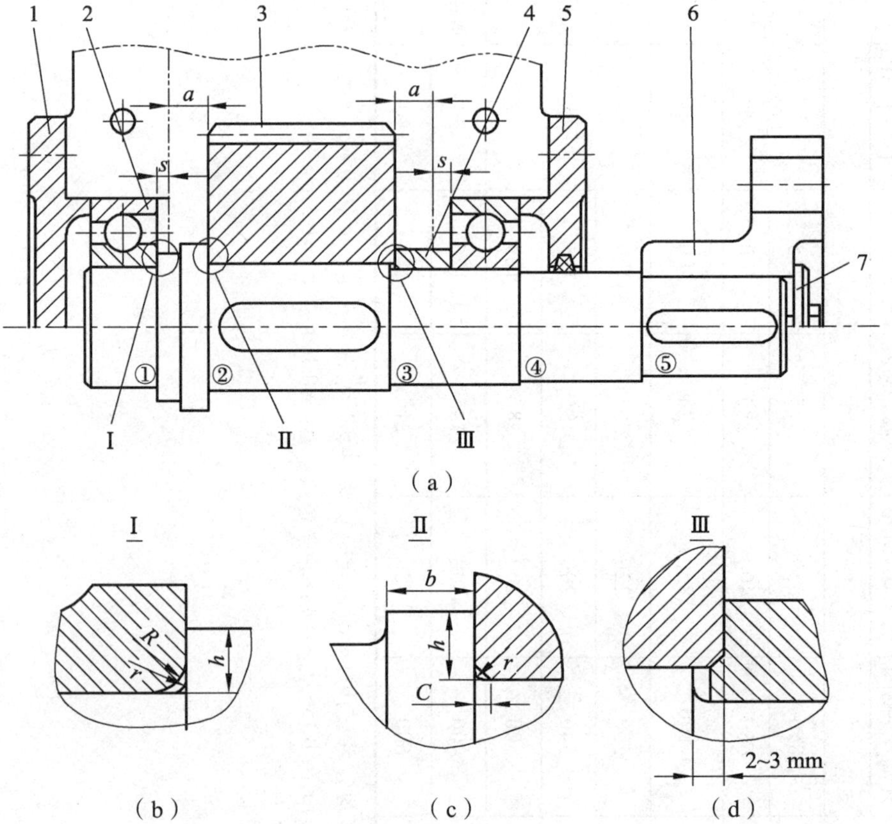

1，5—左、右轴承端盖；2—滚动轴承；3—齿轮；4—套筒；6—半联轴器；7—轴端挡圈。

图 11.7 单级减速器高速轴轴上零件装配方案与轴的结构

11.3.1 拟定轴上零件的装配方案

拟定轴上零件的装配方案是进行轴的结构设计的前提，它决定着轴的基本形式。所谓装配方案，就是预定出轴上主要零件的装配方向、顺序和相互关系。如图 11.7 所示的高速轴，该轴上安装的主要零件为齿轮、轴承和联轴器。为保证主要零件的正常工作还需要一些其他辅助零件，如套筒、键、轴承端盖和密封圈等。考虑到轴上零件的定位和固定以及便于加工装配等因素。将轴制成阶梯形，其直径自中间轴环向两端逐渐减小。轴上零件可从轴的左端、右端依次装配。由于受轴上零件的布置、定位和固定方式以及装配工艺等多种因素的影响，装配方案不止一种，应通过对比分析，择优选取。具体装配过程是：首先将平键 9 装在轴上，再从右端依次装入齿轮、套筒、右轴承，从左端装入左轴承，然后将轴置于减速器箱体的轴承孔中，装上左右轴承端盖，再装上平键 8，最后从右端安装半联轴器。

11.3.2 轴上零件的定位

为了防止轴上零件受力时发生沿轴向或周向的相对运动，轴上除了有游动或空转要求的零件外，都必须进行轴向和周向定位，以保证其准确的工作位置。

1. 零件的轴向定位

轴上零件的轴向定位方法有两类：一是利用轴本身的组成部分，如轴肩、轴环、圆锥面等；另一类是采用附件，如套筒、锁紧挡圈、圆螺母和止动垫圈、轴端挡圈及挡板、弹性挡圈、紧定螺钉等。

1）轴肩和轴环

阶梯轴上截面变化处叫轴肩，其结构简单，轴向定位方便可靠，能承受较大的轴向载荷，应用较多。如图 11.7 所示，轴肩①轴向定位滚动轴承，轴环②定位齿轮，轴肩⑤轴向定位联轴器。

2）套　筒

在轴的中部，当两个零件间距离较小时，常用套筒相对固定，如图 11.7 中的套筒。采用套筒定位，既能避免因用轴肩而使轴径增大，又可减少应力集中源，但套筒与轴的配合较松，不宜用于高速旋转。

3）圆螺母定位

当轴上相邻两零件间距较大，使用套筒定位会使套筒过长，这时可采用双圆螺母[图 11.8（a）]或圆螺母与止动垫片[图 11.8（b）]两种形式。这种固定方式能传递较大的轴向力且装拆方便，但螺纹处有很大的应力集中，为避免过多地削弱轴的强度，一般用细牙螺纹。这种结构也用于固定轴端的零件。

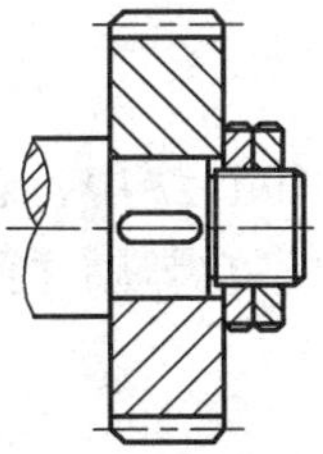
（a）双圆螺母

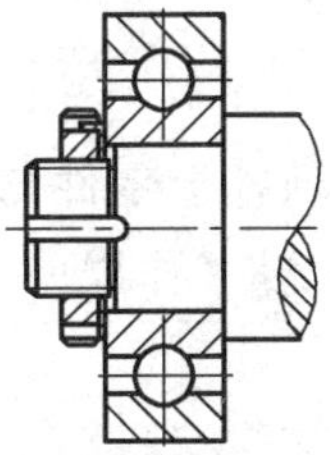
（b）圆螺母与止动垫圈

图 11.8　圆螺母定位

4）轴端挡圈和圆锥形轴头

在轴端部安装零件时，常采用这两种方法。轴端挡圈可采用单螺钉固定（图 11.7），为了防止轴端挡圈转动造成螺钉松脱，可加圆柱销锁定轴端挡圈[图 11.9（a）]，也可采用双螺钉加止动垫片防松[图 11.9（b）]等固定方法。由于圆锥形轴头与轮毂锥面连接（图 11.10）能使轴上零件与轴保持较高的同心度，轴上零件装拆方便，且可兼作周向固定，因此常用于有振动或冲击载荷的情况。

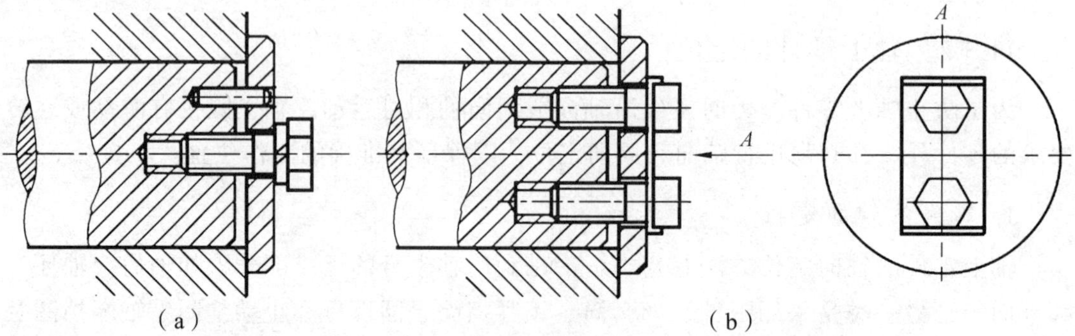

图 11.9　轴端挡圈

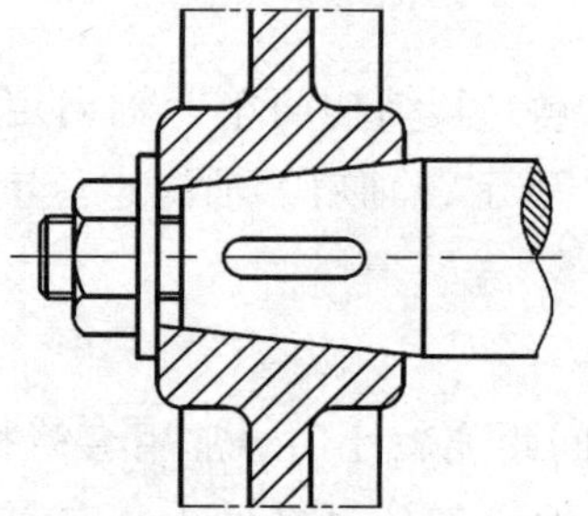

图 11.10　圆锥面定位

5）弹性挡圈、紧定螺钉与锁紧挡圈

弹性挡圈大多与轴肩联合使用，也可在零件两边各用一个挡圈[图 11.11（a）]，但只适用于轴向力不大的情况。轴上的沟槽引起应力集中，会削弱轴的强度。紧定螺钉（图 11.12）与锁紧挡圈（图 11.13）多用于光轴上零件的固定，优点是轴的结构简单，零件位置可以调整，紧定螺钉还可以兼作周向固定，但这种结构只能承受较小的力，而且不适用于高速转动的轴。

2. 零件的周向定位

周向定位的目的是限制轴上零件与轴发生相对转动。图 11.7 中，轴上齿轮用平键 9 作周向固定；联轴器用平键 8 作周向固定；滚动轴承内圈靠它与轴之间的过盈配合来实现周向固定。

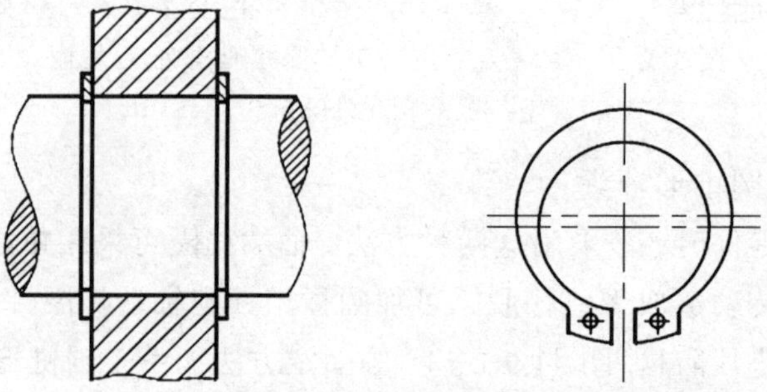

（a）定位处结构　　（b）轴用弹性挡圈

图 11.11　弹性挡圈定位图

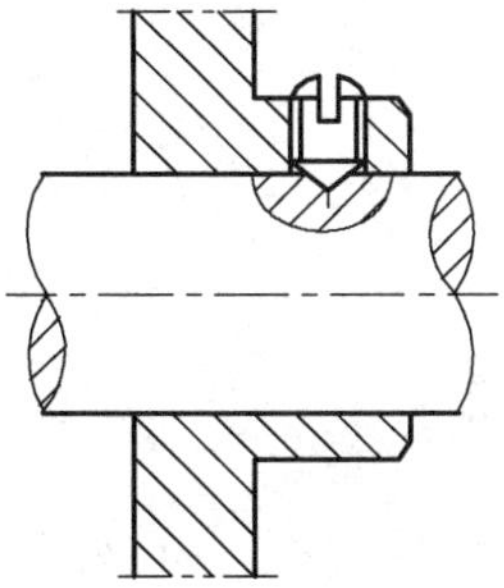

图 11.12　紧定螺钉

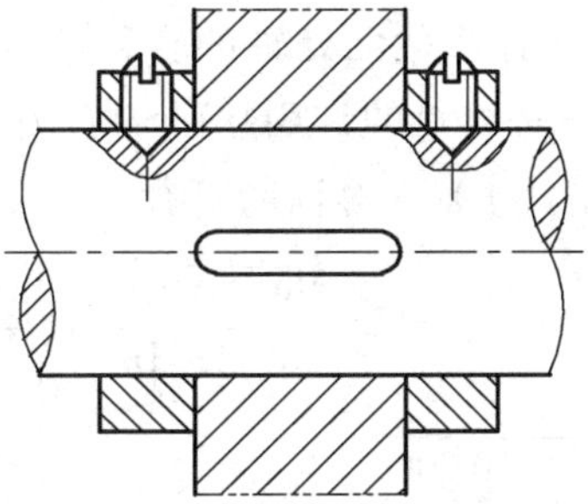

图 11.13　锁紧挡圈

常用的周向定位零件有键、花键、型面、弹性环胀紧、销、紧定螺钉及过盈配合等（图 11.14），其中紧定螺钉（图 11.12）只用在传力不大之处。

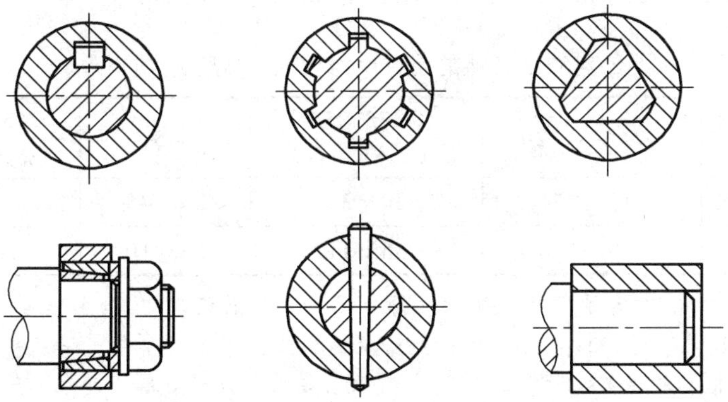

图 11.14　轴上零件的周向固定方法

11.3.3　初步估算轴的最小直径

零件在轴上的定位和装拆方案确定后，轴的形状便大体确定。各轴段所需的直径与轴上的载荷大小有关。初步确定轴的直径时，通常还不知道支反力的作用点，不能决定弯矩的大小与分布情况，因而还不能按轴所受的具体载荷及其引起的应力来确定轴的直径。但在进行轴的结构设计前，通常已能求得轴所受的扭矩。因此，可按轴所受的扭矩初步估算轴所需的直径。由材料力学可知，当实心圆轴受扭矩作用时，其强度条件为

$$\tau_T=\frac{T}{W_T}=\frac{9\,550\times10^3 P}{0.2d^3 n}\leqslant[\tau_T] \tag{11.1}$$

式中　τ_T——轴的扭转切应力（MPa）；

T——轴所受的扭矩（N·m）；

W_T——抗扭截面模量（mm^3）；

P——轴传递的功率（kW）；

n——轴的转速（r/min）；

d——计算截面处轴的直径（mm）；

$[\tau_T]$——材料的许用扭转切应力（MPa），见表 11.3。

由式（11.1）可得轴的直径

$$d \geqslant \sqrt[3]{\frac{955\,000P}{0.2[\tau_T]n}} = \sqrt[3]{\frac{955\,000P}{0.2[\tau_T]}}\sqrt[3]{\frac{P}{n}} = A_0\sqrt[3]{\frac{P}{n}} \tag{11.2}$$

$A_0 = \sqrt[3]{\frac{9\,550\,000}{0.2[\tau_T]}}$，查表 11.3，对于空心轴，则

$$d \geqslant A_0\sqrt[3]{\frac{P}{n(1-\beta^4)}} \tag{11.3}$$

式中　β——空心轴的内径 d_1 与外径 d 之比，$\beta = \frac{d_1}{d}$ 通常取 $\beta = 0.5 \sim 0.6$。

表 11.3　轴常用集中材料的 $[\tau_T]$ 及 A_0 值

轴的材料	Q235-A、20	Q275、35（1Cr18Ni9Ti）	45	45Cr、35SiMn 38SiMnMo、3Cr13
$[\tau_T]$/MPa	15 ~ 25	20 ~ 35	25 ~ 45	35 ~ 55
A_0	149 ~ 126	135 ~ 112	126 ~ 103	112 ~ 97

注：1. 表中 $[\tau_T]$ 值考虑了弯矩的影响而降低了许用扭转切应力。

2. 在下述情况时，$[\tau_T]$ 取较大值，A_0 取较小值：弯矩较小或只受扭矩作用、载荷较平稳、无轴向载荷或只有较小的轴向载荷、减速器的低速轴、轴只做单向旋转；反之 $[\tau_T]$ 取较小值，A_0 取较大值。

应当指出，当轴截面上开有键槽时，应增大轴径以考虑键槽对轴的强度的削弱。对于直径 $d > 100$ mm 的轴，有一个键槽时，轴径增大 3%；有两个键槽时，应增大 7%。对于直径 $d \leqslant 100$ mm 的轴，有一个键槽时，轴径增大 5% ~ 7%；有两个键槽时，应增大 10% ~ 15%。然后将轴径圆整为标准直径。

减速器的高速轴或低速轴，其外伸轴段直径为最小轴径。如果外伸轴是通过联轴器与电机或工作机相连，此时还需同时考虑联轴器的孔径要求，最终确定出 d_{min}。

11.3.4　各轴段直径和长度的确定

从初步确定的最小直径 d_{min} 开始，考虑轴上配合零件的标准尺寸、结构特点和定位、固定、装拆及受力情况等对轴结构的要求，依次确定各轴段（包括轴肩、轴环等）的直径。在具体设计时应注意以下几个方面：

（1）轴肩分定位轴肩（图 11.7 中的轴肩①②⑤）和非定位轴肩（轴肩③④）两类。为保证轴上零件能紧靠定位面，定位轴肩的圆角半径 r 必须小于相配零件毂孔端部的倒角 C_1 或圆角半径 R[图 11.7（a）、（b）]。轴肩的高度 h 必须大于 C_1 或 R，一般取 h 为（2 ~ 3）C_1 或（2 ~ 3）R。轴和轴上零件的倒角和圆角尺寸的常用范围见表 11.4。固定滚动轴承的轴肩高度 h 及圆角半径 r 应按滚动轴承的安装尺寸查取。至于非定位轴

肩，其直径变化仅为了装配方便或区别配合性质不同的表面（包括配合表面与非配合表面）以及加工精度、表面粗糙度值不同的表面，故轴肩高度 h 无严格要求，只要两轴段的直径稍有变化即可，一般直径差取 3 ~ 5 mm。

（2）安装标准件（如滚动轴承、联轴器、密封圈等）部位的轴径，应取与标准件孔径相一致的标准系列尺寸及所要求的配合公差。

（3）轴上螺纹部分必须符合螺纹标准。

（4）有配合要求的轴段，应尽量采用标准直径（表 11.5）。

（5）非配合的轴段，可不取标准尺寸，但一般应取成整数。

表 11.4　零件倒角 C 与圆角半径 R 的推荐值　　单位：mm

直径	>6 ~ 10		>10 ~ 18	>18 ~ 30	>30 ~ 50		>50 ~ 80	>80 ~ 120	>120 ~ 180
C 或 R	0.5	0.6	0.8	1	1.2	1.6	2	2	3

表 11.5　标准直径尺寸系列　　单位：mm

10	12	14	16	18	20	22	24	25	26	28
30	32	34	36	38	40	42	45	48	50	53
56	60	63	67	71	75	80	85	90	95	100

注：该表摘自 GB 2822—2005。

轴的各段长度主要是根据各零件与轴配合部分的轴向尺寸和相邻零件间必要的空隙（如图 11.7 中尺寸 a、C、s）来确定的。设计时应尽可能使结构紧凑，并注意以下几点：

（1）轴上零件（如齿轮和联轴器）靠套筒、圆螺母或轴端挡圈轴向固定时，为了保证轴向定位可靠，与轴上零件相配合部分的轴段长度一般应比轮毂长度短 2 ~ 3 mm，如图 11.7（d）所示。

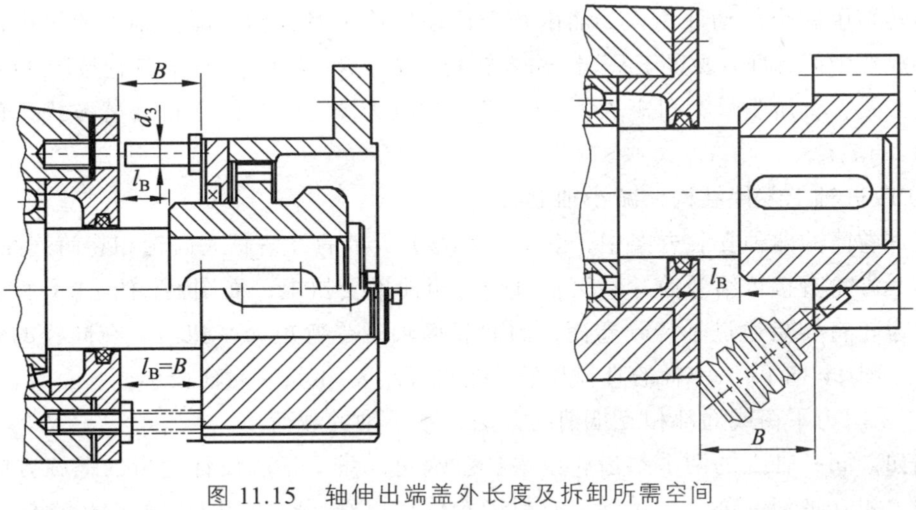

图 11.15　轴伸出端盖外长度及拆卸所需空间

（2）轴段长度的确定应考虑轴上各零件之间的相互关系和装拆工艺要求。如图 11.15 中的轴伸出端盖外长度 l_B 需按拆卸所需空间尺寸 B 来确定。具体尺寸可查机械设计手册。

（3）轴环宽度一般可取 $b=(0.1\sim0.15)d$ 或 $b\approx1.4h$ [图 11.7（c）]，并圆整为整数。

11.3.5 提高轴的强度和刚度的常用措施

工程上提高轴的强度和刚度的常规办法有：改用高强度钢，提高轴的强度；加大轴的直径，提高轴的强度和刚度。但加大直径使零件尺寸增大及质量增加，导致整个设备质量增加。因此，应重点在轴和轴上零件的结构、工艺以及轴上零件的安装布置上采取相应的措施，以提高轴的承载能力。

1. 采取相应措施以减小轴的载荷

1）合理设计轴的支点位置，提高轴的强度和刚度

锥齿轮传动中，通常小齿轮悬臂布置[图 11.16（a）]。若改为简支结构[图 11.16（b）]，则不仅可提高轴的强度和刚度，还可以改善锥齿轮的啮合状况[但从结构设计来讲，不及图 11.17（a）简便，故一般不被采用]。此外，一对角接触向心轴承支承的轴，零件悬臂布置时采用轴承“反装”结构，可减小悬臂长度；零件简支布置时采用轴承“正装”结构，可缩短支承跨度。这些都有利于提高轴的强度和刚度。

（a）　　　　（b）

图 11.16　小锥齿轮轴承支承方案简图

2）合理布置轴上零件，减小轴的载荷

当转矩由一个传动件输入，而由几个传动件输出时，为了减小轴上的扭矩，应将输入件放在中间，而不要置于一端。输入转矩为 $T_1=T_2+T_3+T_4$，轴上各轮按图 11.17（a）的布置方式，轴所受最大扭矩为 $T_2+T_3+T_4$，如改为图 11.17（b）的布置方式，最大扭矩仅为 T_3+T_4。

3）改进轴上零件结构，减小轴上载荷

起重卷筒的两种安装方案中，图 11.18（a）所示的方案是大齿轮和卷筒连在一起，转矩经大齿轮直接传给卷筒，卷筒轴只受弯矩而不受扭矩；而图 11.18（b）所示的方案是大齿轮将转矩通过轴传到卷筒，因而卷筒轴既受弯矩又受扭矩。在同样的载荷 F 作用下，图 11.18（a）中轴的直径显然可比图 11.18（b）中的轴径小。

4）采用力平衡或局部相互抵消的办法，减小轴的载荷

例如，同一轴上的两个斜齿轮或蜗杆、蜗轮，只要正确设计轮齿的螺旋方向，可使轴向力相互抵消一部分。单独一对斜齿轮传动，必要时可用人字齿轮传动代替，使

轴向力内部抵消。又如，行星轮减速器，可以对称布置行星轮，使太阳轮轴只受转矩不受弯矩。

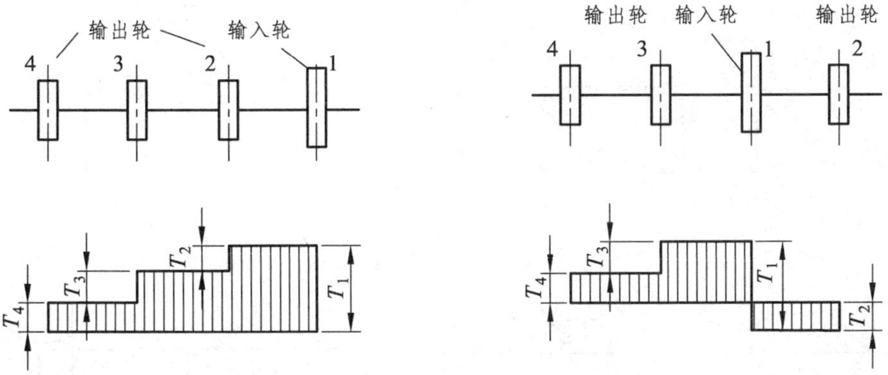

（a）不合理的布置　　　　（b）合理的布置

图 11.17　轴上零件的布置

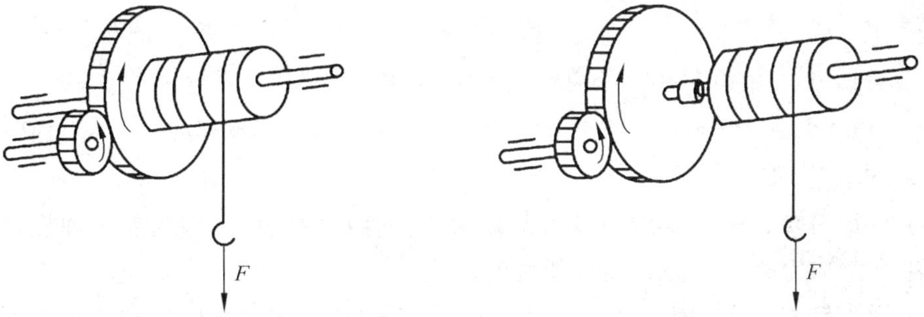

（a）　　　　（b）

图 11.18　起重卷筒的两种安装方案

5）优先采用固定心轴

相对于转动心轴，固定心轴的载荷状况更好。

2. 改进轴的结构以减小应力集中的影响

轴通常是在变应力条件下工作的，轴的截面尺寸发生突变处要产生应力集中，轴的疲劳破坏往往在此处发生。为了提高轴的疲劳强度，应尽量减少应力集中源和降低应力集中的程度。

（1）相邻阶梯的轴径比 D/d 不能超过 1.4。同时，轴肩处应采用较大的过渡圆角半径 r 来降低应力集中。一般取 $r=d/20\sim d/10$。但对定位轴肩，还必须保证零件得到可靠的定位。当靠轴肩定位的零件的圆角半径很小时（如滚动轴承内圈的圆角），为了增大轴肩处的圆角半径，可采用内凹圆角[图 11.19（a）]或加装隔离环[图 11.19（b）]的方法。

（2）当轴与轮毂为过盈配合时，配合边缘处会产生较大的应力集中[图 11.20（a）]。为了减小应力集中，可在轮毂上或轴上开减载槽[图 11.20（b）、（c）]，或者加大配合部分的直径[图 11.20（d）]。由于配合的过盈量越大，引起的应力集中也越严重，因而在设计中应合理选择轮毂与轴的配合。

（a）　　　　　　　　　　　　　　（b）

图 11.19　轴肩过渡结构

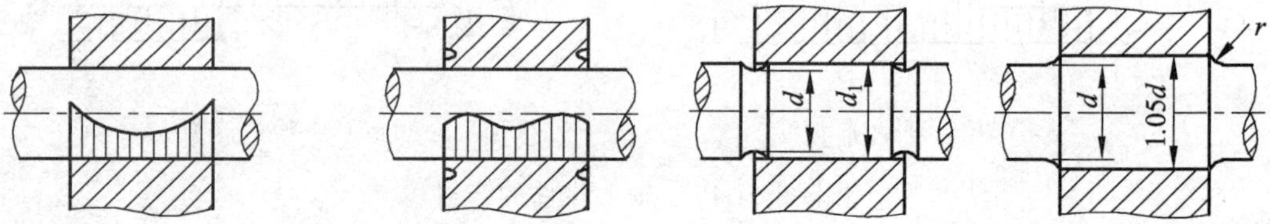

（a）过盈配合处的应力集中　（b）轮毂上开减载槽　（c）轴上开减载槽　（d）增大配合处直径

图 11.20　轮毂配合处的应力集中及其降低方法

注：图（b）应力集中系数 K_0 减小 15%～25%，图（c）$d_1=(1.06\sim1.08)d$（K_σ 约减小 40%），图（d）$r>(0.1\sim0.2)d$（K_σ 减小 30%～40%）。

（3）尽量避免在轴上受应力较大部位采用弹性挡圈定位。因为安装弹性挡圈的槽会产生很大的应力集中，提高疲劳断裂的危险。

（4）用盘铣刀加工的键槽比用键槽铣刀加工的键槽在过渡处对轴的截面削弱较为平缓，因而应力集中较小。渐开线花键比矩形花键在齿根处的应力集中小，在轴的结构设计时应多加考虑。此外，由于切制螺纹处的应力集中较大，故应尽可能避免在轴上受载较大的区段切制螺纹。

3. 改进轴的表面质量以提高轴的疲劳强度

轴的表面粗糙度和表面强化处理方法也会对轴的疲劳强度产生影响。轴的表面越粗糙，疲劳强度也越低。因此，应合理减小轴的表面及圆角处的加工粗糙度值。当采用对应力集中甚为敏感的高强度材料制作轴时，表面质量尤应予以注意。

对配合轴段进行表面强化处理，可有效提高轴的抗疲劳能力。表面强化处理的方法有表面高频淬火等热处理，表面渗碳、氰化、氮化等化学热处理，碾压、喷丸等强化处理。通过碾压、喷丸进行表面强化处理时，可使轴的表层产生预压应力，从而提高轴的抗疲劳能力。

4. 采用空心轴，提高轴的刚度

采用空心轴对提高轴的刚度、减小轴的质量具有显著的作用。由计算知，内外径之比为 0.6 的空心轴与质量相同的实心轴相比，截面系数可增大 70%。

11.3.6 轴的结构工艺性

轴的结构工艺性是指轴的结构形式应便于加工和装配轴上的零件，并且生产率高，成本低。一般来说，轴的结构越简单，工艺性越好。因此，在满足使用要求的前提下，轴的结构形式应尽量简化。设计时应注意以下几方面问题：

（1）轴的直径变化应尽可能少，尽量限制轴的最大直径及各轴段间的直径差，这样既能简化结构、节省材料，又可减少切削量。

（2）为了便于装配零件并去掉毛刺，各段轴端应制出45°的倒角；需要切制螺纹的轴段，应留有退刀槽[图 11.21（a）]。需要磨削加工的轴段，应留有砂轮越程槽，这样便于砂轮自由退出[图 11.21（b）及图 11.22（a）砂轮越程槽 E]。如轴肩表面也需磨削，可考虑如图 11.22（b）所示的砂轮越程槽（形状 F）。它们的尺寸可参看标准或手册。

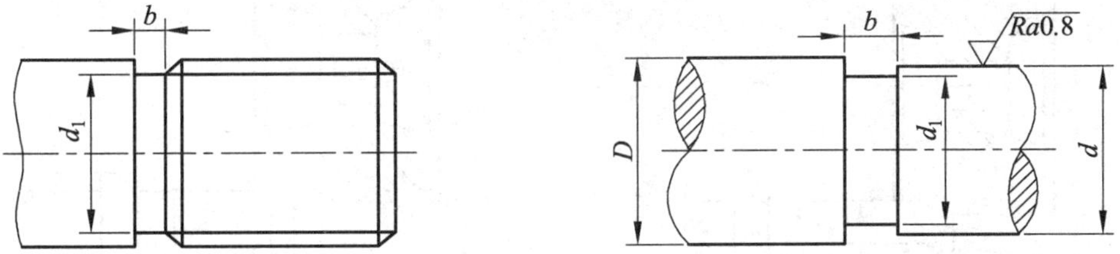

（a）螺纹退刀槽　　（b）砂轮越程槽

图 11.21　螺纹退刀槽和砂轮越程槽

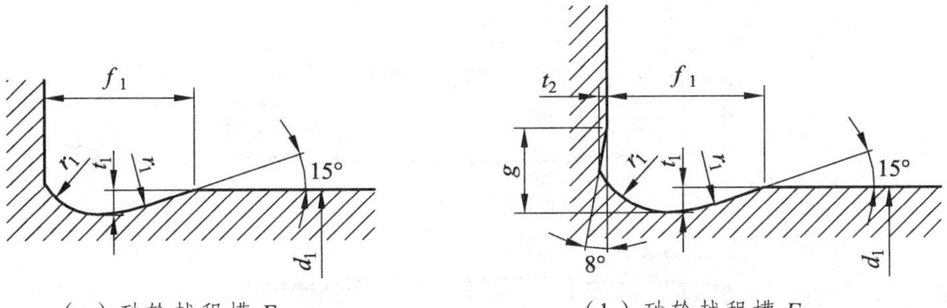

（a）砂轮越程槽 *E*　　（b）砂轮越程槽 *F*

图 11.22　砂轮越程槽

（3）为使滚动轴承便于拆卸，其定位轴肩（图 11.7 中的轴肩①）高度必须低于轴承内圈端面的高度，以便拆卸轴承，轴肩的高度可查手册中轴承的安装尺寸。如果轴肩高度无法降低，则应在轴上开槽，便于放入拆卸器的钩头，如图 11.23 所示。

（4）为了使与轴过盈配合的零件易于装配，相配轴段的压入端应制出锥度（图 11.24），或在同一轴段的两个部位上采用不同的尺寸公差（图 11.25）。

（5）设计时使轴上的键槽靠近传动件装入一侧，以便于装配时轮毂上的键槽易与轴上的键对准，如图 11.26（a）所示，Δ=1 ~ 3 mm。图 11.26（b）的结构不正确，因 Δ 值过大而对准困难，同时，键槽开在轴的过渡圆角处会加重应力集中。为了减少装夹工件的时间，同一轴上不同轴段的键槽应布置在轴的同一母线上

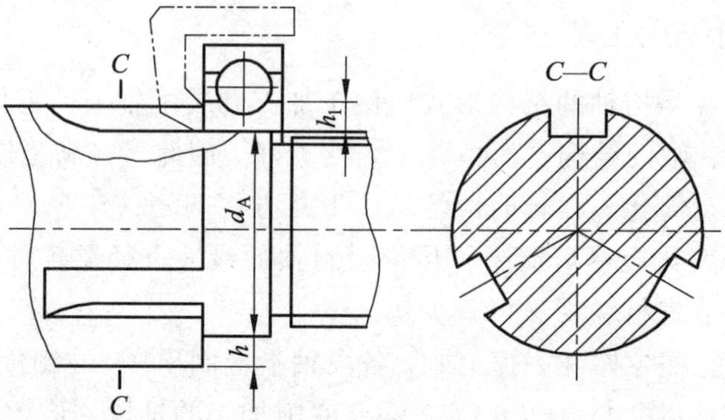

图 11.23　高定位轴肩处的开槽结构

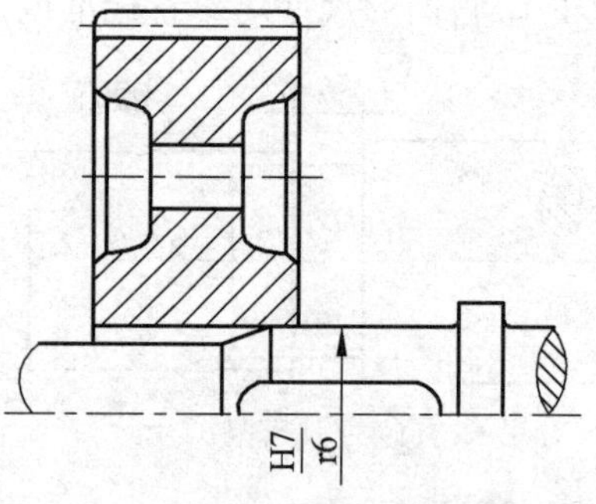

图 11.24　轴的装配锥度图

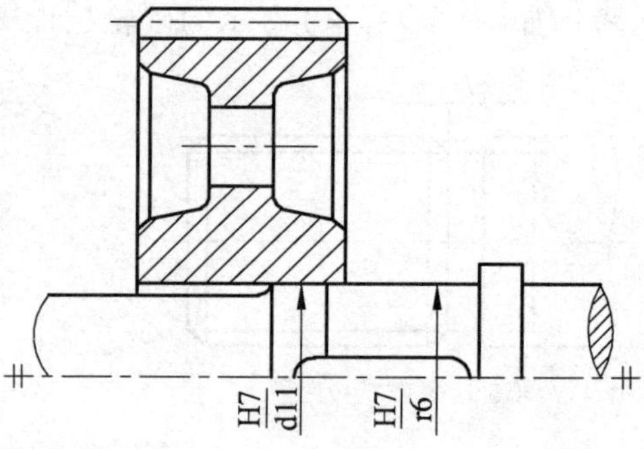

图 11.25　采用不同的尺寸公差

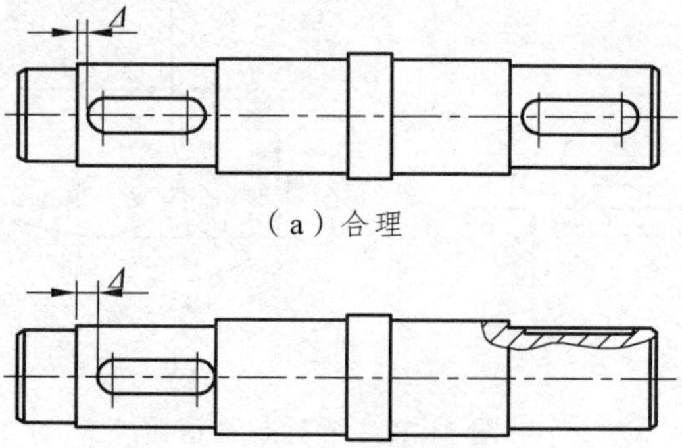

（a）合理

（b）不合理

图 11.26　键槽的合理布置

（6）为了减少加工刀具种类和提高劳动生产率，轴上直径相近处的圆角、倒角、键槽宽度、砂轮越程槽宽度和退刀槽宽度等应尽可能采用相同的尺寸。

例 11.1　某化工设备中的输送装置，运转平稳，工作转矩变化很小，以圆锥-圆柱齿轮减速器作为减速装置，其简图如图 11.27 所示，试对该减速器的输出轴进行结构设计。已知输入轴与电机、输出轴与工作机均通过弹性柱销联轴器连接；输出轴旋转方向从左向右看为顺时针，单向旋转；电动机型号为 Y160M-6；两级齿轮传动均为 8 级精度。

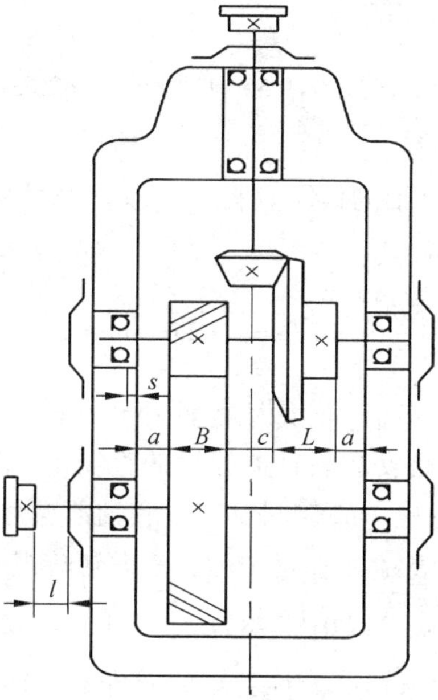

图 11.27　圆锥-圆柱齿轮减速器简图

齿轮机构的参数列于表 11.6。

表 11.6　减速器齿轮机构参数

级别	Z_1	Z_2	m_n / mm	m_t / mm	β	α	h_a^*	齿宽
高速级	20	75		3.5		20°	1	大锥齿轮轮毂长 L=40 mm
低速级	23	95	4		8°06′34″			b_1=85 mm，b_2=80 mm

解： 1. 确定输出轴运动和动力参数

1）确定电动机额定功率 P 和满载转速

由 Y160M-6，查标准 JB/T 10391—2002

$$P = 7.5\ \text{kW},\ n_1 = 970\ \text{r/min}$$

2）确定相关件效率

若取弹性柱销联轴器效率 $\eta_1 = 0.995$，锥齿轮啮合效率 $\eta_2 = 0.96$，圆柱齿轮啮合效率 $\eta_3 = 0.97$，一对滚动轴承的效率 $\eta_4 = 0.98$。则电动机-输出轴总效率

$$\eta = \eta_1 \cdot \eta_2 \cdot \eta_3 \cdot \eta_4^2 = 0.995 \times 0.96 \times 0.97 \times 0.98^2 = 0.89$$

3）输出轴的输入效率 P_3

$$P_3 = P\eta = 7.5 \times 0.89\ \text{kW} = 6.68\ \text{kW}$$

4）输出轴的转速 n_3

$$n_3 = n_1 / i = 970 \times 20 \times 23 / (75 \times 95)\ \text{r/min} = 62.62\ \text{r/min}$$

5）输出轴上输入转矩 T_3

$$T_3 = 9.55 \times 10^6 P_3 / n_3 = 9.55 \times 10^6 \times 6.68 / 62.62\ \text{N} \cdot \text{mm} = 1\,018\,748\ \text{N} \cdot \text{mm}$$

2. 初步确定轴的最小直径

先按式（11.2）初步估算轴的最小直径。选取轴的材料为 45 钢，调质处理。根据表 11.3，取 $A_0 = 110$，于是得

$$d_{0\min} = A_0 \sqrt[3]{P/n} = 110\sqrt[3]{6.68/62.62}\text{mm} = 52.17\ \text{mm}$$

单键槽轴径应增大 5% ~ 7%，即增大至 $54.78 \sim 55.82\ \text{mm}$。

输出轴的最小直径显然是安装联轴器处轴的直径 d_{12} [图 11.28（a）]。为了使轴的直径 d_{12} 与联轴器的孔径相适应，故需同时选取联轴器型号。

联轴器的计算转矩 $T_{ca} = K_A T_3$，查表 10.2，考虑到转矩变化很小，故取 $K_A = 1.3$，则

$$T_{ca} = K_A T_3 = 1.3 \times 1\,018\,748\ \text{N} \cdot \text{mm} = 1\,324.372\ \text{N} \cdot \text{mm}$$

按照计算转矩 T_{ca} 应小于联轴器公称转矩的条件，查标准 GB/T 5014—2003 或手册，选用 LX4 型弹性柱销联轴器，其公称转矩为 $2\,500\ \text{N} \cdot \text{m}$，许用转速 $3\,870\ \text{r/min}$，满足使用要求。半联轴器的孔径 $d_r = 55\ \text{mm}$，故取 $d_{12} = 55\ \text{mm}$，半联轴器与轴配合的毂孔长度 $L_1 = 84\ \text{mm}$。

3. 轴的结构设计

1）拟定轴上零件的装配方案

如图 11.28 所示，齿轮可分别从轴的左右两端安装。但从右安装[图 11.28（b）]比从左安装[图 11.28（a）]其轴向定位的套筒长，质量大，故图 11.28（a）所示方案较为合理。

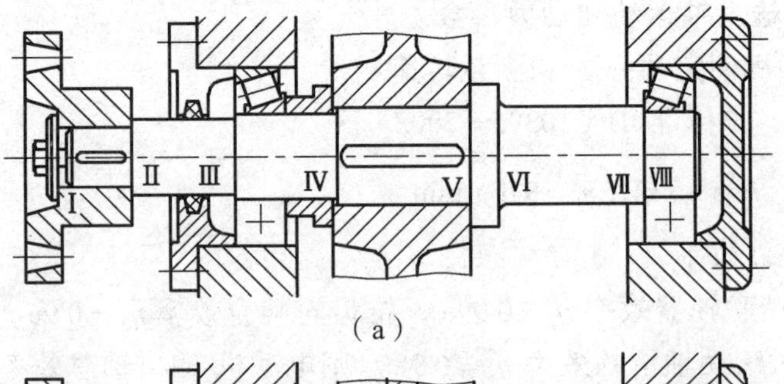

（a）

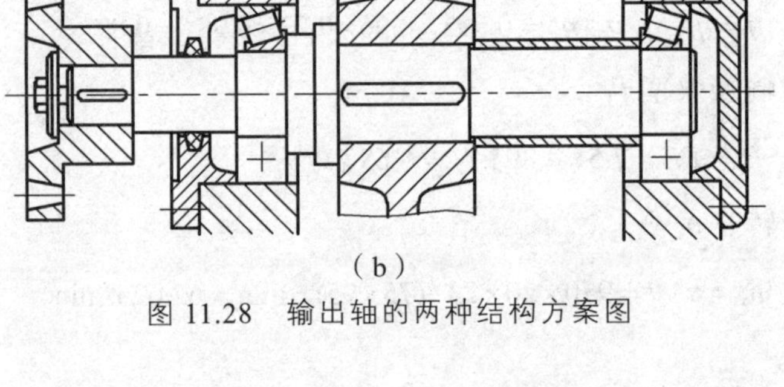

（b）

图 11.28 输出轴的两种结构方案图

2）确定各轴段的尺寸

如图 11.28（a）所示，为方便表述，记轴的左端面为Ⅰ，并从左向右每个截面变化处依次标记为Ⅱ、Ⅲ…，对应每轴段的直径和长度则分别记为 d_{12}、d_{23}…和 L_{12}、L_{23}…各轴段尺寸计算过程见表 11.7。

表 11.7　轴的结构设计

轴段号	径向尺寸 d_i 的确定	轴向尺寸 L_i 的确定
Ⅰ-Ⅱ	d_{12}——装联轴器处直径 $d_{12}=55\ \mathrm{mm}$	半联轴器与轴配合的毂孔长度 $L_1=84$，为保证半联轴器轴向定位的可靠性，L_{12} 应略小于 L_1，取 $L_{12}=82\ \mathrm{mm}$
Ⅱ-Ⅲ	d_{23}——联轴器轴向固定轴肩 直径变化 5～10 mm，并考虑密封件的尺寸，取 $d_{23}=65\ \mathrm{mm}$	参见图 11.28（a），轴承端盖的总厚度（由结构设计确定）为 20 mm，为便于轴承端盖的拆卸及对轴承添加润滑剂，取端盖外端面与半联轴器右端面间的距离 $l=30\ \mathrm{mm}$，$L_{23}=l+20\ \mathrm{mm}=50\ \mathrm{mm}$
Ⅲ-Ⅳ	d_{34}——装轴承处直径 取 $d_{34}=d_{78}>d_{23}$，查轴承样本，选用型号为 30314 的单列圆锥滚子轴承，其内径 $d=70\ \mathrm{mm}$，外径 $D=150\ \mathrm{mm}$，宽度 $T=38\ \mathrm{mm}$，故取 $d_{34}=d_{78}=70\ \mathrm{mm}$	$a=16\ \mathrm{mm}$，根据轴承 $dn=70\times 62.62=4\,383.4\ \mathrm{mm\cdot r\cdot min^{-1}}$，选择其润滑方式为脂润滑，为了便于安放挡油环，故取 $s=8\ \mathrm{mm}$，则 $L_{34}=T+s+a+(B-L_{45})$ $=[38+8+16+(80-78)]\mathrm{mm}=64\ \mathrm{mm}$
Ⅳ-Ⅴ	d_{45}——装齿轮处直径 为便于齿轮装拆，d_{45} 应略大于 d_{34}，取标准直径 $d_{45}=75\ \mathrm{mm}$	为使套筒端面可靠地压紧齿轮，L_{45} 应略小于齿轮轮毂的宽度 $B=80\ \mathrm{mm}$，取 $L_{45}=78\ \mathrm{mm}$
Ⅴ-Ⅵ	d_{56}——轴环直径 $d_{56}=d_{45}+2h$，齿轮的定位轴肩高度取 $h=5\ \mathrm{mm}$，则 $d_{56}=85\ \mathrm{mm}$	L_{56} 由轴环宽度确定，$b\approx 1.4h=1.4\times 6\ \mathrm{mm}=8.4\ \mathrm{mm}$，取 $L_{56}=10\ \mathrm{mm}$
Ⅵ-Ⅶ	d_6——轴承轴向固定轴肩直径 查轴承 30314 安装尺寸 $d_a=82\ \mathrm{mm}$ $d_6=d_a=82\ \mathrm{mm}$	参见图 11.29，$c=20\ \mathrm{mm}$，则 $L_{67}=c+L+a+s-L_{56}-9$ $=(20+50+16+8-10-9)\mathrm{mm}=75\ \mathrm{mm}$
Ⅶ-Ⅷ	d_{78}——装左轴承处直径 同一轴上两轴承型号相同，$d_{78}=d_{34}=70\ \mathrm{mm}$	$L_{78}=9+(T-2)=45\ \mathrm{mm}$

3）轴上零件的周向定位

齿轮、半联轴器与周向定位均采用平键连接。按 d_{45} 由表 3.1 查得平键截面 $b\times h=20\ \mathrm{mm}\times 12\ \mathrm{mm}$，键槽用键槽铣刀加工，长为 63 mm，同时为了保证齿轮与轴配合有良好的对中性，故选择齿轮轮毂与轴的配合为 H7/n6。同样，半联轴器与轴的连接，选用平键为 $16\ \mathrm{mm}\times 10\ \mathrm{mm}\times 70\ \mathrm{mm}$，半联轴器与轴的配合为 H7/k6。滚动轴承与轴的周向定位是由过渡配合来保证的，此处选轴的直径尺寸公差为 k5。

4）确定轴上圆角和倒角尺寸

参考表 11.4，取轴端倒角为 2×45°，各轴肩处的圆角半径如图 11.29 所示。

4. 绘制轴的结构装配草图

根据计算结果，绘制好的轴的结构装配草图如图 11.29 所示。

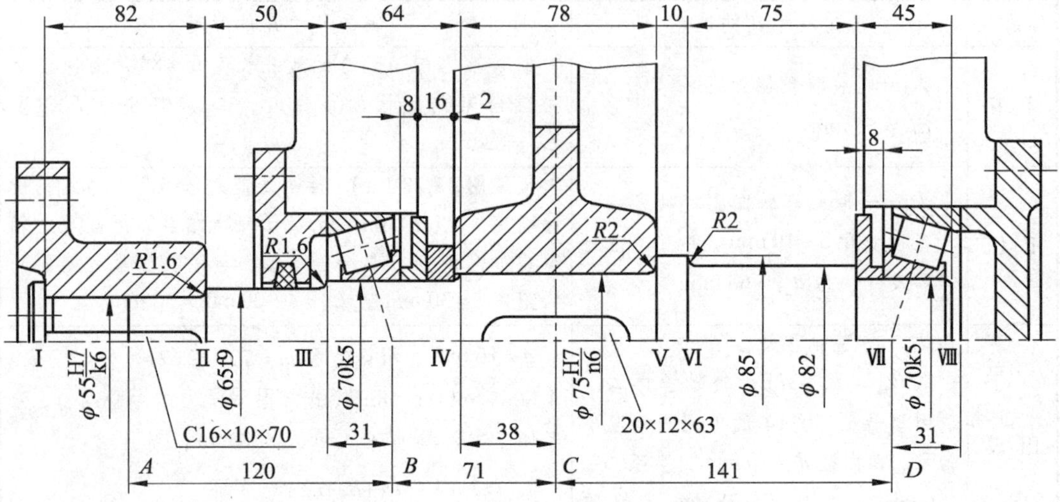

图 11.29　轴的结构与装配草图

11.4　轴的计算

轴的计算通常都是在初步完成结构设计后进行校核计算，计算准则是满足轴强度或刚度要求，必要时还应校核轴的振动稳定性。

11.4.1　轴的强度校核计算

进行轴的强度校核计算时，应根据轴的具体受载及应力情况，采取相应的计算方法，并恰当地选取其许用应力。对于仅仅（或主要）承受扭矩的轴（传动轴），应按扭转强度条件计算；对于只承受弯矩的轴（心轴），应按弯曲强度条件计算；对于既承受弯矩又承受扭矩的轴（转轴），应按弯扭合成强度条件进行计算，需要时还应按疲劳强度条件进行精确校核。此外，对于瞬时过载很大或应力循环不对称性较为严重的轴，还应按峰尖载荷校核其静强度，以免产生过量的塑性变形。下面介绍几种常用的计算方法。

1. 按扭转强度条件计算

扭转强度条件用于传动轴的强度计算；对于转轴，通常用这种方法初步估算轴径，经结构设计后再对其进行弯扭合成强度校核。对于不太重要的轴，也可作为最后计算结果。实心圆轴的扭转强度条件和设计公式分别为式（11.1）和式（11.2）。

2. 按弯扭合成强度条件计算

通过轴的结构设计，轴的主要结构尺寸，轴上零件的位置，以及外载荷和支反力的作用位置均已确定，轴上的载荷（弯矩和扭矩）已可以求得，因而可按弯扭合成强度条件对轴进行强度校核计算。一般的轴用这种方法计算即可。其计算步骤如下：

1）绘出轴的计算简图（即力学模型）

轴所受的载荷是从轴上零件（齿轮、带轮）传来的。计算时，常将轴上零件沿装配宽度的分布载荷简化为集中力，并视为作用在轮毂宽度的中点上；作用在轴上的扭矩，一般从传动件轮毂宽度的中点算起；略去轴和轴上零件的自重；通常将轴上轴承视为铰链，支座反力作用在铰链上，其作用点的位置与轴承的类型和布置方式有关，可按图 11.30 来确定。图中的 a 值可查滚动轴承样本或手册，e 值与滑动轴承的宽径比 B/d 有关。当 $B/d \leqslant 1$ 时，取 $e=0.5B$；当 $B/d>1$ 时，取 $e=0.5D$，但不小于 $(0.25\sim0.35)B$；对于调心轴承，$e=0.5B$。

2）求出轴上受力零件的载荷

选定坐标系，求出轴上受力零件的载荷（若为空间力系，应把空间力分解为圆周力、径向力和轴向力，然后把它们全部转化到轴上），并将其分解为水平分力和垂直分力，如图 11.31（a）所示。然后求出各支承处的水平反力 F_{NH} 和垂直反力 F_{NV} [轴向反力可表示在适当的面上，图 11.31（c）是表示在垂直面上，故标以 F'_{NV1}]。

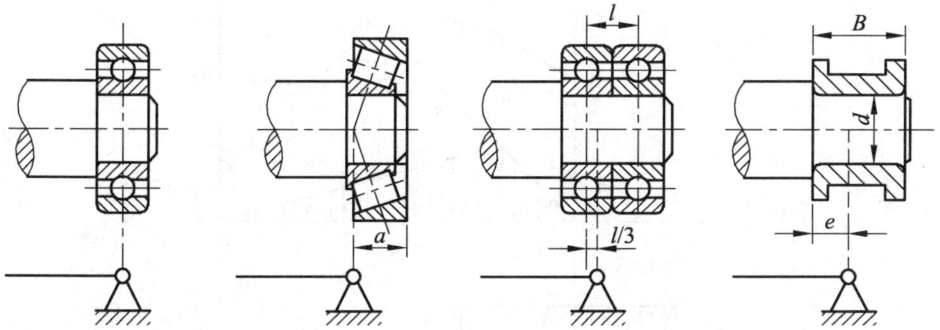

（a）向心轴承　（b）向心推力轴承　（c）并列向心轴承　（d）滑动轴承

图 11.30　轴的支座反力作用点

3）作出弯矩图

根据上述简图，分别按水平面和垂直面计算各力产生的弯矩，并按计算结果分别做出水平面上的弯矩 M_H 图[图 11.31（b）]和垂直面上的弯矩 MV 图[图 11.31（c）]；然后按式（11.4）计算总弯矩并作出弯矩图[图 11.31（d）]。

$$M=\sqrt{M_H{}^2+M_V{}^2} \tag{11.4}$$

4）作出扭矩图

扭矩图如图 11.31（e）所示。

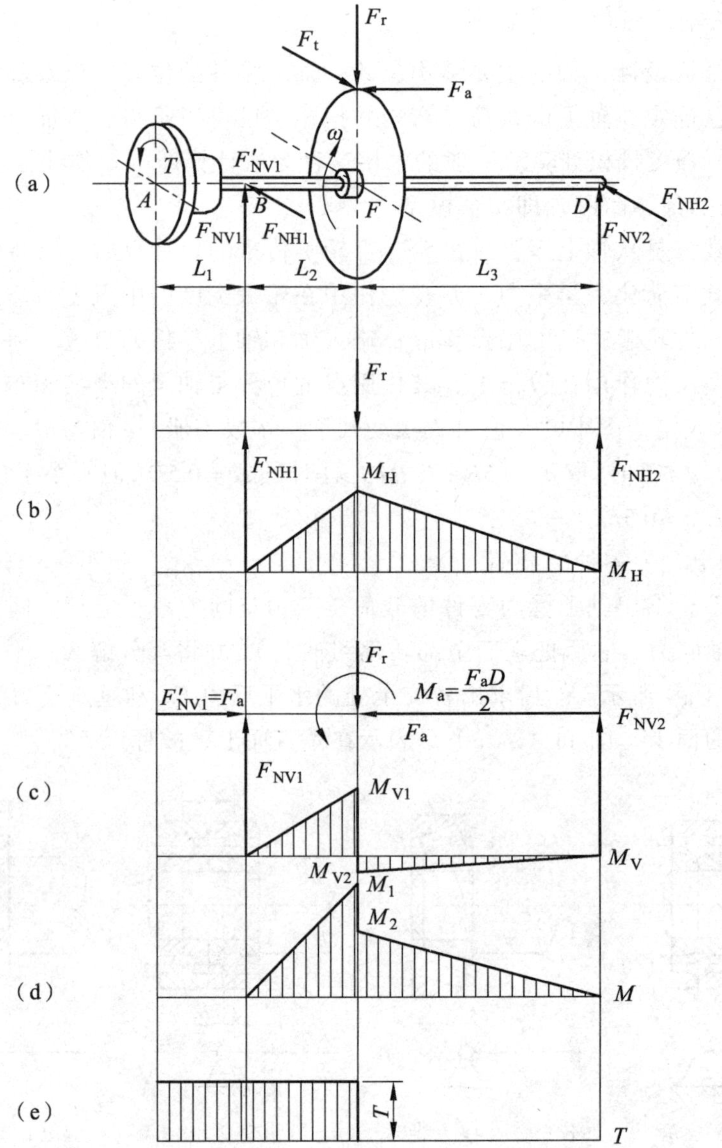

图 11.31　轴的载荷分析图

5）校核轴的强度

已知轴的弯矩和扭矩后，可针对某些危险截面（即弯矩和扭矩大而轴径可能不足的截面）做弯扭合成强度校核计算。按第三强度理论，计算应力

$$\sigma_{ca}=\sqrt{\sigma^2+4\tau^2} \tag{11.5}$$

通常由弯矩所产生的弯曲应力 σ 是对称循环应变力，而由扭矩所产生的扭转切应力 τ 则常常不是对称循环变应力。为了考虑两者循环特性不同的影响，引入折合系数 α，则计算应力为

$$\sigma_{ca}=\sqrt{\sigma^2+4(\alpha\tau)^2} \tag{11.6}$$

式中的弯曲应力为对称循环应变力。当扭转切应力为静应力时，取 $\alpha\approx0.3$；当扭转切应力为脉动循环变应力时，取 $\alpha\approx0.6$；若扭转切应力亦为对称循环变应力时，则取 $\alpha=1$。

对于直径为 d 的圆轴，弯曲应力为 $\sigma=\dfrac{M}{W}$，扭转切应力 $\tau=\dfrac{T}{W_T}=\dfrac{T}{2W}$，将 σ 和 τ 代入式（11.6），则轴的弯扭合成强度条件为

$$\sigma_{ca}=\sqrt{\left(\frac{M}{W}\right)^2+4\left(\frac{\sigma T}{2W}\right)^2}=\frac{\sqrt{M^2+(\alpha T)^2}}{W}\leqslant[\sigma_{-1}] \tag{11.7}$$

式中 σ_{ca}——轴的计算应力（MPa）；

M——轴所受的弯矩（N·mm）；

T——轴所受的扭矩（N·mm）；

W——轴的抗弯截面系数（mm^3），计算公式见表 11.8。

表 11.8 抗弯、抗扭截面系数计算公式

截　面	W	W_T
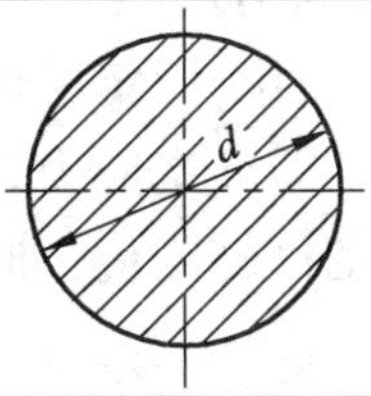	$\dfrac{\pi d^3}{32}\approx0.1d^3$	$\dfrac{\pi d^3}{16}=0.2d^3$
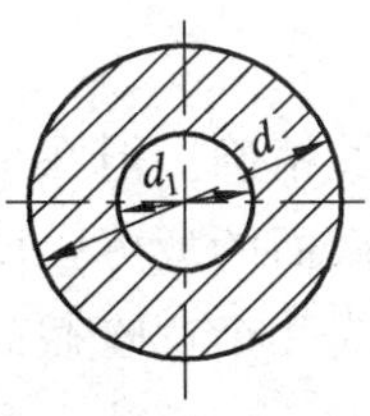	$\dfrac{\pi d^3}{32}(1-\beta^4)\approx$ $0.1d(1-\beta^4)$ $\beta=\dfrac{d_1}{d}$	$\dfrac{\pi d^3}{16}(1-\beta^4)\approx$ $0.2d(1-\beta^4)$ $\beta=\dfrac{d_1}{d}$
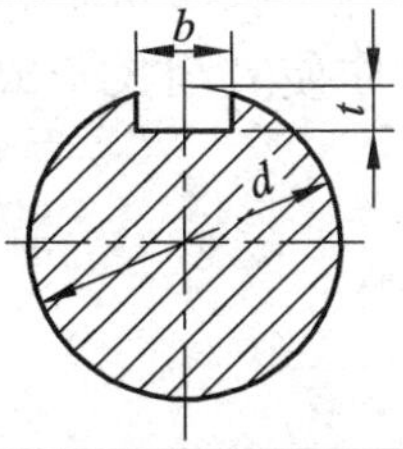	$\dfrac{\pi d^3}{32}-\dfrac{bt(d-t)^2}{2d}$	$\dfrac{\pi d^3}{16}-\dfrac{bt(d-t)^2}{2d}$
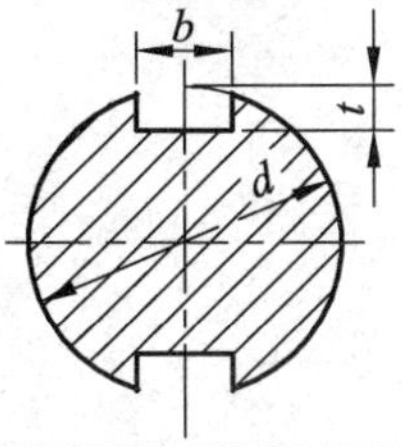	$\dfrac{\pi d^3}{32}-\dfrac{bt(d-t)^2}{d}$	$\dfrac{\pi d^3}{16}-\dfrac{bt(d-t)^2}{d}$

续表

截　面	W	W_T
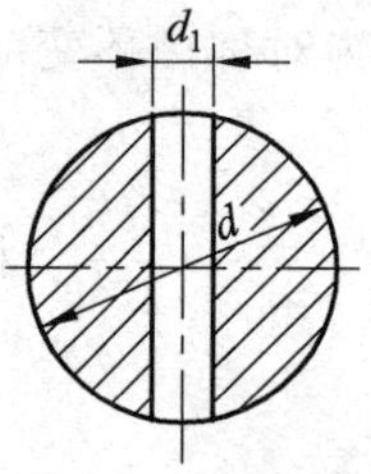	$\frac{\pi d^3}{32}(1-1.54\frac{d_1}{d})$	$\frac{\pi d^3}{16}(1-\frac{d_1}{d})$
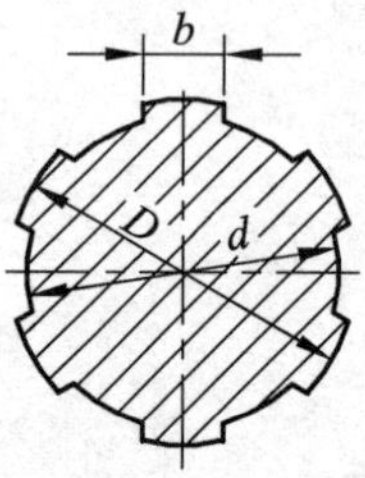	$[\pi d^4+(D-d)$ $(D+d)^2 zb]/32D$ z——花键齿数	$[\pi d^4+(D-d)$ $(D+d)^2 zb]/16D$ z——花键齿数

注：近似计算时，单、双键槽一般可忽略，花键轴截面可视为等于平均直径的圆截面。

由于心轴工作时只承受弯矩而不承受扭矩，所以计算时，可利用式（11.7），取 $T=0$。转动心轴的弯矩在轴截面上所引起的应力是对称循环变应力。对于固定心轴，考虑起动、停车等的影响，弯矩在轴截面上所引起的应力可视为脉动循环变应力，所以在应用式（11.7）时，固定心轴的许用应力应为$[\sigma_0]$（$[\sigma_0]$为脉动循环变应力时的许用弯曲应力，$[\sigma_0]\approx 1.7[\sigma_{-1}]$）。

3. 按疲劳强度条件进行精确校核

上述各种强度条件的计算方法，对于一般用途的轴已足够精确。但在变应力下工作的重要轴，还需要精确评定轴的安全性，精确校核轴危险截面的疲劳强度。在已知轴的外形、尺寸及载荷的基础上，即可通过分析确定出一个或几个危险截面（这时不仅要考虑弯曲应力和扭转切应力的大小，而且要考虑应力集中、表面状态和绝对尺寸等因素影响的程度），按式（11.8）求出计算安全系数 S_{ca}。并应使其稍大于或至少等于设计安全系数 S，即

$$S_{ca}=\frac{S_{s_\sigma}\cdot S_{s_\tau}}{\sqrt{S_{s_\sigma}^2+S_{s_\tau}^2}}\geqslant S \tag{11.8}$$

仅有法向应力时，应满足

$$S_\sigma=\frac{\sigma_{-1}}{K_\sigma\sigma_\alpha+\varphi_\sigma\sigma_m}\geqslant S \tag{11.9}$$

$$S_\tau=\frac{\tau_{-1}}{K_\tau\tau_\alpha+\varphi_\tau\tau_m}\geqslant S \tag{11.10}$$

以上诸式中的符号及有关数据已在第一章内已有说明，此处不再重复。设计安全系数值可按下述情况选取。

$S=1.3\sim1.5$，用于材料均匀，载荷与应力计算精确时。

$S=1.5\sim1.8$，用于材料不够均匀，计算精确度较低时。

$S=1.8\sim2.5$，用于材料均匀性及计算精确度很低，或轴的直径 $d>200$ mm 时。

4. 按静强度条件进行校核

静强度校核的目的在于评定轴对塑性变形的抵抗能力。这对那些瞬时过载很大，或应力循环的不对称性较为严重的轴是很必要的。即使轴受到的尖峰载荷作用时间很短和出现次数很少，虽不足以引起疲劳破坏，但却能使轴产生塑性变形，所以轴的静强度是根据轴上作用的最大瞬时载荷来校核的。静强度校核时的强度条件是

$$S_{S_{ca}}=\frac{S_{S_\sigma}\cdot S_{S_\tau}}{\sqrt{S_{S_\sigma}^2+S_{S_\tau}^2}}\geqslant S_S \tag{11.11}$$

式中 $S_{S_{ca}}$——危险截面静强度的计算安全系数；

S_S——按屈服强度的设计安全系数，$S_S=1.2\sim1.4$ 用于高塑性材料（$\sigma_s/\sigma_b\leqslant0.6$）制成的钢轴，$S_S$=1.4 ~ 1.8 用于中等塑性材料（$\sigma_s/\sigma_b=0.6\sim0.8$）制成的钢轴，$S_S$=2 ~ 3 用于铸造轴；

S_{S_σ}——只考虑弯矩的轴向力时的安全系数，$S_{S_\sigma}=\dfrac{\sigma_S}{\left(\dfrac{M_{max}}{W}+\dfrac{F_{amax}}{A}\right)}$；

S_{S_τ}——只考虑扭矩时的安全系数，$S_{S_\tau}=\dfrac{\tau_S}{T_{max}/W_T}$；

σ_s，τ_s——材料的抗弯和抗扭屈服极限（MPa），其中 $\tau_s=(0.55\sim0.62)\sigma_s$；

M_{max}，T_{max}——轴的危险截面上所受的最大弯矩和最大扭矩（N·mm）；

F_{amax}——轴的危险截面上所受的最大轴向力（N）；

A——轴的危险截面的面积（mm^2）；

W，W_T——危险截面的抗弯和抗扭截面系数（mm^3），见表 11.7。

11.4.2 轴的振动及振动稳定性的概念

受周期性载荷作用的轴，如果载荷的频率与轴的共振频率相同或接近时，就要发生共振。发生共振时的转速称临界转速。如果轴的转速与临界转速接近或成整数倍数关系时，轴的变形将迅速增大，致使轴或轴上零件甚至整个机器遭到破坏。

大多数机器中的轴，虽然不受周期性的外载荷作用，但轴上零件由于材质不均，制造、安装误差等使回转零件重心偏移，因而回转时产生离心力，使轴受到周期性载荷作用。因此，对于高转速的轴和受周期性外载荷的轴，都必须进行振动计算。所谓轴的振动计算，就是计算其临界转速，并使轴的工作转速避开临界转速，避免共振。

轴的临界转速可以有多个，最低的一个称为一阶临界转速 n_{e1}，其余为二阶 n_{e2}、三阶 n_{e3}……在一阶临界转速下，振动激烈，最为危险，因此通常主要计算一阶临界转速。工作转速低于一阶临界转速的轴称为“刚性轴”。工作转速超过一阶临界转速的轴称为“挠性轴”。对于刚性轴，通常使工作转速 $n \leqslant (0.75 \sim 0.8)n_{e1}$；对于挠性轴，使 $1.4n_{e1} \leqslant n \leqslant 0.7n_{e2}$。

例 11.2 根据例 11.1 中设计出的轴的结构与装配图，试对该轴进行强度校核，并绘制其零件工作图。

解： 1. 求轴上载荷

首先根据轴的结构图（图 11.29）作出轴的计算简图（图 11.31）。在确定轴的支点位置时，应从手册中查取 a 的值。对于 30314 型圆锥柜子轴承，由手册中查得 $a = 31\ \text{mm}$。因此，作为简支梁的轴的支撑跨距

$$L_2 + L_3 = 71\ \text{mm} + 141\ \text{mm} = 212\ \text{mm}$$

根据轴的计算简图作出轴的弯矩图和扭矩图（图 11.31）。

1）计算齿轮受力

参见例 11.1 中齿轮参数表及图 11.31。

因已知低速级大齿轮的分度圆直径为

$$d_2 = m_n z_2 / \cos\beta = 4 \times 95\ \text{mm} / \cos 8°06'34'' = 383.84\ \text{mm}$$

而

$$F_t = \frac{2T_3}{d_2} = \frac{2 \times 1\,018\,748}{383.84}\ \text{N} = 5\,308\ \text{N}$$

$$F_r = F_t \frac{\tan\alpha_n}{\cos\beta} = 5\,308 \times \frac{\tan 20°}{\cos 8°06'34''}\ \text{N} = 1\,951\ \text{N}$$

$$F_a = F_t \tan\beta = 5\,308 \times \tan 8°06'34''\ \text{N} = 756\ \text{N}$$

F_a 对轴心产生的弯矩

$$M_a = {F_a d_2}/{2} = 756 \times 383.84/2 = 145\,092\ (\text{N} \cdot \text{mm})$$

2）求支反力（表 11.9）

表 11.9 各支座支反力

	设计依据及内容	设计结果
水平面 H	$\sum M_D = 0$，$F_{NH1} = L_3 F_t / (L_2 + L_3) = (141 \times 5\,308) / (71 + 141)\text{N}$	$F_{NH1} = 3\,530\ \text{N}$
	$\sum M_B = 0$，$F_{NH2} = L_2 F_t / (L_2 + L_3) = (71 \times 5\,308) / (71 + 141)\text{N}$	$F_{NH2} = 1\,778\ \text{N}$
垂直面 V	$F_{NV1} = (L_3 F_r + M_a) / (L_2 + L_3) = (141 \times 1\,951 + 145\,092) / (71 + 141)\text{N}$	$F_{NV2} = 1\,982\ \text{N}$
	$F_{NV2} = (L_2 F_r - M_a) / (L_2 + L_3) = (71 \times 1\,951 - 145\,092) / (71 + 141)\text{N}$	$F_{NV2} = -31\ \text{N}$

3）绘制轴的弯矩图和扭矩图[图 11.31（d）和图 11.31（e）]

4）计算危险截面的弯矩及扭矩

从轴的结构图以及弯矩和扭矩图中可以看出截面 C 是轴的危险截面。现将计算出的截面 C 处的 M_H、M_V 及 M 的值列于表 11.10 中。

表 11.10　危险截面 C 的弯矩和扭矩

	设计依据及内容	设计结果
水平面 H	$M_H = F_{NH1}L_2 = 3\,530 \times 71\ \text{N}\cdot\text{mm}$	$M_H = 250\,630\ \text{N}\cdot\text{mm}$
垂直面 V	$M_{V1} = F_{NV1}L_2 = 1982 \times 71\ \text{N}\cdot\text{mm}$	$M_{V1} = 140\,722\ \text{N}\cdot\text{mm}$
	$M_{V2} = F_{NV2}L_3 = -31 \times 141\ \text{N}\cdot\text{mm}$	$M_{NV2} = -4\,371\ \text{N}\cdot\text{mm}$
总弯矩	$M_1 = M_H^2 + M_{V1}^2 = \sqrt{250\,630^2 + 140\,722^2}\ \text{N}\cdot\text{mm}$	$M_1 = 287\,434\ \text{N}\cdot\text{mm}$
	$M_2 = M_H^2 + M_{V2}^2 = \sqrt{250\,630^2 + 4\,371^2}\ \text{N}\cdot\text{mm}$	$M_2 = 250\,668\ \text{N}\cdot\text{mm}$

2. 按弯扭合成应力校核轴的强度

进行校核时，通常只校核轴上承受最大弯矩和扭矩的截面（即危险截面 C）的强度。根据式（11.7）及表 11.10 中的数据，以及轴单向旋转，扭转切应力为脉动循环变应力，取 $\alpha = 0.6$，轴的计算应力

$$\sigma_{ca} = \frac{\sqrt{M_1^2 + (\alpha T_3)^2}}{W} = \frac{\sqrt{287\,434^2 + (0.6 \times 1\,018\,748)^2}}{0.1 \times 75^3}\ \text{MPa} \approx 16\ \text{MPa}$$

已选定轴的材料为 45 钢，调质处理，由表 11.2 查得 $[\sigma_{-1}] = 60\ \text{MPa}$。因此 $\sigma_{ca} < [\sigma_{-1}]$，故安全。

3. 绘制轴的工作图

最后确定的轴的工作图如图 11.32 所示。

思考与习题

1. 轴的一般设计步骤是什么？有什么特点？

2. 利用公式 $d \geqslant A_0 \sqrt[3]{\frac{P}{n}}$ 估算轴的直径时，d 是转轴上哪一个直径？系数 A_0 与什么有关？如何选择？

3. 进行轴的设计结构时，应考虑哪些问题？

4. 轴上零件的周向及轴向固定常用哪些结构？

5. 若轴的强度不足或刚度不足时，可分别采取哪些措施？

6. 在当量弯矩 $M_e = \sqrt{M^2 + (\alpha T)^2}$ 公式中，系数 α 的含义是什么？大小如何确定？

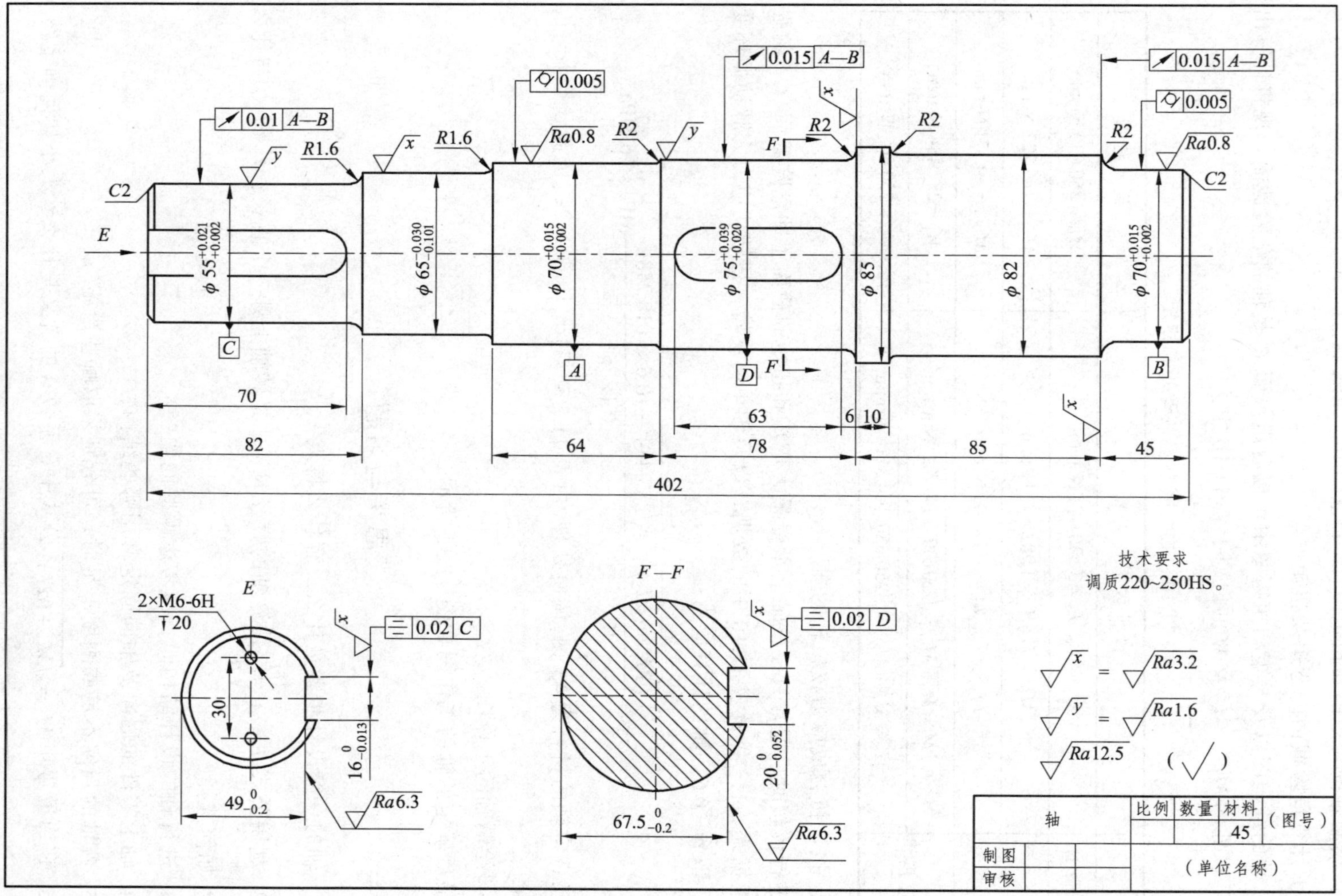
0.01 A—B
0.005
0.015 A—B
0.015 A—B
0.005
C2
E
y
R1.6
x
R1.6
Ra0.8
R2
y
x
R2
F
R2
R2
Ra0.8
C2
φ 55 +0.021 +0.002
φ 65 −0.030 −0.101
φ 70 +0.015 +0.002
φ 75 +0.039 +0.020
φ 85
φ 82
φ 70 +0.015 +0.002
C
A
D
F
B
x
70
82
64
63
6
10
78
85
45
402
E
2×M6-6H
↧20
x
0.02 C
30
16 0 −0.013
49 0 −0.2
Ra6.3
F—F
x
0.02 D
20 0 −0.052
67.5 0 −0.2
Ra6.3
技术要求
调质220~250HS。
x = Ra3.2
y = Ra1.6
Ra12.5 (√)
轴
比例
数量
材料
45
(图号)
制图
审核
(单位名称)

图 11.32　轴的工作图

7. 比较图 11.33 所示的齿轮轴轴系错误结构与正确结构（轴承采用脂润滑），指出错在何处。

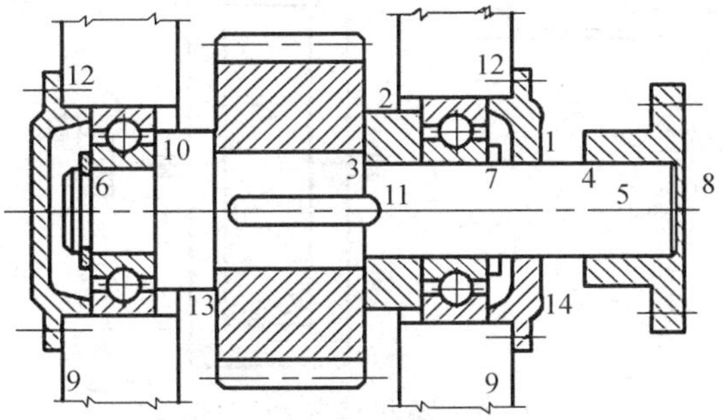

（a）错误结构图

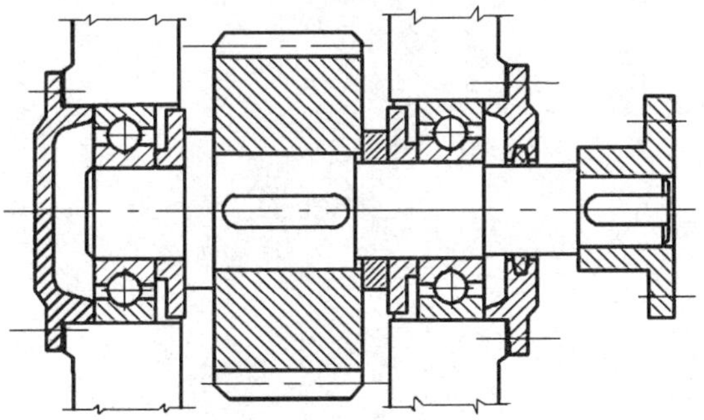

（b）正确结构图

图 11.33

8. 图 11.34 所示为某减速器输出轴的结构图，试指出其设计错误，并画出改正图。

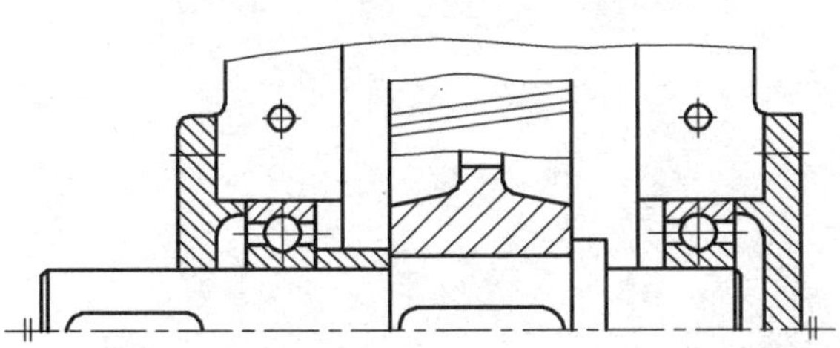

图 11.34　轴的结构

9. 设计某搅拌机用的单机斜齿轮圆柱齿轮减速器中的低速轴（包括选择两端的轴承及外伸端的联轴器），传动简图如图 11.35 所示。已知：电动机额定功率 $P=4\ \mathrm{kW}$，转速 $n_1=750\ \mathrm{r/min}$，低速轴转速 $n_2=130\ \mathrm{r/min}$，大齿轮节圆直径 $d_2'=300\ \mathrm{mm}$，宽度 $B_2=90\ \mathrm{mm}$，轮齿螺旋角 $\beta=12°$，法向压力角 $\alpha_n=20°$。

要求：（1）完成轴的全部结构设计；（2）根据弯扭合成理论试验算轴的强度；（3）精确校核轴的危险截面是否安全。

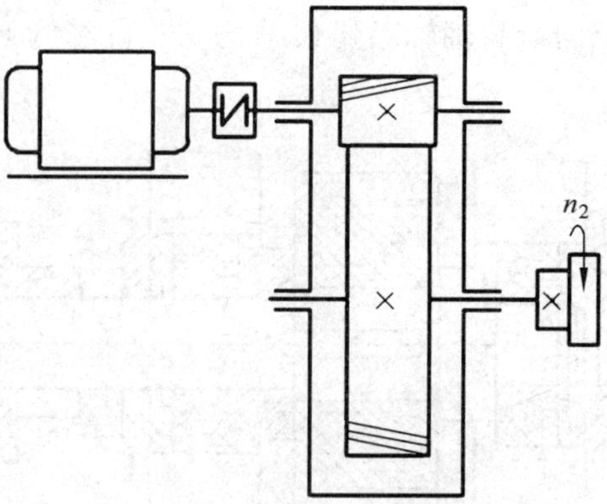

图 11.35　单机齿轮减速器简图

参考文献

[1] 邱宣怀．机械设计[M]．4 版．北京：高等教育出版社，2004.

[2] 邱宣怀，郭可谦，吴宗泽．机械设计[M]．北京：高等教育出版社，1997.

[3] 余俊．机械设计[M]．北京：高等教育出版社，1986.

[4] 濮良贵，纪名刚．机械设计[M]．9 版．北京：高等教育出版社，2013.

[5] 徐锦康．机械设计[M]．北京：高等教育出版社，2004.

[6] 李威，穆玺清．机械设计基础[M]．北京：机械工业出版社，2008.

[7] 吴宗泽，高志．机械设计[M]．2 版．北京：高等教育出版社，2009.

[8] 刘莹，吴宗泽．机械设计[M]．2 版．北京：机械工业出版社，2008.

[9] 吕宏，王慧．机械设计[M]．北京：北京大学出版社，2009.

[10] 陈秀宁，顾大强．机械设计[M]．杭州：浙江大学出版社，2010.

[11] 张锋，关晓冬．机械设计[M]．哈尔滨：哈尔滨工业大学出版社，2011.

[12] 彭文生，李志明，黄华梁．机械设计[M]．2 版．北京：高等教育出版社，2008.

[13] 张锋，关晓东．机械设计[M]．哈尔滨：哈尔滨工业大学出版社，2011.

[14] 陈东．机械设计[M]．北京：电子工业出版社，2010.

[15] 宋宝玉，王黎钦．机械设计[M]．北京：高等教育出版社，2010.

[16] 张策．机械原理与机械设计（下册）[M]．2 版．北京：机械工业出版社，2011.

[17] 陈秀宁．机械设计基础[M]．3 版．杭州：浙江大学出版社，2007.

[18] 陈立德．机械设计基础[M]．北京：高等教育出版社，2004.

[19] 黄纯颖、高志、于晓红．机械创新设计[M]．北京：高等教育出版社，2000.

[20] 沈萌红．创新的方法：TRIZ 理论概述[M]．北京：北京大学出版社，2011.

[21] 沈萌红．TRIZ 理论及机械创新实践[M]．北京：机械工业出版社，2012.

[22] 全永昕．工程摩擦学[M]．杭州：浙江大学出版社，1994.

[23] 全永昕，施高义．摩擦磨损原理[M]．杭州：浙江大学出版社，1988.

[24] 王步瀛．机械零件强度计算的理论和方法[M]．北京：高等教育出版社，1986.

[25] 朱龙根．简明机械零件设计手册[M]．北京：机械工业出版社，1997.

[26] 成大先．机械设计手册[M]．5 版．北京：化学工业出版社，2008.

[27] 吴宗泽．机械设计师手册[M]．北京：机械工业出版社，2003.

[28] 机械设计手册联合编写组．机械设计手册[M]．北京：化学工业出版社，1982.